“十二五”职业教育国家规划教材
经全国职业教育教材审定委员会审定

高等院校
电子信息应用型
规划教材

EDA技术基础

（第2版）

焦素敏 主编

清华大学出版社
北京

内 容 简 介

本书从EDA技术的应用与实践角度出发，简明而系统地介绍了EDA技术的设计载体（可编程逻辑器件）、设计语言（VHDL）和设计软件（Quartus Ⅱ）。本书设置了EDA技术基础知识、VHDL硬件描述语言、Quartus Ⅱ软件的应用、常用电路的VHDL设计实例和EDA设计综合训练5个模块，其中包含8个任务，部分任务又分解成若干个子任务。

本书可作为电子信息、通信、自动化、计算机等相关专业的教材及社会相关技术的培训教材，也可作为相关学科工程技术人员的参考书，还可作为电子产品制作、科技创新实践、EDA课程设计和毕业设计等实践活动的参考书。

图书在版编目(CIP)数据

EDA技术基础/焦素敏主编. --2版. --北京：清华大学出版社，2014（2024.1重印）
高等院校电子信息应用型规划教材
ISBN 978-7-302-35476-5

Ⅰ. ①E… Ⅱ. ①焦… Ⅲ. ①电子电路－电路设计－计算机辅助设计 Ⅳ. ①TN702

中国版本图书馆CIP数据核字(2014)第031123号

责任编辑：刘翰鹏
封面设计：傅瑞学
责任校对：刘　静
责任印制：丛怀宇

出版发行：清华大学出版社
网　　址：https：//www.tup.com.cn，https：//www.wqxuetang.com
地　　址：北京清华大学学研大厦A座　　**邮　　编**：100084
社 总 机：010-83470000　　**邮　　购**：010-62786544
投稿与读者服务：010-62776969，c-service@tup.tsinghua.edu.cn
质量反馈：010-62772015，zhiliang@tup.tsinghua.edu.cn
课件下载：https：//www.tup.com.cn，010-62795764
印 装 者：三河市龙大印装有限公司
经　　销：全国新华书店
开　　本：185mm×260mm　　**印　张**：17.5　　**字　　数**：402千字
版　　次：2009年11月第1版　　2014年8月第2版　　**印　　次**：2024年1月第8次印刷
定　　价：45.00元

产品编号：058356-02

PREFACE 前言

EDA 技术是现代电子技术的发展方向，是目前本科和高职高专院校电子信息类专业的一门必修课程。它是以可编程逻辑器件 CPLD/FPGA 为载体，以计算机为工作平台，以 EDA 工具软件为开发环境，以硬件描述语言 HDL 作为电子系统功能描述的主要方式，以电子系统设计为应用方向的电子产品自动化设计过程。

本书是在原“十一五”国家级规划教材《EDA 技术基础》的基础上，根据“十二五”教材申报的指导性意见，为满足现阶段高职高专的教学需求而改编的。新版教材根据高职高专的教学特点及第一版用书的反馈意见，以跟踪新技术、强化能力、重在应用为指导思想进行修订，课程内容采用模块化和任务驱动式方法进行组织和编写，其特点主要体现在以下几个方面。

(1) 围绕能力本位教育理念，采用模块化和任务驱动式教学方法构建教学内容，设置 EDA 技术基础知识、VHDL 硬件描述语言、Quartus Ⅱ软件的应用、常用电路的 VHDL 设计实例和 EDA 设计综合训练 5 个学习模块，其中又分为 17 个任务及子任务进行驱动。任务设计了知识准备—案例示范—任务引入—设计实现—总结分析—技能训练和综合训练等教学环节，从而体现“教、学、做”一体化特点，以实践问题解决为纽带，实现知识、技能以及职业素养的有机整合，满足培养高技能应用型人才的需求。

(2) 教材注重实践，提倡“做中学，学中做”，以任务驱动教学。首先从学生感兴趣的任务引入开始，要求学生对任务分析、语言或图形描述、设计输入、编译仿真和硬件验证 5 个方面开放学习，引导学生掌握相应知识要点和操作技能。

(3) 教材内容编排由浅入深，由易到难，简明扼要，图文并用，实例丰富。每个模块或任务均对职业岗位所需的知识和能力目标进行恰当设计，以典型项目导入，包括任务引入、知识准备、任务实施、拓展训练等。变被动学习为主动学习，把职业能力的培养融汇于教材之中。

(4) 教材以可编程逻辑器件基本知识、EDA 工具软件和实验开发系统的使用、VHDL 语言知识及编程能力等基本知识、基本技能为重点，使理论指导实践，通过实践再加强理论，最终突出技能训练。教材内容紧紧围绕 EDA 技术入门级知识、EDA 软件的使用方法、VHDL 语言要素及语句、VHDL 程序分析技能实训、简单设计技能实训、综合实训、现场实训 7 个教学环节进行组织。

河南工业大学焦素敏担任本书主编,并承担了任务 1～6 以及任务 8 的撰写工作。河南职业技术学院李永星参加了任务 7 和附录的编写。改编过程中,郑州威科姆科技股份有限公司副研究员张永强给出了一些指导性意见。本书还参考了许多学者和专家的著作及研究成果,在此谨向他们表示诚挚谢意。

由于作者水平有限,书中难免存在不足之处,敬请读者批评指正,有意见或建议请发 E-mail 至 jiaosumin@163.com。

编　者

2014 年 1 月

CONTENTS 目录

模块一　EDA 技术基础知识

模块二 VHDL 硬件描述语言

模块三 Quartus Ⅱ软件的应用

模块四 常用电路的VHDL设计实例

模块五 EDA 设计综合训练

模块一

EDA技术基础知识

现代电子设计技术的核心是EDA技术。学习EDA技术，首先要掌握EDA技术的相关基础知识。本模块利用三个任务来驱动完成对EDA技术的初步入门。第一个任务先了解什么是EDA技术；第二个任务熟悉EDA技术的物质载体即可编程逻辑器件；第三个任务是学习EDA软件的原理图编辑输入方法，并能用这种方法进行简单电路的EDA设计。

Task 1

任务 1

了解 EDA 技术

通过实例引入，使读者初步了解什么是 EDA 技术，它与传统的电子设计方法有何区别，有何特点，以及 EDA 技术包含哪些知识内容，它的重要性及发展趋势如何。

1.1 什么是 EDA 技术

EDA 技术就是电子设计自动化(Electronic Design Automation)技术。自动化设计往往是针对手工设计或传统设计而言，那么到底什么是电子设计的自动化技术？下面从数字电子钟表设计实例入手来对两种设计方法进行对比分析，从而使读者对 EDA 技术有一个初步的了解。

1.1.1 案例引入

1. 传统设计方法

传统的电子系统设计一般是对电路板进行设计，把所需要的具有固定功能的标准集成电路像积木块一样布置于电路板上，通过设计电路板来实现系统功能。以简单而典型的数字电子钟为例，如果按照常规的数字电路设计方法，需要用多种集成芯片按一定方式连接而成，如图 1-1 所示，其工作原理简单阐述如下。

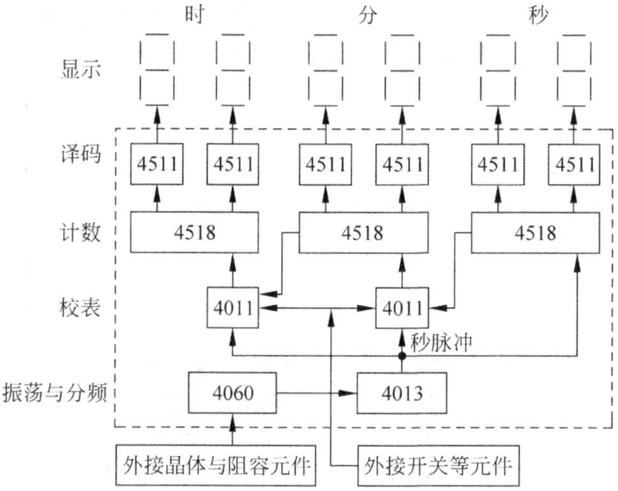

图 1-1 数字电子钟的传统设计方法示意图

图1-1所示数字电子钟由石英晶体振荡电路、分频电路、校表电路、计数电路、译码驱动和显示电路组成。将频率为32768Hz的石英晶体和外部阻容元件接在14级二进制串行计数器/分频器4060的适当引脚上便可构成晶体振荡分频器，从4060的Q14输出端输出的2Hz脉冲经过D触发器4013实现二分频，得到1Hz的秒脉冲。秒脉冲送入由4518(双2十进制计数器)组成的“秒”计数器(六十进制)累计秒钟数，而秒计数器的输出脉冲触发“分”计数器(六十进制)累计分钟数。同理，分计数器的输出脉冲触发“时”计数器累计小时数。计数结果(4位BCD数)通过4511组成的“时”、“分”、“秒”显示译码器译码，最后用7段数码管实时显示时间。

当数字电子钟初次使用，或者由于停电、故障等原因需要重新校准时间时，可用校表电路进行“时”、“分”的时间校准。实际上就是用秒脉冲直接作为“分”计数器和“时”计数器的计数脉冲。图1-1中用4011(四2输入与非门)外加开关等元件来实现校表功能。

在上述设计过程中，设计者必须根据设计要求画出电路原理图，并绘制出接线图或印刷电路板图，然后将相应集成芯片安装在板子上，经过调试最终完成设计。这个过程要求设计者熟悉相关集成芯片的逻辑功能和引脚排列，具备一定的电子设计功底。

2. EDA设计方法

利用EDA技术进行电子设计，最大的特征是利用计算机工具软件帮助设计者进行设计。设计者采用硬件描述语言来描述数字系统的逻辑功能，利用计算机中的EDA工具软件进行设计输入、编译、逻辑综合和适配，最后将结果下载到可编程逻辑器件(FPGA/CPLD)中，设计者就得到了具有一定功能的专用集成芯片。因此，EDA设计主要是通过设计芯片来实现系统功能。

例如，图1-1所示的数字电子钟如果采用EDA技术来设计，就可以把实现数字电子钟功能的大部分电路，诸如分频器、计数器、译码器和校表电路等全部用可编程逻辑器件(FPGA/CPLD)去实现，如图1-2所示。显然，图1-2要比图1-1简单得多。

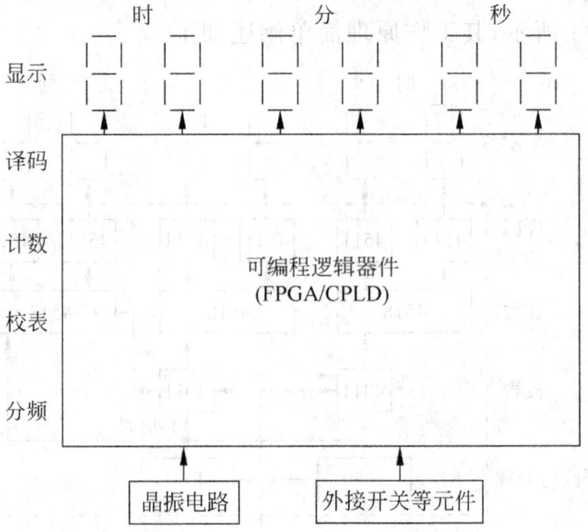

图1-2 数字电子钟的EDA设计方法示意图

1.1.2 分析说明

到底什么是EDA(Electronic Design Automation)技术？看法尚不完全统一：主要有狭义的EDA技术和广义的EDA技术。

狭义的EDA技术是指以硬件描述语言HDL(Hardware Description Language)作为系统逻辑功能描述的主要表达方式，以计算机、EDA工具软件和实验开发系统为开发环境，以大规模可编程逻辑器件为设计载体，以专用集成电路ASIC(Application Special Integrated Circuit)、单片电子系统SOC(System On Chip)为设计目标的电子产品自动化设计过程。在此过程中，设计者只需利用硬件描述语言，在EDA工具软件中完成对系统硬件功能的描述，EDA工具软件便会自动地完成编译、综合、适配、下载和逻辑仿真等工作，从而得到设计者需要的集成电子系统或专用集成芯片。尽管目标系统是硬件，但整个设计和修改过程如同完成软件设计一样方便和高效。

广义的EDA技术，除了包括狭义的EDA技术外，还包括计算机辅助分析CAA技术(如PSPICE、EWB、MATLAB等)和印刷电路板计算机辅助设计PCB-CAD技术(如PROTEL、ORCAD等)。在广义的EDA技术中，CAA技术和PCB-CAD技术不具备逻辑综合和逻辑适配的功能，因此它们并不能称为真正意义上的EDA技术。

本书所要讲述的EDA技术是指面向电子设计工程师的狭义的EDA技术，是真正意义上的电子设计自动化技术，也是被业界越来越多人士广泛认可的EDA技术。这种技术就是利用计算机，通过软件方式的设计和测试，达到设计和实现既定功能的硬件系统的目的。为此，典型的EDA工具中必须包含两个特殊的软件包——综合器和适配器，或其中之一。

综合器的功能是将硬件描述语言HDL或原理图等设计输入转换成与其功能相应的门级原理图网表文件。因此，综合过程就是将电路和高级语言描述转换成低级的、可与FPGA/CPLD基本结构相映射的网表文件。显然，综合器是软件描述与硬件实现的一座桥梁。综合器可由专业的第三方公司提供。

适配器的功能是将由综合器产生的网表文件配置于指定的目标器件中，产生最终的下载文件，如JEDEC格式的文件，并自动生成芯片电路板图。适配器由FPGA/CPLD供应商提供，因为适配器的适配对象直接与器件结构相对应。

EDA技术主要应用于数字系统的自动化设计，该领域软件和硬件方面的技术都比较成熟，应用的普及程度也比较大；模拟电子技术的EDA正在进入实用阶段。另外，从应用的广度和深度来说，由于电子信息领域的全面数字化，现代的电子设备，单纯用模拟电路的已经很少了，通常只在微弱信号放大、高速数据采集和大功率输出等局部采用模拟电路，其余部分如信号处理等均采用数字电路。也就是说，大多数电子系统的主体部分是数字系统。因此，基于EDA的数字系统的设计技术具有更大的应用市场和更紧迫的需求性。

1.1.3 EDA技术的重要性

纵观人类社会发展的文明史,一切生产方式和生活方式的重大变革都是由于新的科学发明和新技术的产生而引发的。当今社会是信息社会,信息是客观事物状态和运动特征的一种普遍形式,它与材料和能源一起,构成人类社会的三大资源。当前面临的信息革命是以数字化和网络化为特征的。数字化大大改善了人们对信息的利用,更好地满足了人们对信息的需求;而网络化则使人们更为方便地利用信息,使整个地球成为一个"地球村"。以数字化和网络化为特征的信息技术与一般技术不同,它具有极强的渗透性和基础性,可以渗透和改造一切产业和行业,改变着人类的生产和生活方式,改变着经济形态和社会、政治、文化等各个领域。

20世纪末,电子技术获得了飞速发展,在其推动下,现代电子产品几乎渗透了社会的各个领域,有力地推动了社会生产力的发展和社会信息化程度的提高,同时也使现代电子产品性能进一步提高,产品更新换代的节奏也越来越快。特别是进入20世纪90年代以后,EDA技术的发展和普及给电子系统的设计带来了革命性变化,现代电子产品正在以前所未有的革新速度,向着功能多样化、体积最小化、功耗最低化迅速发展。集成电路设计在不断地向超大规模、极低功耗和超高速的方向发展;专用集成电路ASIC的设计成本不断降低,在功能上,现代的集成电路已经能实现单片电子系统SOC(System On a Chip)的功能。

有专家指出,现代电子设计技术的发展,主要体现在EDA工程领域。EDA是电子产品开发研制的动力源和加速器,是现代电子设计的核心。

1.2 EDA技术的知识体系

EDA技术内容丰富,涉及面广。但从教学和应用的角度出发,应了解和掌握以下几个方面的知识。

(1) 可编程逻辑器件的原理、结构及应用。

(2) 硬件描述语言HDL,如VHDL。

(3) EDA工具软件的使用。

(4) 实验开发系统。

其中,大规模可编程逻辑器件是利用EDA技术进行电子系统设计的载体,硬件描述语言是利用EDA技术进行电子系统设计的主要表达手段,软件开发工具是利用EDA技术进行电子系统设计的智能化的自动化设计工具,实验开发系统则是利用EDA技术进行电子系统设计的下载工具及硬件验证工具。也就是说,设计师用硬件描述语言HDL描绘硬件的结构和硬件的行为,用设计工具将这些描述综合映射成与半导体工艺有关的硬件工艺文件,半导体器件FPGA、CPLD等则是这些硬件工艺文件的载体。当这些FPGA器件加载、配置上不同的工艺文件时,这个器件便具有相应的功能。随着现代电子技术的飞速发展，以HDL语言表达设计意图、FPGA作为硬件载体、计算机为设计开发工具、EDA软件为开发环境的现代电子设计方法日趋成熟。

1.2.1 可编程逻辑器件

大规模可编程逻辑器件是微电子技术发展的结晶，微电子技术的进步表现在大规模集成电路加工技术，即半导体工艺技术的发展上。表征半导体工艺水平的主要指标——线宽已经达到0.13μm，并还在不断地缩小；在硅片单位面积上集成的晶体管数量(集成度)越来越高。

可编程逻辑器件PLD，特别是现场可编程门阵列FPGA和复杂可编程逻辑器件CPLD，是新一代的数字逻辑器件，也是近几年来集成电路中发展最快的品种之一。这种器件具有高集成度、高速度、高可靠性等明显的特点，其时钟延迟可达纳秒级，结合其并行工作方式，在超高速应用领域和实时测控方面有非常广阔的应用前景，在高可靠应用领域，如果设计得当，将不会存在类似于MCU的复位不可靠和PC可能跑飞等问题。FPGA/CPLD的高可靠性还表现在，几乎可将整个系统下载于同一芯片中，实现所谓由大规模FPGA构成的片上系统SOPC(System On Programmable Chip)，从而大大缩小体积，易于管理和屏蔽。

由于FPGA/CPLD的集成规模非常大，可利用先进的EDA工具进行电子系统设计和产品开发。由于开发工具的通用性、设计语言的标准化以及设计过程几乎与所用器件的硬件结构没有关系，所以设计成功的各类逻辑功能块程序有很好的兼容性和可移植性，它几乎可用于任何型号和规模的FPGA/CPLD中，从而使产品设计效率大幅度提高，在很短时间内即可完成十分复杂的系统设计，这正是产品快速进入市场最宝贵的特征。美国TI公司认为，一个ASIC 80%的功能可用能完成某种功能的设计模块，即知识产权IP(Intelligence Property)核等现成逻辑合成，而未来大系统的设计仅仅是各类再应用逻辑与IP核的拼装，设计周期将更短。

与ASIC设计相比，FPGA/CPLD显著的优势是开发周期短，投资风险小，产品上市速度快，市场适应能力强和硬件升级回旋余地大，而且当产品定型和产量扩大后，可将在生产中达到充分检验的VHDL设计迅速实现ASIC投产。

1.2.2 硬件描述语言HDL

硬件描述语言HDL(Hardware Description Language)是EDA技术的重要组成部分，是电子系统硬件行为描述、结构描述、数据流描述的语言。国外硬件描述语言的种类很多，如VHDL、Verilog-HDL和ABEL-HDL等。这些语言有的从PASCAL发展而来，也有一些从C语言发展而来。

VHDL来源于美国军方，其英文全名是Very High Speed Integrated Circuit Hardware Description Language，诞生于1982年。1987年年底，VHDL被IEEE(The Institute of Electrical and Electronics Engineers)和美国国防部确认为标准硬件描述语

言。自IEEE公布了VHDL的标准版本(IEEE-1076)之后,各EDA公司相继推出了自己的VHDL设计环境,或宣布自己的设计工具可以和VHDL对接。此后VHDL在电子设计领域得到了广泛的接受,并逐步取代了原有的非标准硬件描述语言。1993年,IEEE对VHDL进行了修订,从更高的抽象层次和系统描述能力上扩展了VHDL的内容,公布了新版本的VHDL,即IEEE标准的1076-1993版本。现在,VHDL作为IEEE的工业标准硬件描述语言,又得到众多EDA公司的支持,已成为电子工程领域事实上的通用硬件描述语言。有专家认为,在新的世纪中,VHDL与Verilog语言将承担起几乎全部的数字系统设计任务。

Verilog-HDL是在1983年由GDA公司的Phil Moorby首创的。1989年,Cadence公司收购了GDA公司,并于1990年公开了Verilog-HDL。基于Verilog-HDL的优越性,IEEE于1995年制定了Verilog-HDL的IEEE标准,即Verilog-HDL 1364-1995。Verilog-HDL是专门为ASIC设计而开发的,较为适合算法级(Algorithm)、寄存器传输级(RTL)、逻辑级(Logic)和门级(Gate)设计,而对于特大型的系统级设计,VHDL则更为合适。Verilog-HDL把一个数字系统当作一组模块来描述,每一个模块具有模块的接口以及关于模块内容的描述。用Verilog-HDL输入法完成的设计,不但可以很容易地移植到不同厂家的不同芯片中去,而且很容易对它进行修改,以适应不同规模的应用。Verilog-HDL是目前应用最广泛的硬件描述语言之一。

ABEL-HDL是美国DATA I/O公司开发的硬件描述语言,它是在早期的简单可编程逻辑器件的基础上发展起来的,用户使用ABEL-HDL进行设计,无须考虑或较少涉及目标器件的内部结构,只需输入符合语法规则的逻辑描述。ABEL-HDL语言支持布尔方程、真值表、状态图等逻辑表达方式,能准确地表达计数器、译码器等的逻辑功能。但进行较复杂的逻辑设计时,ABEL-HDL与VHDL、Verilog-HDL这些从集成电路发展起来的HDL相比稍显逊色。目前支持ABEL-HDL语言的开发工具很多,有DATA I/O的Synario、Lattice的ispEXPERT、Xilinx的Foundation等软件。ABEL-HDL语言的基本结构可包含一个或几个独立的模块。每个模块包含一整套对电路或子系统的逻辑描述。无论有多少模块都能结合到一个源文件中,并同时予以处理。ABEL-HDL源文件模块可分成五段:头段、说明段、逻辑描述段、测试向量段和结束段。

本书重点介绍VHDL,有关VHDL的内容将在后面详细讲述。

1.2.3 EDA工具软件

EDA工具在EDA技术应用中占据极其重要的位置,EDA的核心是利用计算机完成电子设计全程自动化,因此,基于计算机环境的EDA软件的支持是必不可少的。

EDA的整个设计过程需要经过多个不同的技术环节,每个环节都要用到专门的EDA工具来处理。例如,设计输入时要用到设计输入编辑器;对设计进行功能模拟时要用到仿真器;对VHDL的行为描述进行逻辑综合时要用到HDL综合器;把由综合器产生的网表文件转换成与指定的目标器件相适应的JEDEC文件时要用到适配器;最后还需要用到下载器把JEDEC文件下载或配置到CPLD或FPGA中。

现在有多种支持CPLD和FPGA的设计软件,有的设计软件是由芯片制造商提供的,如Altera公司开发的MAX+PLUSⅡ软件包、Quartus Ⅱ软件包,Xilinx公司开发的Foundation软件包和Lattice公司开发的用于ispLSI器件的ispEXPERT System软件包;有的是由专业EDA软件商提供的,称为第三方设计软件,例如Cadence、Mental、Symopsys和DATA I/O公司的设计软件。第三方软件往往能够开发多家公司的器件。在用第三方软件设计具体型号的器件时,需要器件制造商提供器件库和适配器(Fitter)软件。

本书主要介绍Altera公司的Quartus Ⅱ工具软件,它属于集成的开发环境,是当今EDA领域比较流行的工具软件。

1.3 EDA技术的特点和发展趋势

1.3.1 EDA技术的主要特点

1. 传统设计的弊端

传统的数字系统设计中,手工设计占有很大比重。设计过程一般是先按电子系统的具体功能要求进行功能划分,然后对每个子模块画出真值表,用卡诺图进行手工逻辑化简,写出布尔表达式,再画出逻辑图,选择元器件,设计电路板,最后进行实测与调试。其实,这种设计方法只是在对电路板进行设计,通过设计电路板把具有固定功能的标准集成电路和元器件规划在一起,从而实现系统功能。这种设计过程是一种自底向上(Bottom to Top)式的设计过程,存在很多缺点,如下所示。

(1) 复杂电路的设计、调试十分困难。

(2) 如果某处出现错误,查找和修改十分不便,往往牵一发而动全身。

(3) 设计成果的可移植性较差。

(4) 设计过程中产生大量文档,不易管理。

(5) 只有在设计出样机或生产出芯片后才能进行实测。

2. 现代EDA技术的优越性

采用EDA技术的现代电子产品与传统电子产品的设计有很大区别。显著区别之一,是大量使用大规模可编程逻辑器件,以提高产品性能、缩小产品体积、降低产品消耗;区别之二,是广泛运用现代计算机技术,提高电子设计自动化程度,缩短开发周期,提高产品的竞争力;区别之三,是经常采用自顶向下(Top to Down)的设计方法,即设计工作从高层开始,使用标准化硬件描述语言描述电路行为,自顶向下通过各个层次,完成整个电子系统的设计。

正因为EDA技术采用高级语言描述,具有系统级仿真和综合能力,使开发者从一开始就要考虑到产品生成周期的诸多方面,包括质量、成本、开发时间及用户的需求等。然后从系统设计入手,在顶层进行功能方框图的划分和结构设计。在方框图一级进行仿真、纠错,并用VHDL、Verilog-HDL等硬件描述语言对高层次的系统行为进行描述。在系统一级进行验证,最后再用逻辑综合优化工具生成具体的门级逻辑电路的网表,其对应的物理实现级可以是印刷电路板或专用集成电路。

利用EDA技术进行电子系统的设计,具有以下几个特点。

(1) 用软件的方式设计硬件。

(2) 用软件方式设计的系统到硬件系统的转换是由有关的开发软件自动完成的。

(3) 设计过程中可用有关软件进行各种仿真。

(4) 系统可现场编程,在线升级。

(5) 整个系统可集成在一块芯片上,体积小、功耗低、可靠性高。

(6) 从以前的"组合设计"转向真正的"自由设计"。

(7) 设计的移植性好,效率高。

(8) 非常适合分工设计、团体协作。

3. EDA与传统电子设计的比较

确切地说,EDA设计与传统电子设计的不同主要体现在以下几个方面。

(1) 采用硬件描述语言作为设计输入

不管是对数字电子系统进行抽象的行为与功能描述,还是对具体的内部线路结构进行描述,都可以采用HDL,这使得在电子设计的各个阶段、各个层次上均可进行计算机模拟验证,以保证设计的正确性,从而大大降低设计成本,缩短设计周期。

(2) 库的引入

EDA工具之所以能够完成各种自动设计过程,关键是有各类库的支持。如逻辑输入时有各种常用元件库,逻辑仿真时有模拟库,逻辑综合时有综合库,版图综合时有版图库,测试综合时有测试库。这些库都是EDA设计公司与半导体生产厂商紧密合作、共同开发的。

(3) 设计文档的管理

某些HDL语言也是文档型的语言(如VHDL),方便设计文件的管理。

(4) 强大的系统建模、电路仿真功能

EDA技术中最为瞩目、最具有现代电子技术特征的功能是日益强大的逻辑设计仿真测试技术。这种技术只需要通过计算机,就能对所设计的电子系统从各种不同层次的系统性能要求出发,完成一系列准确的仿真与测试操作,在完成系统的实际安装后,还能对系统上的目标器件进行所谓的边界扫描。这一切都极大地提高了大规模系统电子设计的自动化程度。

(5) 具有自主知识产权

传统的电子系统设计都需要使用其他公司生产的集成电路器件,如某公司的单片机、CPU或其他功能的IC,无论将来的设计做得如何完美,都掩盖不了一个无情的事实,即该系统对于设计者来说,没有任何自主知识产权而言,因为系统中的关键性器件并非出自设计者之手。更何况这些器件的供货来源也将使系统在许多情况下的应用直接受到限制。

基于EDA的设计则不同,用HDL表达的成功的专用功能设计在实现目标方面有很大的可选性,它既可以用不同来源的通用 FPGA/CPLD 实现,也可以直接以 ASIC 来实现,设计者拥有完全的自主权,无须再受制于人。

(6) 开发技术的标准化与规范化

传统的电子系统设计方法至今没有任何标准规范加以约束,因此,设计效率低,系统性能差,开发成本高,市场竞争能力小。以单片机或 DSP 为例,每一次新的开发,设计者都必须重新学习和了解有关处理器的结构、语言和硬件特性。而 EDA 技术则完全不同,它的设计语言是标准的,不会由于设计对象的不同而改变;它的开发工具是规范化的,EDA 软件平台支持任何标准化的设计语言;它的设计成果是通用性的,IP 核具有规范的接口协议、良好的可移植与可测试性,为高效高质的设计开发提供了可靠的保证。

(7) 采用自顶向下的设计方法

从电子设计方法学的角度来看,EDA 技术的最大优势就是在大规模的系统设计中,能将所有设计环节纳入统一的自顶向下的设计方案中。传统的电子设计技术中,由于没有规范的设计工具和表达方式,无法进行这种先进的设计流程。

(8) 对设计者的硬件知识和硬件经验要求低

传统的电子设计对电子设计人员有较多要求:设计人员不但应该是软件高手,同时还是经验丰富的硬件设计能工巧匠,还必须知道器件的封装形式和电气特性等,所有这一切显然不符合现代电子技术发展的需求,不符合电子产品快速更新换代的市场需求。

EDA 技术的标准化、HDL 设计语言和设计平台对具体硬件的无关性,使设计者能更大程度地将自己的才智和创造力集中在设计项目性能的提高和成本的降低上,而将更具体的硬件实现工作让专业部门来完成,显然,高技术人才比经验性人才的培养效率要高得多。

(9) 高速性能好

与以 CPU 为主的电路系统相比,基于 FPGA/CPLD 设计开发的纯硬件系统的快速性要好得多。因为软件是通过顺序执行指令的方式来完成控制和运算步骤的,而用 HDL 语言描述的系统最终的实现方式是硬件,是以并行方式工作的。例如,以 12MHz 晶振频率工作的 MCS-51 系列单片机对 A/D 控制的采样频率为 20kHz 左右;若用工作频率为 100MHz 的 FPGA 来完成同样的工作,则采样速度可达 50MHz。

1.3.2 EDA 技术的发展趋势

随着市场需求的不断增长以及集成电路工艺水平和计算机自动设计技术的不断提高,EDA 在电子系统设计领域中呈现出迅猛的发展势头,EDA 技术的发展趋势主要体现在以下几个方面。

1. 器件方面

由于市场产品的需求和市场竞争的促进,新的大规模可编程逻辑器件不断涌现,如 Altera 的 APEX、Cyclone、Stratix 系列器件。新器件的主要特点如下。

(1) 规模大

由于超大规模集成电路的工艺水平不断提高,深亚微米工艺如 0.18μm、0.13μm 已经走向成熟,90nm 工艺技术也已采用。因而,新器件的逻辑规模已达数百万门至千万门,近 10 万逻辑宏单元,完全可以将一个复杂的系统装入一块芯片中,完成 SOPC 设计。

(2) 功耗低

对于某些便携式产品,通常都要求低功耗。Lattice 公司最新推出的 ispMACH4000z 系列 CPLD 达到了前所未有的低功耗性能,静态功耗 20μA,有人称之为零功耗器件。

(3) 模拟可编程

各种应用 EDA 工具设计、ISP 编程方式下载的模拟可编程及模数混合可编程器件不断出现。最具代表性的是 Lattice 的 ispPAC 系列器件,其中包括常规模拟可编程器件 ispPAC10、精密高阶低通滤波器设计专用器件 ispPAC80、模数混合通用系统可编程器件 ispPAC20、电子系统电源管理器件 ispPAC-POWER 等。

(4) 内嵌多种专用端口和附加功能模块

Altera 的 Stratix、Cyclone、APEX 等系列器件,除了内部含有大量嵌入式系统块 ESB、M4K 外,还嵌有用于时钟发生和管理的锁相环 PLL 模块、用于网络通信的差分低压串行口、嵌入式微处理器核等。此外,Stratix 系列器件还嵌有丰富的 DSP 模块。

2. 工具软件方面

为了适应更大规模 FPGA 的开发,高性能的 EDA 工具得到了长足的发展,其自动化和智能化程度不断提高,为嵌入式系统设计和 DSP 的开发提供了功能强大的开发环境。除了第三方 EDA 公司不断更新通用 EDA 工具外,主要 PLD 供应商也相继推出新的 EDA 开发工具。如 Lattice 最新推出的 ispLEVER 和 ispLEVER Advanced System、Xilinx 新推出的 ISE6.1、Altera 公司推出的更具特色和更强实用功能的 Quartus Ⅱ 等。

3. 应用方面

随着 EDA 技术的深入发展和 EDA 技术软硬件性能价格比的不断提高,EDA 技术的应用将向广度和深度两个方面发展。根据利用 EDA 技术所开发的产品的最终主要硬件构成来划分,EDA 技术的应用发展主要表现为如下几种形式。

(1) FPGA/CPLD 系统:使用 EDA 技术开发 FPGA/CPLD,使自行开发的 FPGA/CPLD 作为电子系统、控制系统、信息处理系统的主体。

(2) "FPGA/CPLD+MCU"系统:综合应用 EDA 技术与单片机技术,将自行开发的"FPGA/CPLD+MCU"作为电子系统、控制系统、信息处理系统的主体。

(3) "FPGA/CPLD+专用 DSP 处理器"系统:将 EDA 技术与专用 DSP 处理器配合使用,用"FPGA/CPLD+专用 DSP 处理器"构成一个数字信号处理系统的整体。

(4) 基于 FPGA 实现的现代 DSP 系统:基于 SOPC(System On a Programmable Chip)技术、EDA 技术与 FPGA 技术实现现代 DSP 系统。现代大容量、高速度的 FPGA 中,一般都内嵌有可配置的高速 RAM、PLL、LVDS、LVTTL 和硬件乘法累加器等 DSP 模块,可用来实现数字信号处理,能很好地解决并行性和速度问题,并且其灵活的可配置特性,使得系统非常易于修改、易于测试及硬件升级。

（5）基于FPGA实现的SOC片上系统：使用超大规模的、内含一个或几个嵌入式CPU或DSP的FPGA实现的具有复杂系统功能的单一芯片系统。

（6）基于FPGA实现的嵌入式系统：使用FPGA/CPLD实现的、内含嵌入式处理器、能满足对象系统特定功能要求、且能够嵌入到宿主系统的专用计算机应用系统，即利用硬件描述语言设计嵌入式系统处理器、各类CPU或单片机等，并以软核的形式在FPGA中实现。

1.4　小结

本章主要论述了EDA技术及其重要性，EDA包含的知识体系结构，如硬件描述语言HDL、可编程逻辑器件PLD和EDA的工具软件，比较了传统电子设计方法与EDA技术各自的特点。

EDA技术是以计算机为工作平台，以硬件描述语言HDL为逻辑描述的表达方式，以EDA工具软件为开发环境，以FPGA/CPLD为设计载体，以ASIC、SOC芯片为目标器件，以电子系统设计为应用方向的电子产品自动化设计过程。

EDA技术是现代电子设计技术的发展方向和核心，是电子产品开发研制的动力源和加速器。

EDA技术内容丰富，涉及面广。从教学和应用的角度出发，应掌握以下几个方面的知识：可编程逻辑器件的原理、结构及应用；硬件描述语言（HDL），如VHDL；EDA工具软件的使用；实验开发系统。

利用EDA技术开发电子产品可以做到开发周期短，产品性能高、体积小、功耗低、可靠性高。

1.5　思考题

1-1　什么是EDA技术？它的核心内容是什么？

1-2　学习EDA技术应掌握哪些内容？

1-3　简述EDA技术的主要特点与发展趋势。

Task 2

任务2

了解 EDA 技术的设计载体
——可编程逻辑器件

利用 EDA 技术进行电子系统设计的最终载体是大规模可编程逻辑器件。这部分的任务是了解 EDA 技术的物质载体——可编程逻辑器件的发展历程、分类和基本结构；了解简单 PLD、CPLD 和 FPGA 的基本结构、工作原理及各自的特点；最后达到能根据需要正确选择和使用可编程逻辑器件的目的。

2.1 可编程逻辑器件概述

2.1.1 可编程逻辑器件的发展历程

数字电路的一些常用部件，例如各种门电路、加法器、编码器、译码器、触发器、计数器、寄存器以及多路选择器等，它们的功能及引脚排列顺序都是由器件厂在制造时定死的，用户只能拿来使用而不能随意改动，这类器件被称为通用片。随着半导体技术的不断发展，出现了用户片和现场片。用户片也称为专用集成电路（ASIC），它是按用户要求设计的超大规模集成电路（Very Large Scale Integrated Circuit，VLSI）器件，它对用户来讲是优化的，但设计周期长，成本高，通用性差。现场片允许用户在现场更改其内容，即改变其功能，可编程逻辑器件就属于一类现场片。

可编程逻辑器件 PLD（Programmable Logic Device）是 20 世纪 70 年代发展起来的一种新型逻辑器件。这种器件由用户自己编程（配置）各种逻辑功能，有的 PLD 还具有可擦性和重复编程的功能。PLD 广泛应用于数字电子系统、自动控制、智能仪表等领域，它的应用和发展不仅简化了电路设计，降低了成本，提高了系统工程的可靠性和保密性，而且给数字系统设计方法带来了重大变化。

可编程逻辑器件在历史上经历了 20 世纪 70 年代出现的熔丝编程的 PROM（Programmable Read Only Memory）、PLA（Programmable Logic Array）、PAL（Programmable Array Logic），20 世纪 80 年代初的可重复编程的 GAL（Generic Array Logic）、20 世纪 80 年代中后期采用大规模集成电路技术的 CPLD（Complex Programmable Logic Device）和 FPGA（Field Programmable Gate Array）。其间，PLD 在结构、工艺、集成度、功能、速度和灵活性方面都有很大的改进和提高。

2.1.2　可编程逻辑器件的分类

PLD 器件种类很多，命名各异，较常见的分类方法有以下几种。

1. 按集成度分类

集成度是集成电路的一项很重要的指标。PLD 器件按集成度一般分为两大类，如图 2-1 所示。一类是芯片集成度较低、每片的可用逻辑门在 500 门以下的，称为低密度可编程逻辑器件（Low Density Programmable Logic Device，LDPLD），如早期的 PROM、PLA、PAL、GAL。另一类是芯片集成度较高的，称为高密度 PLD（High Density Programmable Logic Device，HDPLD），如现在大量使用的 CPLD、FPGA 器件。也有根据集成度把二者相应称为简单 PLD（Simple Programmable Logic Device，SPLD）和复杂 PLD（CPLD）的。复杂可编程逻辑器件 CPLD 是指集成规模大于 1000 门以上的 PLD。这里所谓的“门”是指等效门（Equivalent Gate），每个等效门相当于 4 只晶体管。

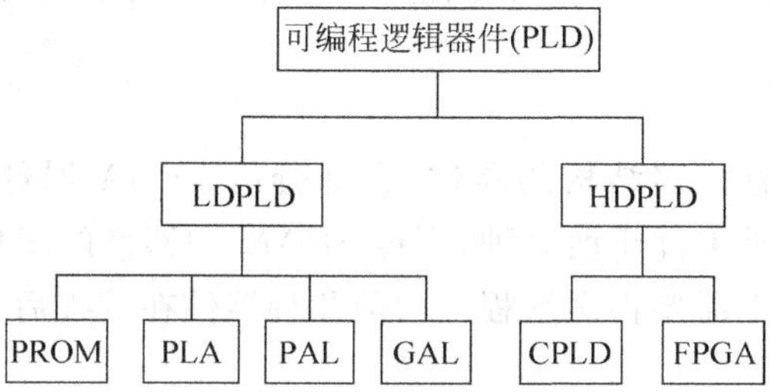

图 2-1　PLD 按集成度分类

2. 按内部结构分类

按照 PLD 器件的内部结构，可将其分为乘积项结构器件和查找表结构器件两大类。大部分 LDPLD 和 CPLD 都是乘积项结构器件，其基本结构形式是“与—或阵列”；大部分 FPGA 是查找表结构器件，其基本结构类似于“门阵列”，它由简单的查找表组成可编程逻辑门，再构成阵列形式。

3. 按颗粒度分类

PLD 逻辑模块规模与元器件的颗粒度相关，而元器件的颗粒度又与模块之间需要完成的布线工作量有关。3 种常见的不同颗粒度分类是：小颗粒度、中等颗粒度和大颗粒度。简单 PLD 的颗粒度小，FPGA 属于中等颗粒度，CPLD 属于大颗粒度。

4. 按编程工艺分类

按编程工艺来分类，PLD 有以下几种。

（1）熔丝（Fuse）和反熔丝（Anti-Fuse）结构型器件

熔丝编程器件是用熔丝作为开关元件，编程时通过熔断对应的熔丝而获得开路。早期的 PROM 就属于这种结构。

反熔丝型器件正好与熔丝器件相反，它的编程是通过在编程处击穿漏层而使两点之间变成导通。某些 FPGA 器件采用了此种编程方式,如 Xilinx 公司的 XC5000 系列器件和 Actel 的 FPGA 器件。

无论是熔丝还是反熔丝型结构器件,都只能进行一次编程(One Time Programming,OTP),编程后便无法修改,因而又被合称为 OTP 器件。

(2) EPROM 型

EPROM(Erasable Programmable ROM)是紫外线擦除/电可编程的逻辑器件,它用较高的编程电压进行编程,当需要再次编程时,用紫外线照射进行擦除。一般 EPROM 允许重复编程几百次。EPROM 存储内容不仅可以根据需要来编制,而且当需要更新存储内容时还可以将原存储内容抹去,再写入新的内容,故可多次编程。这一特性,取决于 EPROM 的内部结构。

(3) EEPROM 型

EEPROM 也可写成 E^2PROM,是电可擦写可编程逻辑器件,它对 EPROM 工艺进行改进,不需要用紫外线擦除,而是直接用电擦除。EEPROM 允许改写 100～1000 次,改写(先抹后写)大约需要 20ms,数据可存储 5～20 年。现有的大部分 CPLD 及 GAL 器件采用此种结构。

(4) SRAM 型

这是基于 SRAM 查找表结构的器件,大部分的 FPGA 器件都采用此种编程工艺。它在编程速度、编程要求上优于前 3 种,不过 SRAM 型器件的编程信息存放在 RAM 中,断电后会丢失,再次上电需要再次编程。而前几种器件在编程后是不会丢失信息的。

(5) Flash 型

闪速存储器(Flash Memory)是一种基于 EPROM 技术的电擦除的浮栅编程器件,其特点是在若干毫秒内可擦除全部或一段存储器。它使器件具有非易失性和可重复编程的双重优点,但在编程灵活性上比 SRAM 型的 FPGA 稍差,不能实现动态重构。

各种编程工艺的特点归纳起来如表 2-1 所示。

表 2-1 各种编程工艺的特点

编程工艺	SRAM	EPROM	EEPROM	Anti-Fuse	Flash
可重复编程技术	√	√	√	—	√
在系统可编程	√	—	√	—	√
易失性	√	—	—	—	—
复制保护	—	√	√	√	√
产品示例	Xilinx XC4K Altera FLEX	Altera MAX5K Xilinx XC7K	Altera MAX9K AMD MACH	Actel ACT	Xilinx XC9500 Cypress37K

2.1.3 基本结构和编程原理

根据数字电路知识可知,各种逻辑关系都可化成"与或"逻辑表达式,这就意味着数字系统可由与门、或门来实现。因此,如图 2-2 所示,简单 PLD 的基本结构正是由"与阵列"和"或阵列"构成其主体,由它们来实现逻辑函数。除此之外,与阵列的每个输入端都有输入缓冲电路，用于降低对输入信号的要求，使之具有足够的驱动能力，并产生原变量和反变量两个互补的信号。输入缓冲电路如图 2-3 所示。PLD 的输出方式有多种，可以由或阵列直接输出（组合方式），也可以通过寄存器输出（时序方式），输出可以是低电平有效，也可以是高电平有效。不管采用什么方式，在输出端口上往往做有三态电路，且有内部通路将输出信号反馈到与阵列输入端。新型的 PLD 器件则将输出电路做成宏单元，使用者可以根据需要对其输出方式组态，从而使 PLD 的功能更灵活、更完善。

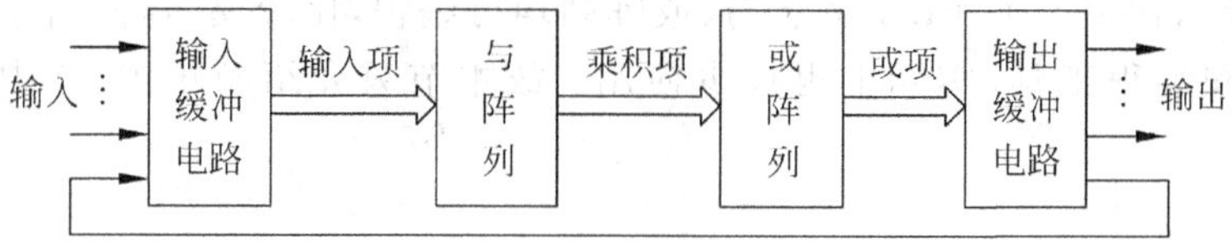

图 2-2 PLD 器件的基本原理结构图

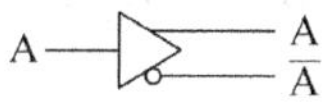

图 2-3 PLD 输入缓冲电路

2.1.4 PLD 逻辑符号的画法和约定

为了便于对 PLD 器件进行分析，先来了解一下有关描述 PLD 器件内部结构的逻辑符号的画法和约定。如图 2-4 所示，阵列中十字交叉处的连接情况有 3 种：未连接、固定连接和可编程连接。

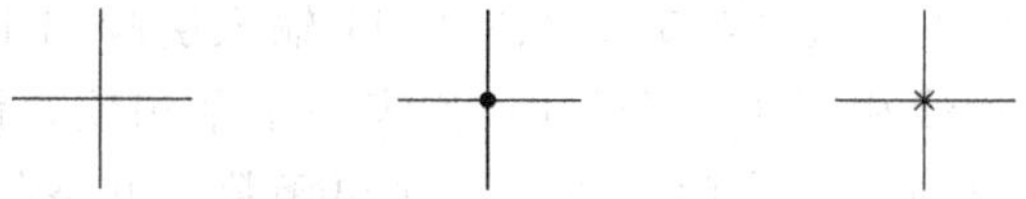

(a) 未连接 (b) 固定连接 (c) 可编程连接

图 2-4 交叉点的连接方式

为使多输入与门、或门的图形易画、易读，可采用如图 2-5 所示的方式来表示。

编程与门的表示也可采用如图 2-6 所示的方法，输出端为 D 的与门表示输入端已全部被编程连接，所以 $D=\bar{A}A\bar{B}B=0$。当输入端很多时可简化成 E 的方法表示，即 $E=\bar{A}A\bar{B}B=0$。输出端为 F 的与门表示其输入端与输入信号全处于断开状态。而输出端为 Z 的与门表示 $Z=A\bar{B}$。

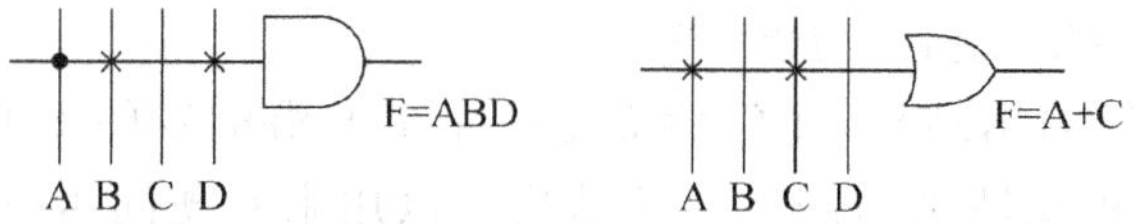

(a) PLD与门 (b) PLD或门

图 2-5 PLD 与门、或门的画法

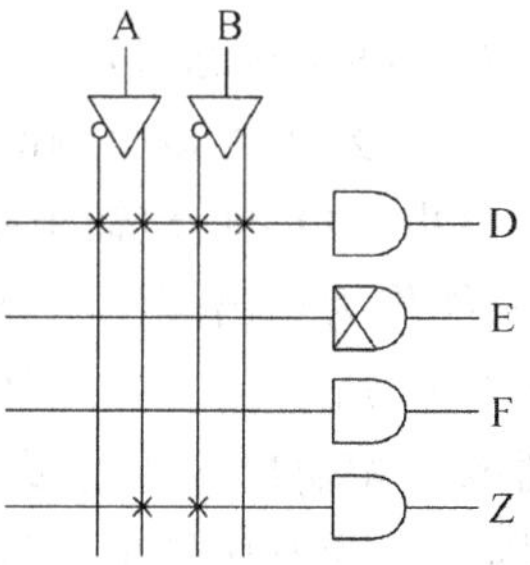

图 2-6 编程与门的表示方法

2.2 简单PLD

在简单PLD中,PROM主要用于存放数据,而用来实现逻辑函数则很不经济,因为PROM只有或阵列是可编程的,与阵列是固定的全译码器,产生了全部最小项,而多数逻辑函数包含的最小项是有限的。而PLA虽然与、或阵列均可编程,比较灵活,但由于缺少高质量的支撑软件和编程工具,实际中也很少使用。故本节只介绍简单PLD中的PAL和GAL。

2.2.1 PAL

PAL的品种很多,PAL16L8和PAL16R8是典型的两种。图2-7是PAL16L8的逻辑图,在这张图上,按阵列形式画出的只是可编程的与阵列,固定的或阵列是用传统的或门画法表示的。

阵列中每条纵线代表一个输入信号,例如左边第一组中的纵线2、3来自引脚1的缓冲输出,0、1来自引脚2的缓冲输出,若在引脚1和2上分别加上逻辑信号A、B,则阵列输入线0、1、2、3分别对应于B、$\bar{B}$、A、$\bar{A}$。阵列中的32条纵线(每4条为1组)相应于16个输入信号,它们分别来自1、2、3、4、5、6、7、8、9、11输入引脚和13、14、15、16、17、18等I/O引脚。阵列的每条横线相应于一个与门,代表一个乘积项。该阵列共有64个乘积项,它们分成8组,每组通过一个或门形成一个输出函数。电路共有8个输出函数。这些输出函数都经过三态反相器引至输出端,因而电路共有8个输出端,且是低电平有效,即当或门输出为1时,输出端得到的是低电平。该电路的型号正描述了上述几个参数,其含义如图2-8所示。

PAL16L8属于组合型PAL,其每个输出相应于图2-9所示结构。每个输出函数最多可包含7个积项。最上面的一个与门是用来控制三态反相器输出的:当该与门输出为1时,相应的输出函数才能通过三态反相器输出,因而整个阵列的8个逻辑函数的输出时间便有可能不一致,称为“异步”。另外,当某个三态反相器处于使能状态时,相应的或门输出不仅可以送到相应的引脚,还可以通过右边的缓冲电路反馈到与阵列,而当该三态反相器处于禁止状态时,或门与引脚间联系隔断,此时可由该引脚通过缓冲器向与阵列输入外部信号,因而该引脚既可作输出用,又可作输入用,是一个I/O端口,此结构因之被称为异步I/O(组合)输出结构。另有一类PAL的输出没有三态输出电路和反馈缓冲器,它只能作为输出端使用,称为专用(组合)输出结构。

图2-10所示是另一类PAL的输出结构,或门后面是一个上升沿触发的D触发器,触发器的反相输出端通过缓冲电路反馈到与阵列。该结构可以用来实现同步时序逻辑电路,因而称为时序输出结构或寄存器输出结构。

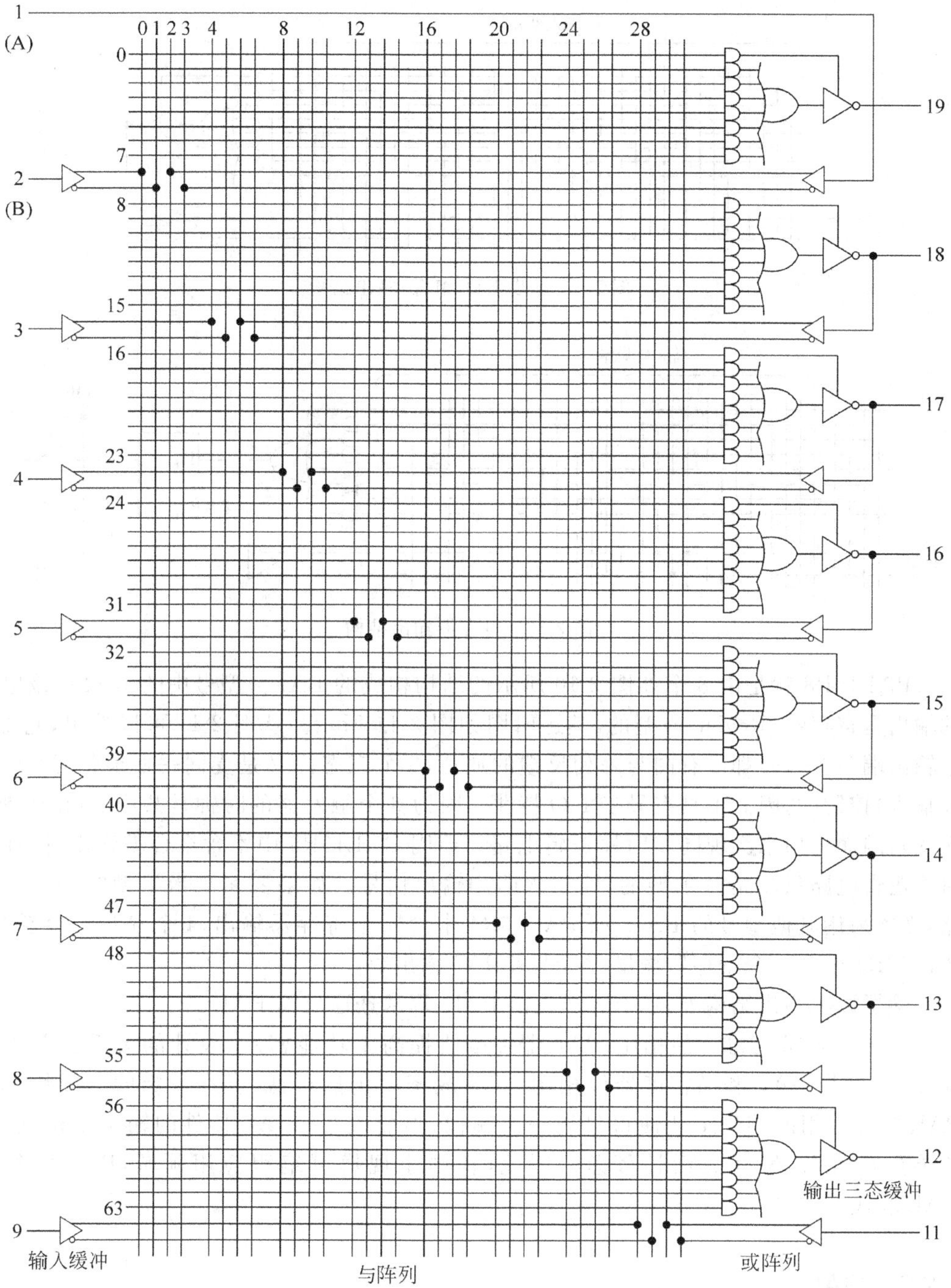

图 2-7　PAL16L8 逻辑图

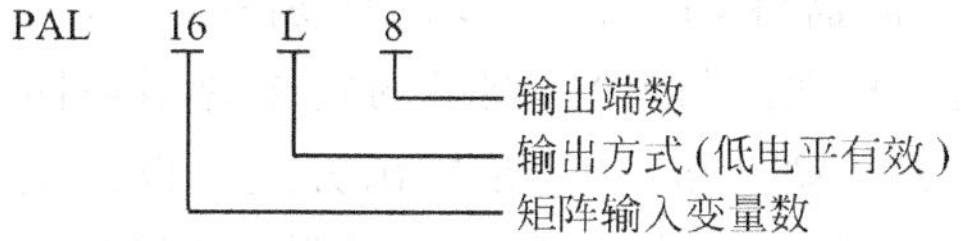

图 2-8　PAL 型号的含义

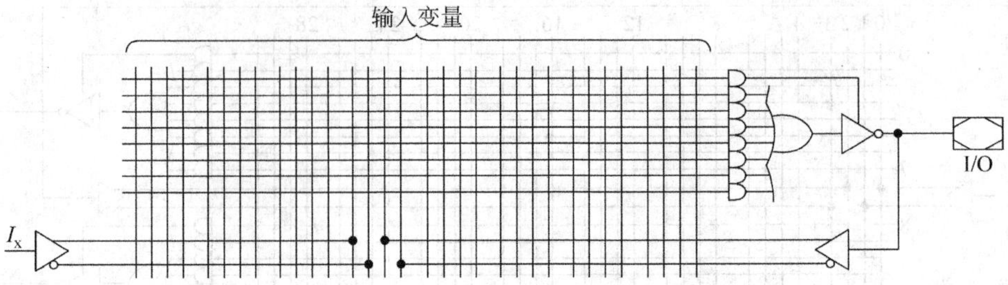

图 2-9　异步 I/O(组合)输出结构

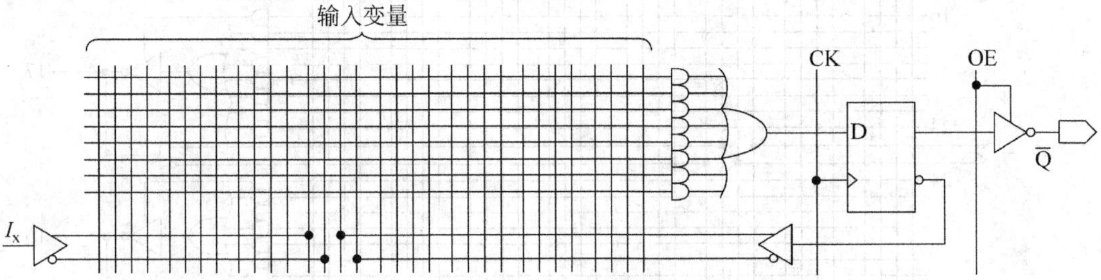

图 2-10　寄存器输出结构

PAL16R8 就是由 8 个如图 2-10 所示的结构构成的 PAL。型号中的 R 表示该电路的输出是寄存器(Register)型的,其逻辑图如图 2-11 所示。从图 2-11 可以看出,它的 8 个输出端(12～19)都没有向与阵列反馈的通道,8 个三态门又是受同一使能信号(由 11 脚输入)控制的,因而不具有异步 I/O 特性。因为 8 个触发器的时钟是共用的(由引脚 1 送入),因而可用来实现同步时序逻辑电路。但因 PAL16R8 中不含组合型输出,因而此时序逻辑电路只能是摩尔型的,即不含即刻输出信号。如果要实现米里型时序逻辑电路,必须采用其他型号的 PAL,如 PAL16R4 中含 4 个寄存器输出,4 个异步 I/O 输出,PAL16R6 中含 6 个寄存器输出,2 个异步 I/O 输出等。

除了以上输出结构外,还有异或输出 PAL、算术选通反馈 PAL。

与 SSI、MSI 标准产品相比,PAL 器件虽然提高了功能密度、设计的灵活性及工作速度等,但与 GAL 和高密度器件相比,其集成密度仍然很低,存在一定的局限性,如:PAL 器件采用的熔丝工艺使得只能一次编程,不能改写;PAL 器件的输出结构固定,不能重新组态,编程灵活性较差。因此,在中小规模可编程应用领域,PAL 已经被 GAL 取代。

2.2.2 GAL

GAL 即通用阵列逻辑器件,它与 PAL 的区别在于 GAL 的输出电路可以组态。图 2-12 是 GAL16V8 的逻辑图。与 PAL 型号的定义规则一样,GAL16V8 中的 16 表示与阵列的输入变量数,8 表示输出端数,V 是输出方式可以改变的意思。在结构上,普通型 GAL 与 PAL 结构相似,也是与阵列可编程,或阵列固定。不同的是,GAL 在或阵列

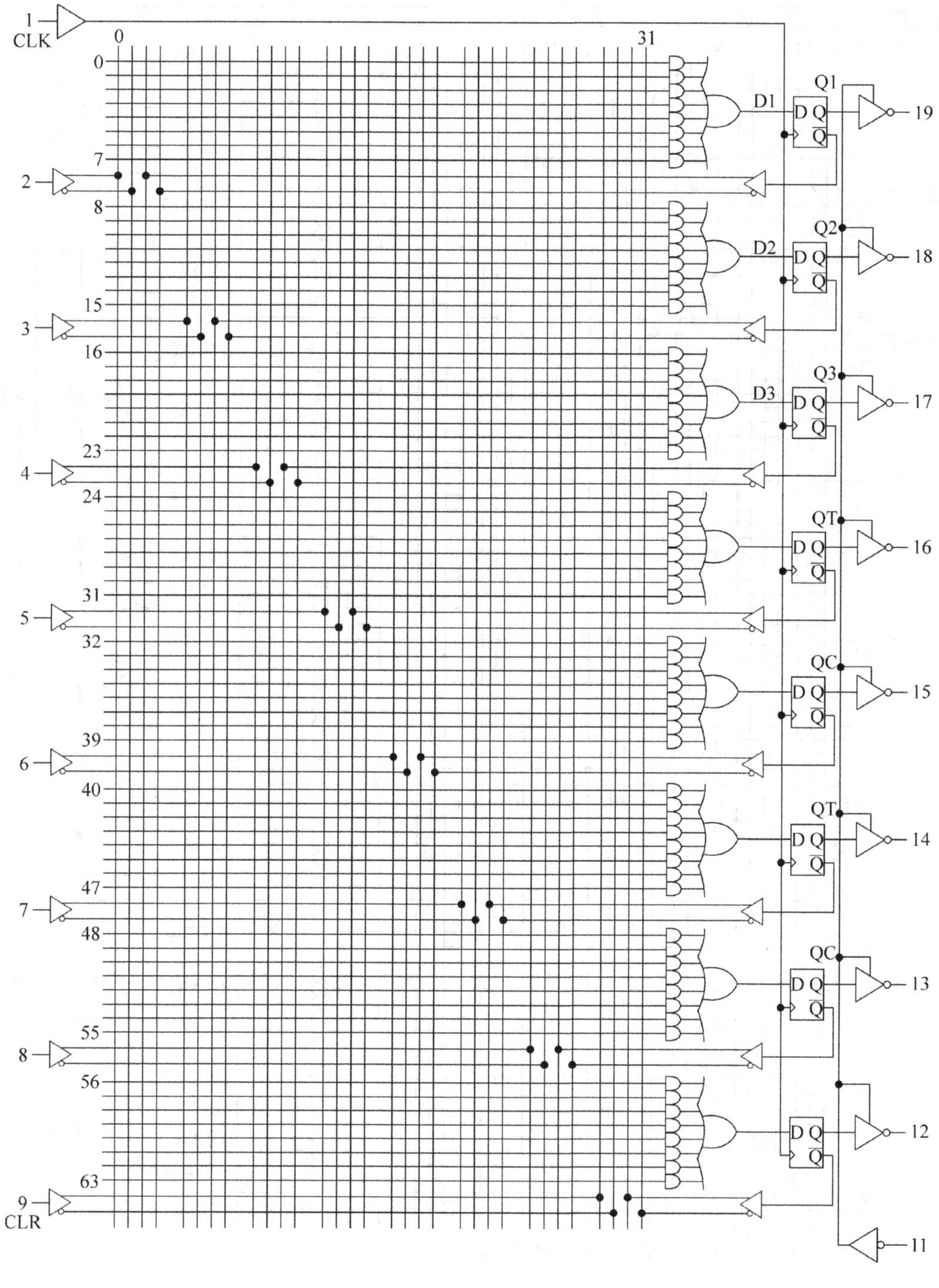

图 2-11　PAL16R8 逻辑图

的输出端加入一个可编程的输出逻辑宏单元 OLMC(Output Logic Macro Cell)来取代 PAL 器件的各种输出反馈结构，GAL 的许多优点正是源自 OLMC。

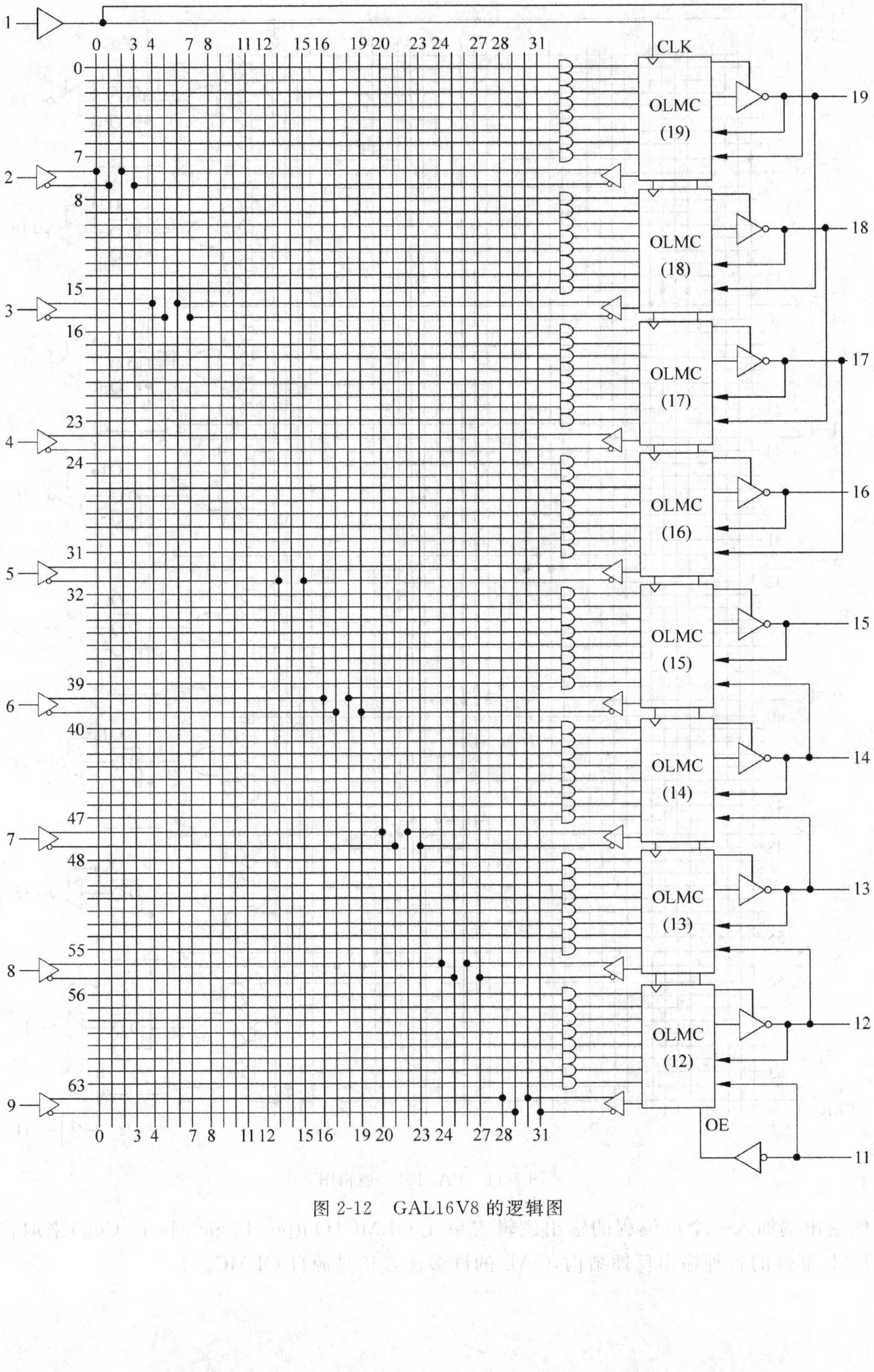

图 2-12　GAL16V8 的逻辑图

1. OLMC 的结构与原理

OLMC 的结构如图 2-13 所示，它主要由一个 8 输入或门、一个异或门、4 个多路选择器和一个 D 触发器构成。各部分的作用解释如下。

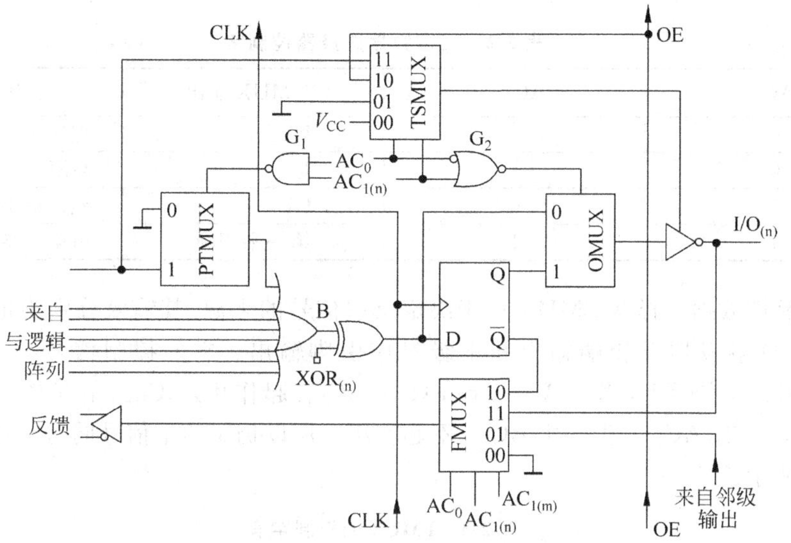

图 2-13　OLMC 的内部结构

每个 OLMC 中包含或阵列中的一个 8 输入或门，或门的每个输入对应于与阵列中的一个乘积项，或门的输出为相关乘积项之和。或门后的异或门用于控制输出信号的极性，当 $XOR_{(n)}$ 端为 1 时，异或门起反相器作用，否则同相输出。$XOR_{(n)}$ 是结构控制字中的一位，n 为引脚号。这样，就使器件具有极性可编程功能，使 GAL 器件能实现粗看起来似乎不能实现的功能，比如要实现多于 8 个乘积项的功能。例如，要求实现

$$O=A+B+C+D+E+F+G+H+I$$

式中有 9 个乘积项，而或门只有 8 个输入端，如果采用摩根定理，则

$$\overline{Q}=\overline{A}\cdot\overline{B}\cdot\overline{C}\cdot\overline{D}\cdot\overline{E}\cdot\overline{F}\cdot\overline{G}\cdot\overline{H}\cdot\overline{I}$$

输出只有一个乘积项，只需要通过编程使其输出极性取反即可。

OLMC 中的 D 触发器可对或门输出起记忆作用，使 GAL 器件能用于时序逻辑电路。

每个 OLMC 中有 4 个多路选择开关，各多路选择开关功能如下。

(1) 二选一的极性多路开关 PTMUX 用于控制第一乘积项，由控制字中的 AC_0、$AC_{1(n)}$ 经与非门控制其状态，从而决定或门的第一个输入是来自与阵列中的第一乘积项还是地。只要 AC_0、$AC_{1(n)}$ 中有一个为 0，与非后得 1，选中第一乘积项为或门的一个输入，否则，地电平被送到或门。

(2) 二选一的输出数据选择器 OMUX 用于选择输出方式：是组合输出方式，还是寄存器输出方式。它也受控制字中的 AC_0、$AC_{1(n)}$ 控制，当 $AC_0=1$，$AC_{1(n)}=0$ 时，选择 Q 为输出，可实现时序逻辑电路；否则，OMUX 将异或门的输出与输出三态缓冲器的输入接

通,可实现组合逻辑电路。

(3) 三态数据选择器 TSMUX 是四选一的,它用于选择输出三态缓冲器的选通信号。在控制字的控制下,从四路信号中选出一路信号控制三态缓冲器。控制方式如表 2-2 所示。

表 2-2 三态数据选择器控制字

AC_0	$AC_{1(n)}$	TSMUX 输出	三态门状态
0	0	V_{CC}	直通
0	1	地	高阻
1	0	OE	允许输出
1	1	第一乘积项	由第一乘积项控制

(4) 反馈数据选择器 FMUX 用于决定反馈信号的来源,其输入分别为地、相邻单元引脚输出、D 触发器反相端输出和本级对应引脚输出。它的控制信号有 3 个: AC_0、$AC_{1(n)}$、$AC_{1(m)}$,实际上,当 $AC_0=1$ 时,只有 $AC_{1(n)}$ 起作用,$AC_{1(m)}$ 不起作用;相反,当 $AC_0=0$ 时,只有 $AC_{1(m)}$ 起作用,$AC_{1(n)}$ 不起作用。所以仍是两个信号同时起作用,控制字如表 2-3 所示。

表 2-3 FMUX 的控制字表

AC_0	$AC_{1(n)}$	$AC_{1(m)}$	FMUX
0	×	0	0
0	×	1	相邻 OLMC 输入
1	1	×	反馈或输入
1	0	×	$\overline{Q}$

GAL 器件的结构控制字共有 82 位,如表 2-4 所示,它们不受任何外部引脚的控制,而是在对 GAL 编程写入过程中由软件翻译用户源程序后自动设置的。

表 2-4 GAL16V8 的结构控制字

乘积项禁止(PT63~PT32)	$XOR_{(n)}$	SYN	$AC_{1(n)}$	AC_0	$XOR_{(n)}$	乘积项禁止(PT31~PT0)
32 位	4 位	1 位	8 位	1 位	4 位	32 位

同步位 SYN=0 时,器件具有寄存器型输出能力;SYN=1 时,器件具有纯粹组合型的输出能力。AC_0 是 8 个 OLMC 共用的,它与各个 OLMC 中的 AC_1 配合控制 4 个多路开关。64 位的乘积项(PT)禁止位可用于屏蔽某些不用的乘积项。

从上面分析可知,通过设置结构控制字可以灵活地设置输出方式:可以设置为组合输出,也可以设为寄存器输出;可以高电平有效,也可以低电平有效;可以使引脚为输出,也可以使其为输入;输出使能信号也可多项选择。这样在实际设计中,用户可以根据不同需要将输出配置为 5 种不同组态:主要有专用输入模式、专用组合输出模式、选通组合输出模式、时序电路中的组合输出方式,以及时序输出模式,如表 2-5 所示。各种模式的等效电路读者可自行分析,这里不再详述。

表2-5　OLMC的输出配置控制

输出模式	SYN	AC_0	$AC_{1(n)}$	$XOR_{(n)}$	输出极性	备　注
专用输入模式	1	0	1	—	—	端口作输入使用；1脚和11脚也为输入端，三态门常闭
专用组合输出模式	1	0	0	0 1	低电平有效 高电平有效	所有输出为组合输出，1脚和11脚为输入，三态门常开
选通组合输出模式	1	1	1	0 1	低电平有效 高电平有效	所有输出为组合输出，三态门由第一乘积项选通。13～18脚为带反馈组合输出，1、11脚为输入
时序电路中的组合输出方式	0	1	1	0 1	低电平有效 高电平有效	三态门由第一乘积项选通，1脚＝CLK，11脚＝$\overline{OE}$，本OLMC是带反馈的组合输出，但至少另有一个寄存器输出
时序输出模式	0	1	0	0 1	低电平有效 高电平有效	三态门由OE选通，1脚＝CLK，11脚＝$\overline{OE}$，8个I/O端均为寄存器输出

2. GAL器件的特点与局限性

GAL器件具有以下优点。

(1) 通用型，即高灵活性。这是GAL的突出优点，它具有的每个宏单元均可根据需要任意组态，使用十分灵活。

(2) 100%可编程。GAL器件一般采用E^2CMOS工艺制成，可反复编程，通常可擦写百次以上，甚至千次，设计者风险为零。

(3) 100%可测试。GAL器件的宏单元接成时序状态，测试软件可对状态方便地预置，缩短测试过程。

所以GAL器件曾被认为是最理想的器件。

但它和PAL器件一样都属于低密度器件，因此规模小，远达不到LSI和VLSI专用集成电路的要求，大大限制了GAL的使用。另外，GAL的每个宏单元只有一条向与阵列反馈的通道，所以OLMC利用率很低。这些不足之处，在复杂可编程器件中都可得到解决。

2.3　CPLD和FPGA

上节介绍了简单PLD的结构和可编程基本原理。这种简单PLD器件的致命缺点是集成规模太小，一片简单PLD通常只能代替2～4片中规模集成电路；I/O不够灵活，片内寄存器资源不足，难以构成丰富的时序电路；需用专用的编程工具编程，使用不方便。因此，这种简单PLD基本上已被淘汰，只有GAL还在应用，主要用在中小规模数字逻辑方面。目前在数字系统设计领域中使用较为广泛的可编程逻辑器件以大规模、超大规模集成电路工艺制造的CPLD、FPGA为主。

FPGA和CPLD两者在结构上是有差异的,FPGA的编程逻辑单元主要是SRAM,它的可编程逻辑颗粒比较细,是以一个D触发器为核心的逻辑宏单元为一个颗粒,相互间都存在可编程布线区,所以逻辑设计比较灵活。相比较而言,CPLD的逻辑颗粒就要粗得多,它是以由多个宏单元构成的逻辑宏块的形式存在的。CPLD的基本工作原理与GAL器件十分相似,可以看成是由许多GAL器件合成的逻辑体,只是相邻块的乘积项可以互借,且每一逻辑单元都能单独引入时钟,从而可实现异步时序逻辑。

2.3.1 CPLD的基本结构

早期的CPLD主要用来替代PAL和GAL器件,其结构也与PAL、GAL基本相同,但针对GAL的缺点进行了改进,如Lattice公司的ispLSI1032器件便是从GAL的结构扩展而来的。

在流行的CPLD中,Altera公司的MAX7000系列器件具有一定的典型性,下面以MAX7128为例介绍CPLD的基本结构。MAX7128的结构如图2-14所示,主要包含3种逻辑资源:逻辑阵列块LAB(Logic Array Block)、可编程互联阵列PIA(Programmable Interconnect Array)和I/O控制模块。

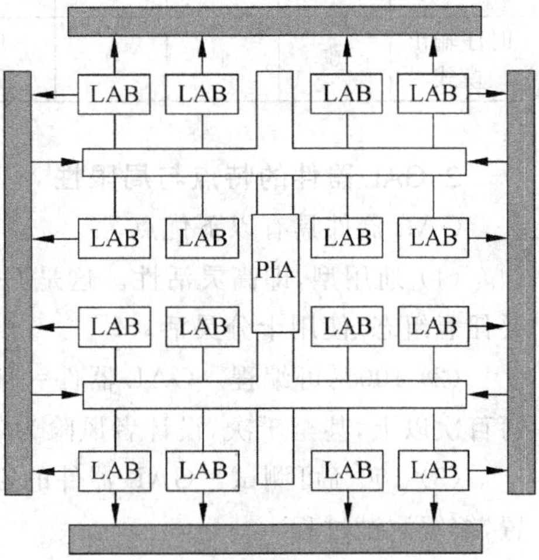

图2-14 MAX7128的结构

每个逻辑阵列块LAB由16个宏单元组成。MAX7000系列包含32～256个宏单元不等,每个宏单元都有可编程的"与"阵列和固定的"或"阵列,主要用来实现逻辑函数。多个LAB按阵列形式排布,通过可编程互联阵列PIA和全局总线实现相互连接,从而可以构成更复杂的数字逻辑系统。全局总线是一种可编程的通道,可以把器件中任何信号连接到它的目的地。所有MAX7000S器件的专用输入、I/O引脚和宏单元的输出信号都连接到PIA,而PIA可把这些信号送到整个器件的各个地方。I/O控制模块的作用主要是实现对输入输出方式的灵活控制和选择。

2.3.2 FPGA的基本结构

FPGA是现场可编程门阵列(Field Programmable Gate Array)的简称,是大规模可编程逻辑器件除CPLD外的另一大类PLD器件。

1. 查找表

前面提到的可编程逻辑器件,诸如GAL、CPLD之类都是基于乘积项的可编程结构,即由可编程的与阵列和固定的或阵列来完成逻辑功能。而下面将要介绍的FPGA,使用了另一种可编程逻辑的形成方法，即可编程的查找表 LUT(Look Up Table)结构，LUT 是可编程的最小逻辑构成单元。大部分 FPGA 采用了可编程查找表结构，这种结构基于 SRAM(静态随机存储器)查找表，采用 RAM“数据”查找的方式来构成逻辑函数发生器。

一个 N 输入查找表(LUT)可以实现 N 个输入变量的任何逻辑功能，如 N 输入“与”、N 输入“异或”等。图 2-15 所示为 4 输入 LUT，其内部结构如图 2-16 所示。一个 N 输入的查找表，需要 SRAM 把 N 个输入构成的真值表存储起来，共用 2^N 个位的 SRAM 单元。显然 N 不可能很大，否则 LUT 的利用率很低，输入多于 N 个的逻辑函数，必须用几个查找表分开实现。

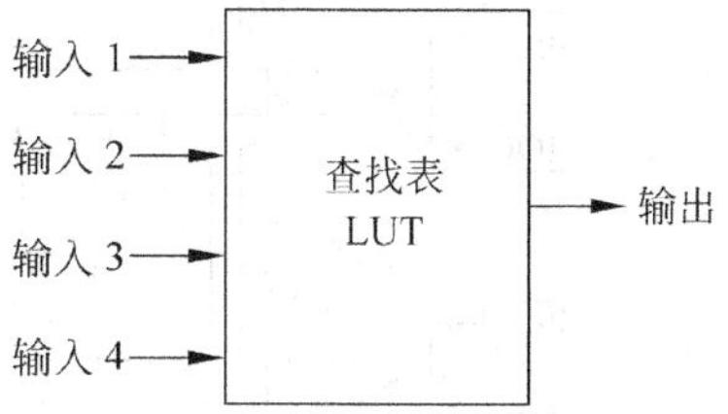

图 2-15　FPGA 查找表单元

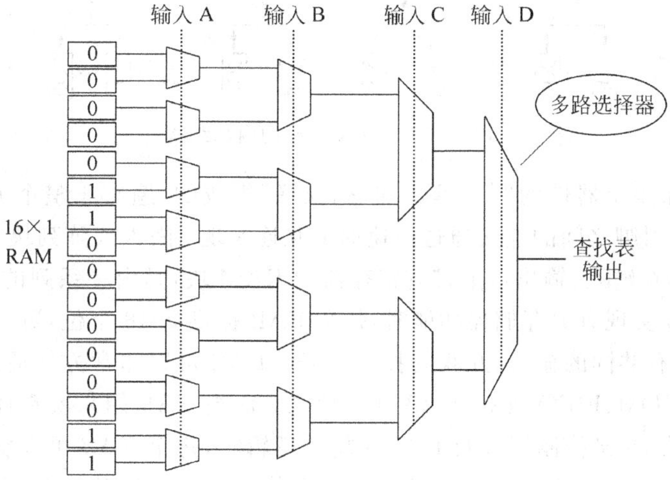

图 2-16　FPGA 查找表单元内部结构

在图 2-16 中，如果假设所有的 2 选 1 多路选择器都是当输入信号 A、B、C、D 为 1 时选择上一路输出；反之选择下一路输出，则根据图中 RAM 单元存储信息可知，本查找表可实现的逻辑函数表达式为

$$Y=\overline{A}B\overline{C}D+A\overline{B}\overline{C}D+A\overline{B}\overline{C}\overline{D}+\overline{A}\overline{B}\overline{C}\overline{D}$$

2. FLEX10K 系列器件

Altera 的 FLEX10K 系列、ACEX 系列和 Xilinx 的 XC4000 系列、Spartan 系列都是采用 SRAM 查找表构成的，是典型的 FPGA 器件。FLEX10K 系列器件的结构和工作原理在 Altera 的 FPGA 器件中具有典型性，下面以此器件为例，介绍 FPGA 的结构与工作原理。

FLEX10K 的内部结构如图 2-17 所示，主要由逻辑阵列块 LAB、快速通道、嵌入式阵列块 EAB 和 I/O 单元 4 部分组成。

逻辑阵列块 LAB(Logic Array Block)由 8 个相邻的逻辑单元 LE(Logic Element)或称 LC(Logic Cell)级联构成。每个逻辑单元 LE 都含有一个 4 输入的 LUT，是 FLEX10K 结构中的最小单元，能实现 4 输入 1 输出的任意逻辑函数。快速通道(Fast

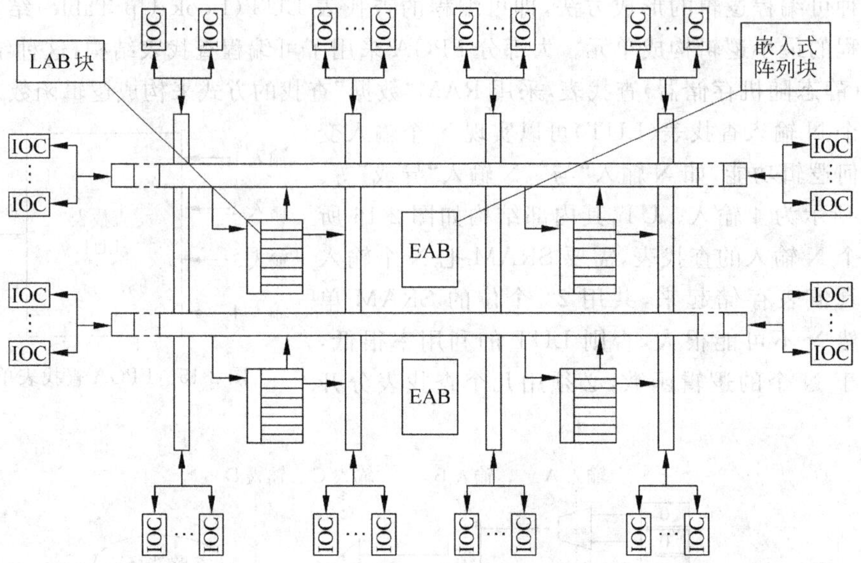

图 2-17 FLEX 10K 的内部结构

Track)是由遍布整个器件的"行互联"和"列互联"组成的,遍布于整个 FLEX10K 器件,LE 和器件 I/O 引脚之间的连接通过快速通道互连实现。嵌入式阵列块 EAB(Embedded Array Block)是在输入、输出口上带有寄存器的 RAM 块,是由一系列的嵌入式 RAM 单元构成的。当要实现有关存储器功能时,每个 EAB 提供 2048 个位,每一 EAB 是一个独立的结构,它具有共同的输入、互联与控制信号。EAB 可以非常方便地实现一些规模不太大的 RAM、ROM、FIFO 或双口 RAM 等功能。而当 EAB 用来实现计数器、地址译码器、状态机、乘法器、微控制器以及 DSP 等复杂逻辑时,每个 EAB 可以贡献 100～600 个等效门。EAB 可以单独使用,也可以组合起来使用。I/O 单元(IOC)用来驱动 I/O 引脚,包含一个双向 I/O 缓冲器和一个寄存器。IOC 可以配置成输入、输出或双向口。

2.3.3 Altera公司器件介绍

Altera 公司是著名的 PLD 器件生产厂商,多年来一直占据着行业领先的地位。Altera 公司的可编程逻辑器件具有高性能、高集成度和高性价比等优点。不仅如此,Altera 公司还提供功能全面的开发工具和丰富的 IP 核、宏功能库等。因此,Altera 公司的产品获得了广泛应用。

Altera 公司的可编程逻辑器件产品有多个系列。按照推出的先后顺序依次为 Classic 系列、MAX(Multiple Array Matrix)系列、FLEX(Flexible Logic Element Matrix)系列、APEX(Advanced Logic Element Matrix)系列、ACEX 系列、APEX Ⅱ 系列、Cyclone 系列、Stratix 系列、MAX Ⅱ 系列、Cyclone Ⅱ 系列和 Stratix Ⅱ 系列。

1. MAX 系列 CPLD

MAX 系列包括 MAX9000、MAX7000A、MAX7000B、MAX7000S、MAX7000、

MAX5000等器件系列。这些器件的基本结构单元是乘积项，在工艺上采用EEPROM和EPROM。器件的编程数据可以永久保存，可加密。MAX系列的集成度在数百门到2万门之间。所有MAX9000和MAX7000系列的器件都具有在系统编程功能，支持JTAG边界扫描测试。MAX7000系列器件的主要特性如表2-6所示。

表2-6　MAX7000系列器件的主要特性

特　性	EPM7032	EPM7064	EPM7096	EPM7128	EPM7160	EPM7192	EPM7256
集成门数	1200	2500	3600	5000	6400	7500	10000
可用门数	600	1800	1800	2500	3200	3750	5000
宏单元数	32	64	96	128	160	192	256
逻辑阵列块	2	4	6	8	10	12	16
I/O引脚数	36	36、38、40、68	52、64、76	68、84、100	68、84、104	124	84、120、164

2. FLEX系列FPGA

FLEX系列是Altera公司为DSP设计应用最早推出的FPGA器件系列，包括FLEX10K、FLEX10KE、FLEX8000和FLEX6000等器件系列。器件采用连续式互联和SRAM工艺，可用门数为1万～25万门。

FLEX10K系列器件由于具有灵活的逻辑结构和嵌入式存储器块，能够实现各种复杂的逻辑功能，是应用广泛的一个系列。这类器件采用0.5μm CMOS SRAM工艺制造，具有在系统可配置特性，所有I/O端口中都有输入、输出寄存器，采用3.3V或5.0V工作模式。FLEX10K系列各器件的特性如表2-7所示。

表2-7　FLEX10K系列(EPF10K10～10K100)器件特性

特　性	10K10	10K20	10K30	10K40	10K50	10K70	10K100
典型门/个	10000	20000	30000	40000	50000	70000	100000
可用门/千个	7～31	15～63	22～69	29～93	36～116	46～118	62～158
逻辑单元	576	1152	1728	2304	2880	3744	4992
RAM/位	6144	12288	12288	16384	20480	18432	24576
触发器	720	1344	1968	2576	3184	4096	5392
最大用户I/O	150	198	246	278	310	358	406

3. APEX系列FPGA

APEX系列采用多核(Multi-Core)结构，是为系统级的设计而推出的一种芯片。APEX器件包括APEX20K和APEX20KE两个系列，器件的典型门数为3万～150万门，并采用了先进的制造工艺。2001年，Altera推出了APEX Ⅱ系列器件，该器件采用先进的0.15μm全铜工艺制造，与传统的采用铝互联工艺的器件相比，其总体性能可提高30%～40%。另外，该器件不仅继承了非常成功的APEX架构，且I/O功能也有了很大的提高，可用于高速数据通信等场合。

4. ACEX系列FPGA

ACEX系列是Altera专门为通信、音频处理及其他一些场合的应用而推出的芯片系列。ACEX器件的工作电压是2.5V,芯片的功耗较低,集成度在3万门到几十万门之间,基于查找表结构。在工艺上,采用先进的1.8V/0.18μm、6层金属连线的SRAM工艺制成,封装形式则包括BGA、QFP等。

上述Altera公司系列芯片及其他系列芯片的详细资料可到Altera公司网站或其他资料中查找。

2.3.4 FPGA和CPLD的选用

1. FPGA和CPLD的性能比较

FPGA和CPLD在结构、性能等方面均有差异,如表2-8所示。

表2-8 FPGA和CPLD的结构和性能对照表

结构和性能	CPLD	FPGA
集成规模	小(最大数万)	大(最大数十万)
颗粒度	大(PAL结构)	小(PROM结构)
互联方式	集总总线	分段总线、长线、专用互联
编程工艺	EPROM、EEPROM、Flash	SRAM
编程类型	ROM	RAM型,需与存储器连用
信息	固定,掉电不丢失	可实时重构,掉电丢失
触发器数	少	多
单元功能	强	弱
速度	高	低
Pin-Pin延时	确定,可预测	不确定,不可预测
功耗	高	低
加密性能	可加密	不可加密
适用场合	逻辑系统	数据型系统

2. FPGA和CPLD的选用原则

由于FPGA和CPLD在价格、性能、逻辑规模、封装和使用的EDA软件性能等方面各有千秋,所以,对于不同的开发项目,必须作出最佳选择。在开发应用工程中选择器件时应考虑以下问题。

(1) 器件的逻辑资源量

开发一个项目,首先要考虑的是所选器件的逻辑资源量是否满足本系统的要求。由于FPGA和CPLD在应用时,大都是先将其安装在电路板上,然后再设计或修改逻辑功能,并且芯片可能耗费的资源在实际调试前很难准确确定,而且系统设计完成后,还有可能要增加某些新功能,后期也还有硬件升级的可能性,因此,适当估测一下项目需要的逻辑资源以确定使用什么样的器件,对于提高产品的性价比是很有好处的。

Altera、Lattice和Xinlinx 3家公司都是PLD主流公司,他们的产品大多都有HDPLD特性,且有多种系列产品供选用。相对来说,Lattice公司的高密度产品少些,密度也较小。由于不同的PLD公司在他们的数据手册中描述芯片逻辑资源的依据和标准不一致，所以有很大出入。例如对于ispLSI1032E，Lattice给出的资源是6000门，而对于EPM7128S，Altera给出的资源是2500门，但实际上这两种器件的逻辑资源基本上是一样的。

实际开发中，逻辑资源的占用情况涉及的因素是很多的，大致有以下几种。

① 硬件描述语言的选择、描述风格的选择，以及HDL综合器的选择。这些内容涉及的问题较多，在此不宜展开。

② 综合和适配开关的选择。在EDA工具软件中有一些优化选择开关，它们的选用将直接影响到逻辑资源的利用率。例如，如果选择速度优化，将耗用更多的资源；如果选择资源优化，则反之。

③ 逻辑功能单元的性质和实现方法。一般情况下，许多组合逻辑电路比时序电路占用的逻辑资源要多，如并行进位的加法器、比较器以及多路选择器。

(2) 芯片的速度

随着PLD集成技术的不断提高，FPGA和CPLD的工作速度也不断提高，引脚到引脚(Pin-to-Pin)延时已达纳秒级，目前，Altera和Xilinx公司的器件标称工作频率最高都可超过300MHz，在一般使用中，器件的工作频率已足够了。但在具体设计时，对芯片速度的选择要进行综合考虑，并不是速度越快越好，一般使芯片速度与所设计系统的最高工作速度相一致即可。器件的高速性能越好，对外界微小毛刺信号的反应灵敏性越好，容易使系统进入不稳定工作状态。因此，芯片速度越高，对电路板设计的要求也越高。在单片机系统中，电路板的布线要求并不严格，一般的毛刺信号干扰不会导致系统的不稳定，但对于即使速度最一般的FPGA/CPLD，这种干扰也会引起不良后果。

(3) 器件的功耗

由于在线编程的需要，CPLD的工作电压多为5V，而FPGA的工作电压流行趋势是越来越低，3.3V和2.5V的低工作电压的FPGA的使用已十分普遍。因此，就低功耗、高集成度方面，FPGA具有绝对的优势。

(4) 器件的结构类型

FPGA和CPLD是两种不同结构类型的器件，具体选用哪一种，要根据开发项目本身的需要来确定。

对于普通规模的项目，如果产品批量不是很大，通常选用CPLD比较好，原因如下。

① 中小规模的CPLD价格比较便宜，上市速度快，能直接用于系统。

② CPLD的结构大多为EEPROM或Flash ROM形式，编程后即可保持下载的逻辑功能，使用方便，电路简单。

③ 目前最常用的CPLD大多为在系统可编程器件，编程方式极为便捷，便于进行硬件修改和升级，且有良好的器件加密功能。

④ CPLD的引脚到引脚的信号延时几乎是恒定的，与逻辑设计无关。这种特性使得设计调试比较简单，毛刺现象比较容易处理，利用廉价的CPLD就能获得比较高速的性能。

对于大规模的逻辑设计、ASIC设计或SOC设计，则多采用FPGA。FPGA保存逻辑功能的物理结构多为SRAM型，掉电后将丢失原有的逻辑信息。这就需要在实用中为 FPGA 芯片配置一个专用 ROM,将设计好的逻辑信息烧录于此 ROM 中。当电路上电时,FPGA 就能自动从 ROM 中读取逻辑信息。

FPGA 的使用途径主要有以下 4 个方面。

① 直接使用。就像 CPLD 那样直接用于产品的电路系统板上。但由于 FPGA 通常必须附带 ROM 以保存信息,且 Altera 和 Xilinx 器件的供应商提供的 ROM 都是一次性的,对 ROM 的编程也需要专用的编程器,所以在规模不是很大的情况下,其电路的复杂性和价格方面略逊于 CPLD。当然,有必要时,也可以使用能进行多次编程配置的 ROM,Atmel 生产的为 Altera 和 Xilinx 的 FPGA 配置的兼容 ROM,就有一万次的烧录周期。

② 间接使用。首先利用 FPGA 完成系统整机的设计,包括最后的电路板的定型,然后将充分验证好的设计软件,如 VHDL 程序,交付元器件商进行相同封装形式的掩模设计。

③ 硬件仿真。由于 FPGA 是 SRAM 结构,且能提供庞大的逻辑资源,因而适合作为各种逻辑设计的仿真器件。从这个意义上说,FPGA 本身即为开发系统的一部分。FPGA 器件能用作各种电路系统中不同规模逻辑芯片功能的实用性仿真,一旦仿真通过,就能为系统配以相适应的逻辑器件。在仿真过程中,可以通过下载线直接将逻辑设计的输出文件通过计算机和下载适配电路配置进 FPGA 器件中,而不必使用配置 ROM 和编程器。

④ 专用集成电路 ASIC 设计仿真。当产品批量特别大时,需要专用的集成电路或单片系统设计,如 CPU 及各种单片机的设计。这时除了使用功能强大的 EDA 软件进行设计和仿真外,还有必要使用 FPGA 对设计进行硬件仿真测试,以便最后确认整个设计的可行性。

需要指出的是,在一个系统中,也可以根据不同的电路采用不同的器件,以充分利用各种器件的优势,提高器件的利用率,降低设计成本,提高系统综合性能。

(5) 器件的封装形式

PLD 器件的封装形式有很多种,其中简单 PLD 主要采用 DIP(Dual In-Line Package)封装形式,CPLD 和 FPGA 则主要采用 CerDIP(Ceramic Dual In-Line Package)、PLCC(Plastic J-Lead Chip Carrier)、PQFP(Plastic Quad Flat Package)、TQFP(Plastic Thin Quad Flat Package)、PGA(Pin-Grid Array)、CerPGA(Ceramic Pin-Grid Array)和 BGA(Ball-Grid Array)、FBGA(FineLine Ball-Grid Array)、UBGA(Ultra FineLine Ball-Grid Array)、MBGA(Micro FineLine Ball-Grid Array)等封装形式。

由于可以买到现成的 PLCC 插座,插拔方便,一般开发中,比较容易使用 PLCC 封装形式的芯片。常用的 PLCC 封装的引脚数有 28、44、52、68 和 84 等几种规格,适用于小规模的产品开发。PQFP、TQFP 属于贴片封装形式,无须插座,引脚间距有零点几毫米,直接或放在放大镜下就能焊接,适合于一般规模的产品开发或生产。但由于引脚间距相对较小,徒手焊接非常困难,批量生产时需要贴装机。PGA 封装的成本比较高,价格昂贵,形似 586CPU,一般不直接用作系统器件,如 Altera 的 10K50 是 403 脚的 PGA 封装,可以用作硬件仿真。BGA 是大规模 PLD 器件常用的封装形式,这种封装采用球状引脚,以特定的阵形有规律地排在芯片的背面上,使得芯片能引出尽可能多的引脚。同时,由于引脚排列的规律性，适合某一系统的同一设计程序能在同一电路板位置上焊上不同大小的含有同一设计程序的 BGA 器件，这是它的重要优势。此外，BGA 封装的引脚结构具有更强的抗干扰和机械抗震性能。

同一型号类别的器件有多种不同的封装，对于不同的设计项目，应根据需要选用合适的封装形式。

2.4 ispGDS 介绍

在系统可编程技术不仅适用于重构电路的逻辑，还可以用于重构电路的互连关系。Lattice 公司生产的在系统可编程的通用数字开关 ispGDS(in system programmable Generic Digital Switch)，就是一种用 ISP 技术来定义互连关系的开关器件。

2.4.1 ispGDS 的原理与结构

ispGDS 器件有 ispGDS22、ispGDS18 和 ispGDS14 等 3 个品种，这些型号尾部数字表示该 GDS 器件中可供互连用的端口总数。

图 2-18 是 ispGDS22 的原理图，它有 22 个互连端口，分为两组(11 行和 11 列)，构成一个可编程的开关矩阵。矩阵的每一个交点都可以通过编程而接通，因而 A 组的 11 个 I/O 端和 B 组的 11 个 I/O 端之间可以任意相互连接。

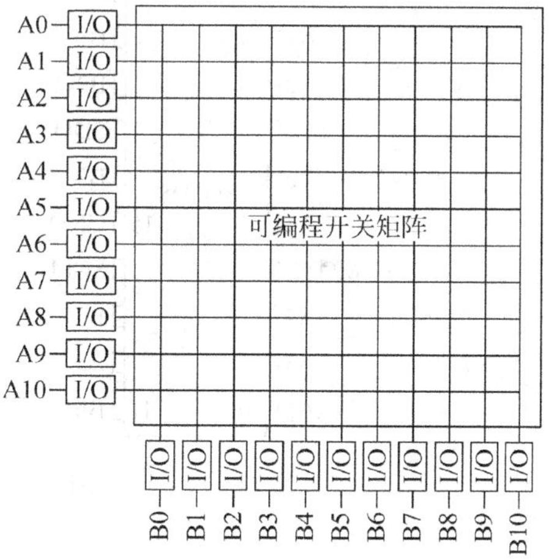

图 2-18 ispGDS22 原理图

每个 GDS 的互连端口都是一个 I/O 单元，它的单元结构如图 2-19 所示。由图 2-19 可以看出，4 选 1 的多路选择器依靠对 C1、C2 的编程可以将高电平(V_{CC})、低电平(GND)或者由矩阵送来的信号(以同相或反相的形式)接到该 I/O 端，所以每个 I/O 端除了能与另一组的 I/O 端相连外，还可以加上某个固定的逻辑电平。C0 端用来控制信号的流向，当 C0=0 时，该 I/O 单元作为 GDS 的输出端，实现上述功能，当 C0=1 时，I/O 单元作为输入端使用。这样，每个 I/O 单元共有 5 种组态，如图 2-20 所示。

ispGDS 的编程原理与 ispLSI 器件是一样的，从图 2-21 所示的 ispGDS14 引脚图上可以看到，它也有 MODE、SDI、SDO 和 SCLK 等 4 个编程控制信号入口(因为没有 I/O 单元与编程控制信号共用引脚，所以不需要 $\overline{\text{ispEN}}$ 信号)，其工作状态也是受内部状态机控制的，并可使用菊花链方式下载。

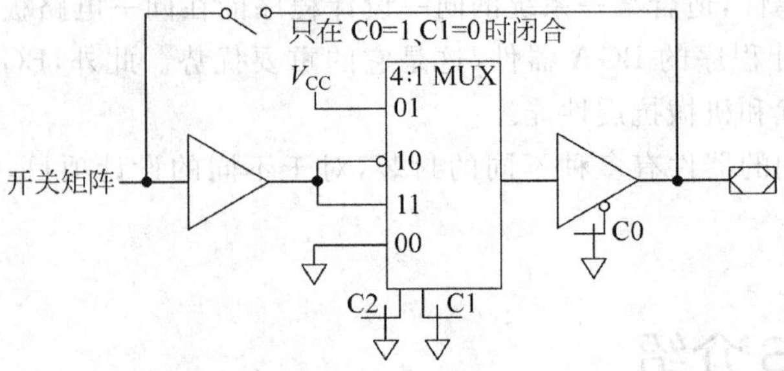

图 2-19 ispGDS 中 I/O 单元的结构

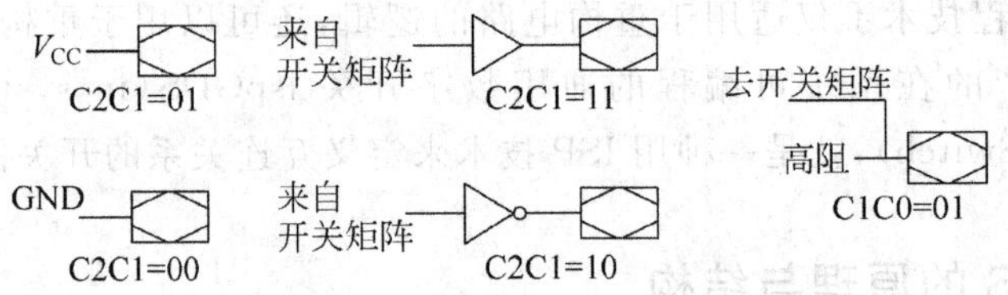

图 2-20 ispGDS 中 I/O 单元的组态

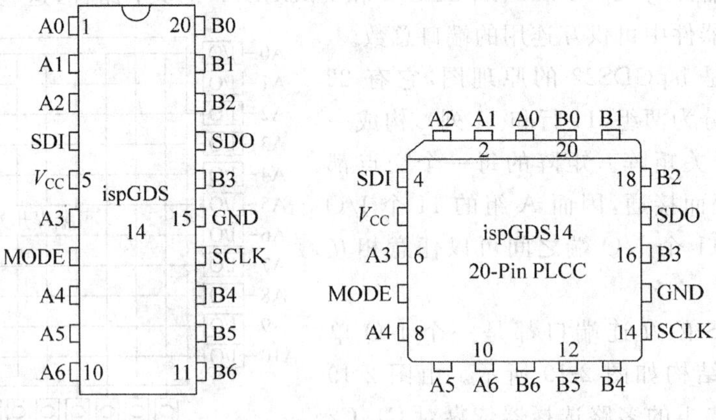

图 2-21 ispGDS14 引脚图

2.4.2 ispGDS 的使用

有实际工作经验的人都知道,对于大多数 LSI 器件,如果通过开关来定义其引脚的输入电平时,其引脚上都需要有上拉电阻。由于 ispGDS 的 I/O 单元本身就有上拉电阻,因而用 ispGDS 器件代替 DIP 开关,例如用 ispGDS14 代替图 2-22(a)所示的电路时,不仅减小了体积,还节省了 14 个上拉电阻。

使用 ispGDS 的最大意义在于:可以在不拨动机械开关或不改变系统硬件的情况下,快速地改变或重构印制电路板的连接关系,实现对目标系统连接关系的重构和高性能地完成信号分配与布线。

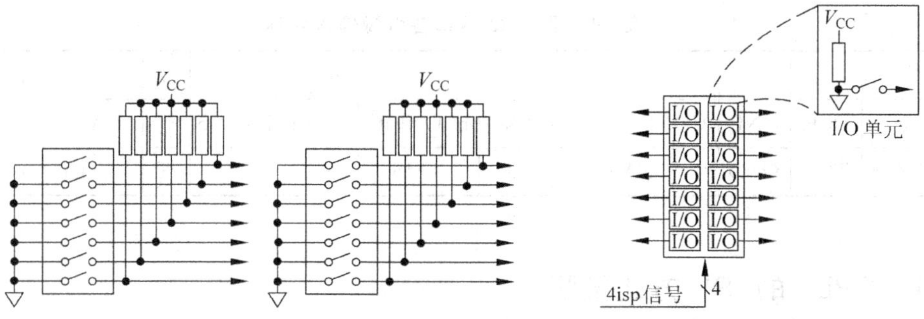

(a) DIP 开关　　(b) ispGDS14

图 2-22　用 ISPGDS 取代 DIP 开关和上拉电阻

2.5　CPLD 和 FPGA 的编程与配置方法

在大规模可编程逻辑器件出现以前，人们在设计数字系统时，把器件焊接在电路板上是设计的最后一个步骤。当设计存在问题并得到解决后，设计者往往不得不重新设计印制电路板。设计周期被无谓地延长了，设计效率也很低。CPLD/FPGA 的出现改变了这一切。现在，人们在逻辑设计时可以在未设计具体电路时，就把 CPLD/FPGA 焊接在印制电路板上，然后在设计调试时可以一次又一次随心所欲地改变整个电路的硬件逻辑关系，而不必改变电路板的结构。这一切都有赖于 CPLD/FPGA 的在系统下载或重新配置功能。下面主要介绍 CPLD/FPGA 编程和配置方式。

目前常见的大规模可编程逻辑器件的编程工艺有以下两种。

(1) 基于电可擦除存储单元的 EEPROM 或 Flash 技术。CPLD 一般使用此技术进行编程。CPLD 被编程后改变了电可擦除存储单元中的信息，掉电后可保持。

(2) 基于 SRAM 查找表的编程单元。对于该类器件，编程信息保持在 SRAM 中，掉电后编程信息立即丢失，下次上电后，还需要更新载入编程信息。因此该类器件的编程一般称为配置。大部分 FPGA 采用这种编程工艺。

相比之下，EEPROM 或 Flash 工艺的优点是编程后信息不会因掉电而丢失，但编程次数有限，编程速度不快。对于 SRAM 型 FPGA 来说，配置次数为无限，在加电时可随时更改逻辑，但掉电后芯片中的信息即丢失，每次上电时必须重新载入信息，下载信息的保密性也不如前者。

CPLD 编程和 FPGA 配置可以使用专用的编程设备，也可以使用下载电缆。如 Altera 的 ByteBlaster(MV)并行下载电缆，连接 PC 的并行打印口和需要编程或配置的器件，并与 MAX+PLUSⅡ配合可以对 Altera 公司的多种 CPLD、FPGA 进行配置或编程。ByteBlaster(MV)下载电缆与 Altera 器件的接口一般是 10 芯的接口，引脚对应关系如图 2-23 所示，10 芯连接信号如表 2-9 所示。

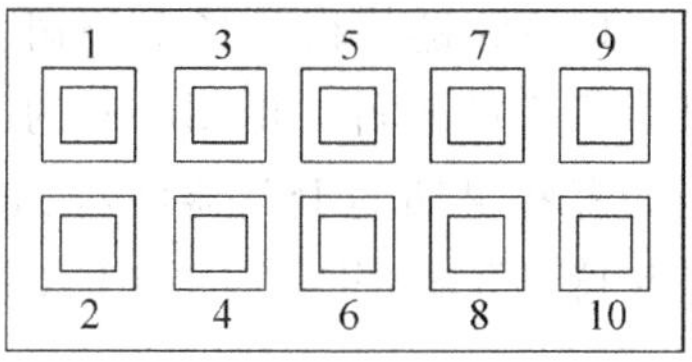

图 2-23　10 芯下载接口

表 2-9　图 2-23 接口各引脚信号名称

引脚	1	2	3	4	5	6	7	8	9	10
PS 模式	DCK	GND	CONF_DONE	V_{CC}	nCONFIG	—	nSTATUS	—	DATA0	GND
JTAG 模式	TCK	GND	TDO	V_{CC}	TMS	—	—	—	TDI	GND

2.5.1 CPLD 的 ISP 方式编程

在系统可编程(ISP)即当系统上电并正常工作时，计算机通过系统中的 CPLD 拥有 ISP 接口直接对其进行编程，器件在编程后立即进入正常工作状态。这种 CPLD 编程方式的出现，克服了传统的使用专用编程器编程方法的诸多不便。图 2-24 是 Altera CPLD 器件的 ISP 编程连接图，其中 ByteBlaster (MV)与计算机的并口相连接。MV 即混合电压(Multiple Voltage)的意思。

必须指出，Altera 的 MAX7000 系列 CPLD 是采用 IEEE 1149.1 JTAG 接口方式对器件进行在系统编程的，在图 2-24 中，与 ByteBlaster 的 10 芯接口相连的是 TCK、TDO、TMS 和 TDI 这 4 条 JTAG 信号线。JTAG 接口本来是用来作为边界扫描测试(BST)的，把它用作编程接口则可以省去专用的编程接口，减少系统的引出线。

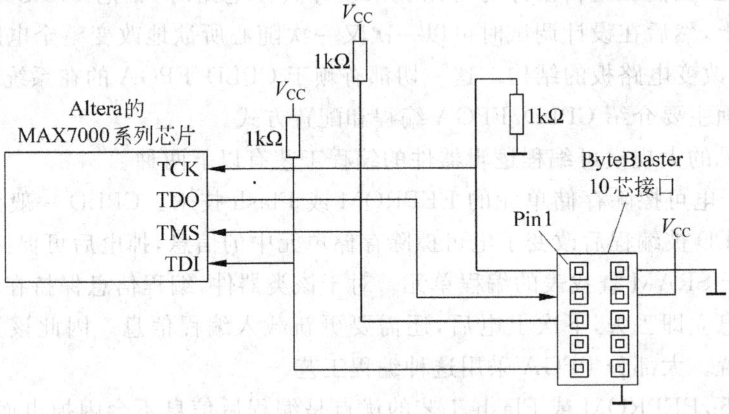

图 2-24　CPLD 编程下载连接图

当系统板上具有多个支持 JTAG 接口 ISP 的 CPLD 器件时，可以使用 JTAG 链进行编程，当然也可以进行测试，图 2-25 就用了 JTAG 对多个器件进行 ISP 在系统编程。

JTAG 链使得对各个公司生产的不同 ISP 器件进行统一编程成为可能。有的公司提供了相应的软件，如 Altera 的 Jam Player 进行不同公司支持 JTAG 的 ISP 器件混合编程。有些早期的 ISP 器件，比如最早引入 ISP 概念的 Lattice 的 ispLSI1000 系列(新的器件支持 JTAGISP，如 1000EA 系列)采用专用的 ISP 接口，也支持多器件下载。

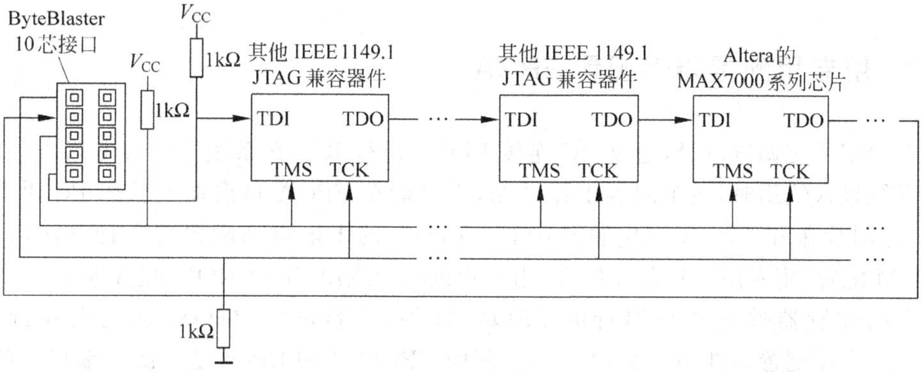

图 2-25 多 CPLD 的 ISP 连接方式

2.5.2 使用 PC 并行口配置 FPGA

FPGA 的 SRAMLUT 结构使之需要在上电后必须进行一次配置，称为在线可重配置(In-Circuit Reconfigurability，ICR)，即在器件已经配置好的情况下进行更新配置，以改变电路逻辑结构和功能。在利用 FPGA 进行设计时可以利用 FPGA 的 ICR 特性，通过连接 PC 的下载电缆快速地下载设计文件至 FPGA 进行硬件验证。

如果所设计的数字系统中用到了不止一个 FPGA 器件，不必对每个器件都设置一个下载口。Altera 器件的 PS 模式支持多个器件进行配置，图 2-26 给出了 PC 用 ByteBlaster 下载电缆对多个器件进行配置的原理图。

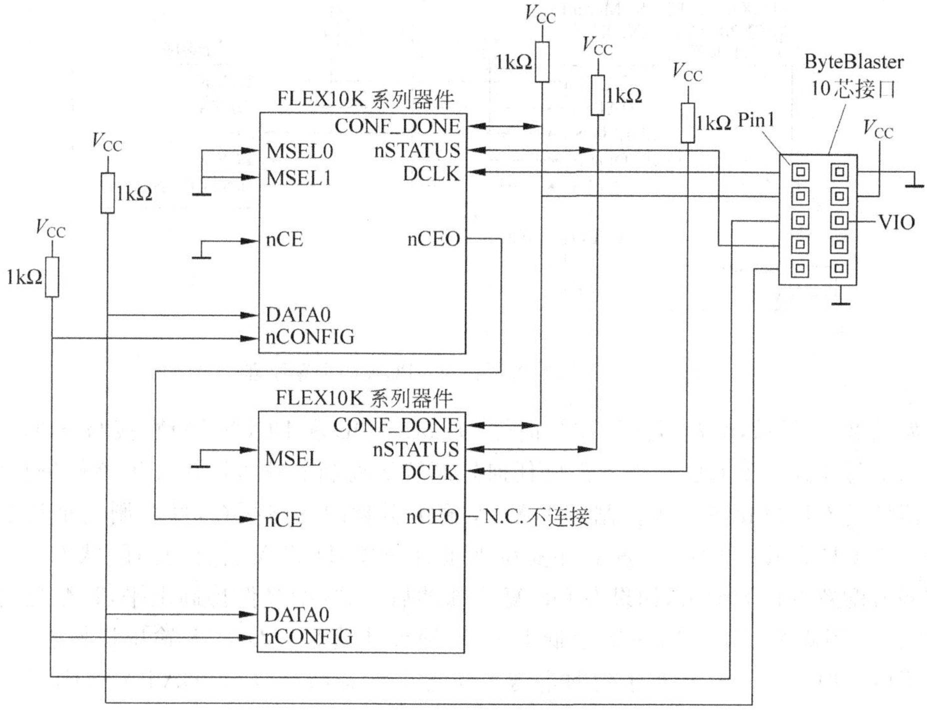

图 2-26 多 FPGA 芯片配置电路

2.5.3 用专用配置器件配置 FPGA

在数字系统调试阶段,通过 PC 连接 FPGA 进行 ICR 在系统重配置非常方便,但当数字系统投入使用时,在车间等工作现场,不可能在 FPGA 每次加电后用 PC 手动进行配置,这时应采用 FPGA 上电自动配置。FPGA 的上电自动配置有多种方法,比如用 EPROM 配置、用专用配置器件配置、用单片机配置或用 Flash ROM 配置等。

专用配置器件通常是串行的 PROM 器件,大容量的 PROM 也提供并行接口。Altera 的专用配置器件如表 2-10 所示。其中 EPC1441 和 EPC1 是一次可编程(OTP)器件,EPC2 是 EEPROM 型多次可编程串行 PROM,图 2-27 是单个配置器件配置单个 FPGA 的电路原理图。

表 2-10 Altera 的专用配置器件

器 件	功 能 描 述	封 装 形 式
EPC2	1695680×1 位,3.3/5V 供电	20 脚 PLCC、32 脚 TQFP
EPC1	1046496×1 位,3.3/5V 供电	8 脚 PDIP、20 脚 PLCC
EPC1441	440800×1 位,3.3/5V 供电	8 脚 PDIP、20 脚 PLCC
EPC1213	212942×1 位,5V 供电	8 脚 PDIP、20 脚 PLCC、32 脚 TQFP
EPC1064	65536×1 位,5V 供电	8 脚 PDIP、20 脚 PLCC、32 脚 TQFP
EPC1064V	65536×1 位,5V 供电	8 脚 PDIP、20 脚 PLCC、32 脚 TQFP

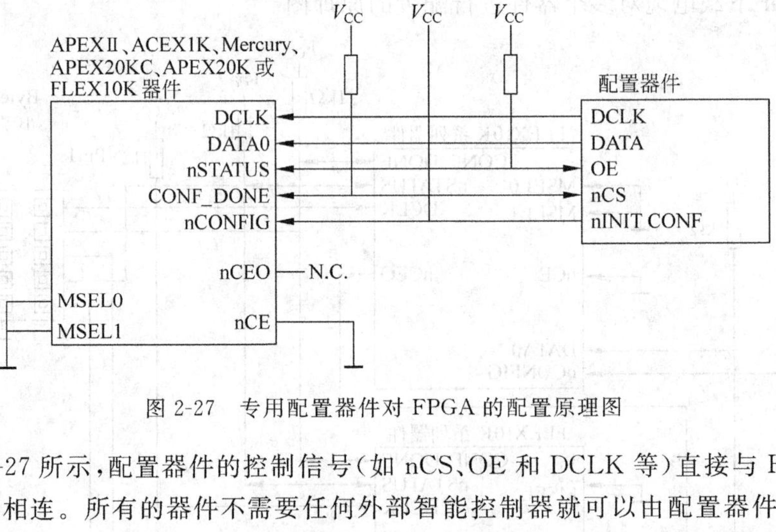

图 2-27 专用配置器件对 FPGA 的配置原理图

如图 2-27 所示,配置器件的控制信号(如 nCS、OE 和 DCLK 等)直接与 FPGA 器件的控制信号相连。所有的器件不需要任何外部智能控制器就可以由配置器件进行配置。配置器件的 OE 和 nCS 引脚控制着 DATA 输出引脚的三态缓存,并控制地址计数器的使能。当 OE 为低电平时,配置器件复位地址计数器,DATA 引脚为高阻状态。nCS 引脚控制着配置器件的输出,如果在 OE 复位脉冲后,nCS 始终保持高电平,计数器将被禁止,DATA 引脚为高阻。当 nCS 变低电平后,地址计数器和 DATA 输出均使能。OE 再次变低电平时,不管 nCS 处于何种状态,地址计数器都将复位,DATA 引脚置为高阻状态。

值得注意的是，EPC2、EPC1 和 EPC1441 器件不仅决定了工作方式，而且还决定了当 OE 为高电平时，是否使用 APEX20K、FLEX10K 和 FLEX6000 器件规范。

Altera 的 FPGA 允许多个配置器件配置单个 FPGA 器件，因为对于 APEXⅡ这类的器件，最大的配置器件 EPC16 的容量还是不够的。允许多个配置器件配置多个 PPGA 器件，甚至同时配置不同系列的 FPGA。

图 2-28 是利用 EPC2 配置 FPGA 的电路原理图。因为 EPC2 是可重复编程配置器件，故可提供在系统编程能力。图中，EPC2 本身的编程由 JTAG 接口来完成，FPGA 的配置既可由 ByteBlaster(MV)配置，也可由 EPC2 配置，这时，ByteBlaster 端口的任务是对 EPC2 进行 ISP 方式下载。

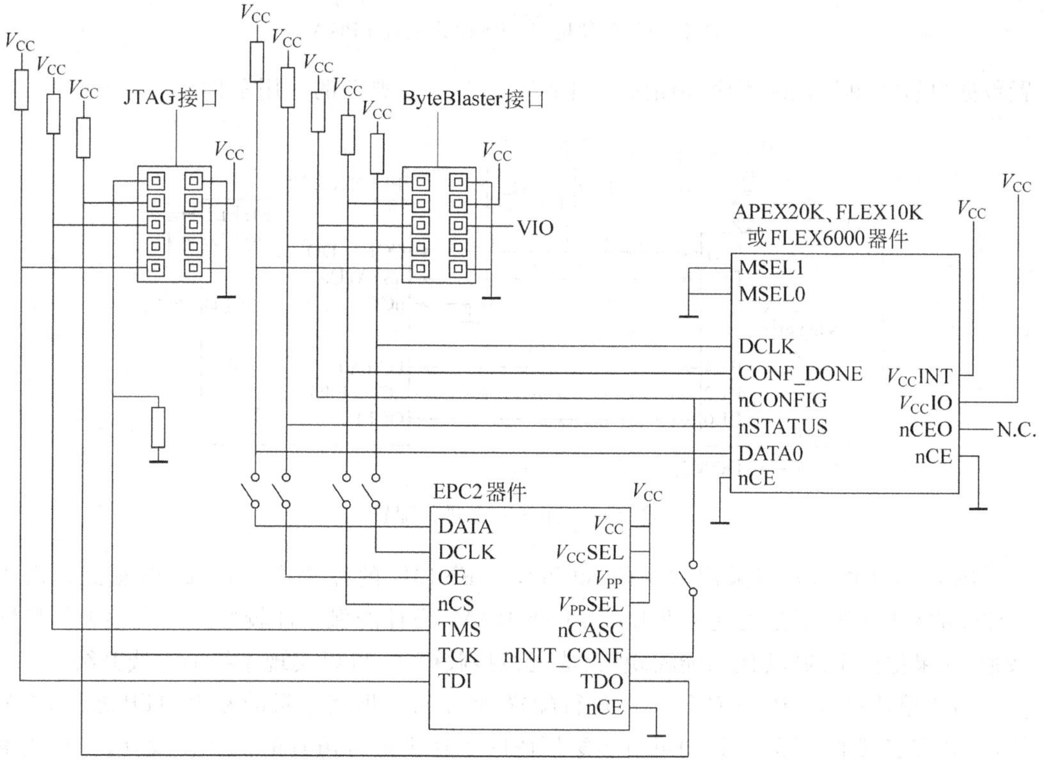

图 2-28　EPC2 配置 FPGA 的电路原理图

2.5.4　使用单片机配置 FPGA

使用单片机配置 FPGA 具有较好的设计保密性和可升级性。Altera 的基于 SRAMLUT 的 FPGA 提供了多种配置模式，图 2-29 是单片机用 PPS 模式配置 FPGA 的电路原理图。

有时出于设计保密、减少芯片的使用数的目的，在配置器件容量不大的情况下，把配

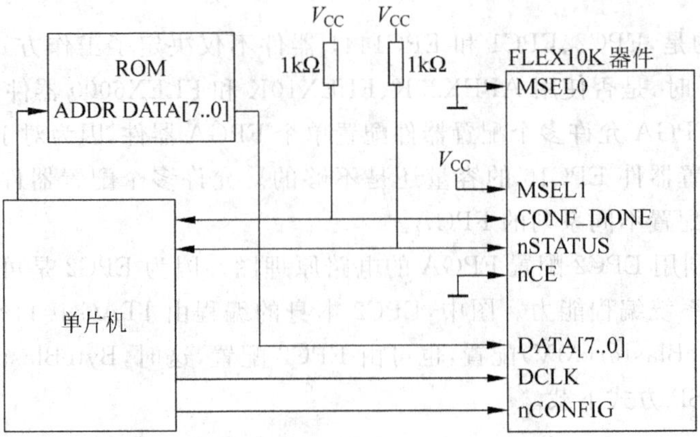

图 2-29 单片机用 PPS 模式配置 FPGA

置数据也置于单片机的程序存储区。图 2-30 就是一个典型的应用示例。

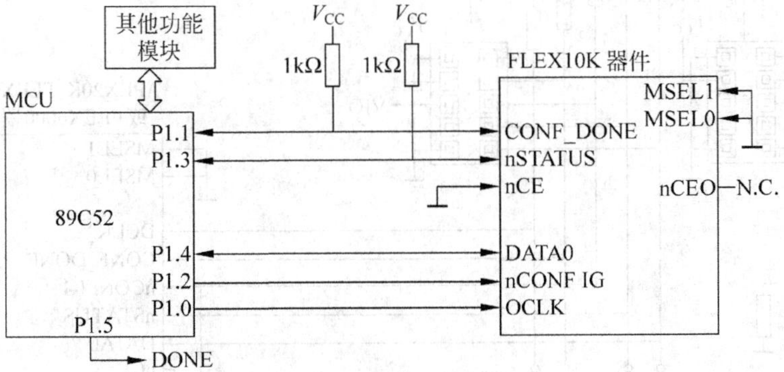

图 2-30 用 89C52 进行配置

图 2-30 中的单片机采用常见的 89C52,FLEX10K 的配置模式选为 PS 模式。由于 89C52 的程序存储器是内建于芯片的 Flash RAM,设计的保密性较好。还有很大的扩展余地,如果把图中的"其他功能模块"换成无线接收模块,可以实现系统的无线升级。

利用单片机或 CPLD 对 FPGA 进行配置,除了可以取代昂贵的专用 OTP 配置 ROM 外,还有许多其他实际应用,如可对多家厂商的单片机进行仿真的仿真器设计、多功能虚拟仪器设计、多任务通信设备设计、EDA 实验系统设计等等。

2.6 小结

可编程逻辑器件 PLD 是一种可由用户通过自己编程配置各种逻辑功能的芯片,它经历了从简单 PLD(如 PROM、PLA、PAL、GAL)到采用大规模集成电路技术的复杂 PLD(如 CPLD 和 FPGA)的发展过程。

按集成度分类,PLD 可分为 LDPLD 和 HDPLD。LDPLD 包括 PROM、PLA、PAL、

GAL，HDPLD 包括 CPLD 和 FPGA；按内部结构分类，PLD 可分为乘积项结构器件和查找表结构器件，大部分 HDPLD 和 CPLD 都是乘积项结构器件，FPGA 是查找表结构器件；按编程工艺来分类，PLD 也只能一次编程的熔丝结构型、紫外线可擦可编程的 EPROM 型、电可擦可编程的 EEPROM 型、掉电丢失信息的 SRAM 型和快速闪存 Flash 型。

PLD 一般由输入缓冲电路、与阵列、或阵列和输出缓冲电路 4 部分组成。

可编程阵列逻辑 PAL 是与阵列可编程、或阵列固定，输出结构有组合型和寄存器型等，便于用来实现组合逻辑和时序逻辑函数。PAL 价格便宜，编程方便，具有保密特性，但其集成密度低，一般只能一次编程，而且输出结构固定，不能重新组态，编程灵活性较差。

通用阵列逻辑 GAL 是在 PAL 的基础上发展起来的新型器件，是 PAL 的换代产品。GAL 仍采用与—或阵列结构，属于电可擦可编程工艺结构，可反复多次编程。由于 GAL 采用了输出逻辑宏单元 OLMC，使得它的逻辑灵活性大大增加，一种 GAL 便可代替多种 PAL 器件，特别适合用于产品研制与开发。但 GAL 仍是低密度器件，规模较小。

FPGA 和 CPLD 是大规模、超大规模的集成电路，两者在结构上有差异。FPGA 的可编程逻辑颗粒比较细，编程单元主要是 SRAM；CPLD 的逻辑颗粒粗得多，是由多个宏单元构成的逻辑宏块形成的。

CPLD 中的 MAX7000 由逻辑阵列块、宏单元、扩展乘积项（共享和并联）、可编程连线阵列和 I/O 控制块 5 个部分构成。FPGA 中的 FLEX10K 主要由嵌入式阵列块 EAB、逻辑阵列块 LAB、快速通道 Fast Track 和 I/O 单元 4 部分组成。

FPGA 和 CPLD 器件的应用与开发都需要在一定的工具软件的支持下来进行，可根据器件类型进行选择。在实际开发项目过程中，具体选择 FPGA 还是 CPLD，要从器件的逻辑资源量、速度、功耗、结构类型和封装形式等方面进行综合考虑。

ispGDS 是在系统可编程的通用数字开关，它标志着 ISP 技术已从系统逻辑领域扩展到系统互联领域，即能实现在不拨动机械开关或不改变系统硬件的情况下，快速地改变或重构印制电路板的连接关系。

FPGA/CPLD 的编程与配置方法有多种，对 ISP 器件可以采用 ISP 方式编程；FPGA 可使用 PC 并行口来配置，也可用专用配置器件配置或使用单片机配置。

2.7 思考题

2-1　PLD 的含义是什么？PLD 可以分为哪几大类？分类的依据是什么？

2-2　PLD 阵列中的连接方式有哪几种？每一种方式分别代表什么意义？

2-3　PAL 器件有何特点？它的输出结构有哪些？

2-4　PAL 和 GAL 器件的型号的含义是什么？举例说明。

2-5　GAL 器件有何特点？它与 PAL 相比，有何区别？

2-6　GAL 器件有哪些组态方式？

2-7 GAL器件的OLMC有何作用?

2-8 FPGA与CPLD的英文全称是什么?它们之间有何区别?

2-9 FLEX10K系列器件中的EAB有何作用?

2-10 Altera公司有哪些系列器件?分别适用于什么场合?

2-11 在FPGA和CPLD的实际应用开发过程中应考虑哪些因素?

2-12 介绍编程与配置这两个概念。FPGA/CPLD的编程与配置方法有哪些?

Task 3

任务 3

初探 EDA 技术

EDA 的核心是利用计算机完成电子设计全程自动化,因此,基于计算机环境的 EDA 软件是必不可少的。这部分的任务是首先了解 EDA 设计流程,然后学习 EDA 工具软件——Quartus Ⅱ的原理图输入设计方法,通过实例引导读者初步掌握 EDA 设计方法,并能根据已有的数字电路基础知识通过技能训练及能力拓展掌握简单电路的 EDA 设计,从而引导读者快速进入 EDA 设计之门。

3.1 知识准备 1——EDA 设计流程

利用 EDA 技术对 FPGA/CPLD 进行开发设计的流程如图 3-1 所示,该流程具有一定的通用性。下面分别介绍各设计模块的功能特点。

3.1.1 设计输入

将要设计的电路用 EDA 开发软件要求的某种形式表达出来,并输入计算机,这就是设计输入。设计输入是在 EDA 软件平台上进行 FPGA/CPLD 开发的最初步骤。设计输入有多种表达方式,多数 EDA 工具都支持的设计输入方式主要有图形输入法和文本输入法。图形输入又包括原理图输入、状态图输入和波形图输入三种常用方法;而文本输入主要指硬件描述语言输入方式,可以是 VHDL 语言描述,也可以是 ABEL HDL 或者是 Verilog-HDL。

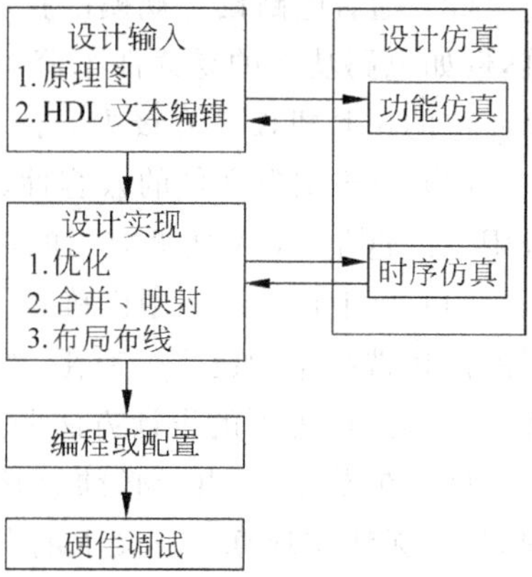

图 3-1 基于 FPGA/CPLD 的 EDA 设计流程

状态图输入法就是用绘图的方法,根据电路的输入条件和不同状态之间的转换方式,在 EDA 工具的状态图编辑器上绘出状态图,由 EDA 编译器和综合器将此状态变化流程图编译综合成电路网表。

波形图输入方法则是根据待设计电路的功能,将该电路的输入信号和输出信号的时序波形图在相应的 EDA 工具编辑器中画出来,EDA 工具就能据此完成电路的设计。

原理图输入法是图形输入法中最常用的,故本书主要介绍原理图输入法和硬件描述语言输入法。

1. 原理图输入法

原理图是图形化的表达方式,它类似于传统电子设计过程中所画的原理图,只不过它是在 EDA 工具软件的图形编辑界面上来绘制完成的。原理图由逻辑器件(符号)和连接线构成,特别适合用来描述接口和连接关系。原理图中的逻辑器件可以是 EDA 软件库中自带的功能模块,如与门、非门、或门、触发器以及各种含 74 系列器件功能的宏功能块或类似于 IP 的功能块,也可以是设计者已经设计好的电路单元。

原理图编辑绘制完成后,原理图编辑器将对输入的图形文件进行排错,之后再将其编译成适用于逻辑综合的网表文件。用原理图作为设计输入方式有以下优点。

(1) 为尚未掌握硬件描述语言的电子系统设计者提供了一种类似于传统设计的输入法。

(2) 原理图输入过程与画电子电路图相似,比较形象直观,适用于初学或教学演示。

(3) 对于较小的电路模型,其结构与实际电路十分接近,设计者易于把握电路全局。

(4) 这种设计方式接近于底层电路布局,因此,易于控制逻辑资源的耗用,节省面积。

然而,使用原理图输入方式的设计方法的缺点同样是十分明显的。

(1) 由于图形设计方式并没有得到标准化,不同的 EDA 软件中的图形处理工具对图形的设计规则、存档格式和图形编译方式都不尽相同,因此图形文件的兼容性较差,不便交流和管理。

(2) 随着电路设计规模的扩大,原理图输入描述方式必然产生一系列难以克服的困难,例如电路功能的易读性下降,排除错误困难,整体调整和结构升级困难。例如,将一个 4 位的单片机设计升级为 8 位单片机几乎难以在短期内准确无误地实现。

(3) 由于图形文件的兼容性较差,一些性能优良的电路模块的移植和再利用变得十分困难。这是 EDA 技术应用的最大障碍。

(4) 由于在原理图中已确定了设计系统的基本电路结构和元件,留给综合器和适配器的优化选择空间已十分有限,难以实现用户所希望的面积、速度以及不同风格的综合优化,因此,原理图的设计方法明显偏离了电子设计自动化的本质含义。

(5) 在设计中,由于必须直接面对硬件模块的选用,因此行为模型的建立将无从谈起,从而无法实现真正意义上的自顶向下的设计方案。

2. HDL 文本输入法

这种方式与传统的计算机软件语言的输入编辑基本一致。HDL(如 VHDL 或 Verilog-HDL)采用文本方式描述设计并在 EDA 工具软件的文本编辑器中输入,其逻辑描述能力强,但不适合描述接口和连接关系。硬件描述语言支持布尔方程、真值表、状态机等逻辑描述方式,适合描述计数器、译码器、比较器和状态机等的逻辑功能,在描述复杂设计时,非常简洁,具有很强的逻辑描述和仿真功能,可以说,应用 HDL 的文本输入方法克服了上述原理图输入法存在的弊端,为 EDA 技术的应用和发展打开了一个广阔的天地。当然,HDL 文本输入必须依赖综合器,只有好的综合器才能把语言综合成优化的电路。

目前有些 EDA 输入工具可以把图形的直观与 HDL 的优势结合起来。如状态图输入的编辑方式，即用图形化状态机输入工具，用图形的方式表示状态图。当填好时钟信号名、状态转换条件、状态机类型等要素后，就可以自动生成 VHDL/Verilog 程序。又如，在原理图输入方式中，可以调用 VHDL 描述的电路模块，直观地表示系统的总体框架，再用自动 HDL 生成工具生成相应的 VHDL/Verilog 程序。但总体上看，纯粹的 HDL 输入设计仍然是最基本的、最有效和最通用的输入方法。

3.1.2　设计实现

设计实现主要由 EDA 开发工具依据设计输入文件自动生成用于器件编程、波形仿真及延时分析等所需的数据文件。此过程对开发系统来讲是核心部分，但对用户来说，几乎是自动化的，设计者无须过多做什么工作，只需根据需要，通过设置"设计实现策略"等参数来控制设计实现过程，从而使设计更优化。EDA 开发工具进行设计实现时主要完成以下工作。

1. 综合

任务1已经对综合的概念作了介绍。一般来说，综合是仅对应于 HDL 而言的。利用 HDL 综合器对设计进行综合是十分重要的一步，因为综合过程将把软件设计的 HDL 描述与硬件结构挂钩，是将软件转化为硬件电路的关键步骤，是文字描述与硬件实现的一座桥梁。综合就是将电路的高级语言（如行为描述）转换成低级的，可与 FPGA/CPLD 的基本结构相映射的网表文件或程序。

当输入的 HDL 文件在 EDA 工具中检测无误后，首先面临的是逻辑综合，因此要求 HDL 源文件中的语句都是可综合的。

在综合之后，HDL 综合器一般都可以生成一种或多种文件格式网表文件，如 EDIF、VHDL、Verilog 等标准格式，在这种网表文件中用各自的格式描述电路的结构。如在 VHDL 网表文件中采用 VHDL 的语法，用结构描述的风格重新诠释综合后的电路结构。

整个综合过程就是将设计者在 EDA 平台上编辑输入的 HDL 文本、原理图或状态图形描述，依据给定的硬件结构组件和约束控制条件进行编译、优化、转换和综合，最终获得门级电路甚至更底层的电路描述网表文件。由此可见，综合器工作前，必须给定最后实现的硬件结构参数，它的功能就是将软件描述与给定的硬件结构用某种网表文件的方式对应起来，成为相应的映射关系。

如果把综合理解为映射过程，那么显然这种映射不是唯一的，并且综合的优化也不是单纯的或一个方向的。为达到速度、面积、性能的要求，往往需要对综合加以约束，称为综合约束。

2. 适配

适配器也称结构综合器，它的功能是将由综合器产生的网表文件配置于指定的目标器件中，使之产生最终的下载文件，如 JEDEC、Jam 格式的文件。适配所选定的目标器件（FPGA/CPLD）必须属于原综合器指定的目标器件系列。通常，EDA 软件中的综合器可由专业的第三方 EDA 公司提供，而适配器则需由 PPGA/CPLD 供应商提供。因为适配器的适配对象直接与器件的结构细节相对应。

逻辑综合通过后必须利用适配器将综合后的网表文件针对某一具体的目标器件进行逻辑映射操作,其中包括底层器件配置、逻辑分割、逻辑优化、逻辑布局布线操作。适配完成后可以利用适配所产生的仿真文件作精确的时序仿真,同时产生可用于编程的文件。

3.1.3 设计仿真

仿真就是让计算机根据一定的算法和一定的仿真库对EDA设计进行模拟,以验证设计,排除错误。仿真是EDA设计过程中的重要步骤。设计仿真包括功能仿真和时序仿真两部分。

1. 功能仿真

功能仿真是直接对HDL、原理图或其他描述形式的设计文件进行逻辑功能测试与模拟,以了解其功能是否满足原设计的要求。功能仿真在选择具体器件之前进行,不涉及任何硬件特性,因此,也没有延时信息。直接进行功能仿真的好处是设计耗时短,对硬件库、综合器等没有任何要求,例如规模比较大的设计项目,综合与适配在计算机上的耗时是十分可观的,如果每一次修改后的模拟都必须进行时序仿真,显然会极大地降低开发效率。所以,通常的做法是,首先进行功能仿真,待确认设计文件所表达的功能满足设计者原有意图时,即逻辑功能满足要求后,再进行综合、适配和时序仿真,以便把握设计项目在硬件条件下的运行情况。

2. 时序仿真

时序仿真就是接近真实器件运行特性的仿真,仿真文件中已包含器件硬件特性参数,因而,仿真精度高。但时序仿真的仿真文件必须来自针对具体器件的综合器与适配器。综合后所得的EDIF等网表文件通常作为FPGA适配器的输入文件,产生的仿真网表文件中包含了精确的硬件延迟信息。

3.1.4 编程或配置

把适配后生成的下载或配置文件,通过编程器或编程电缆向FPGA/CPLD进行下载,以便进行硬件调试(Hardware Debugging)和验证。

通常,将对CPLD的下载称为编程(Program),对FPGA中的SRAM进行直接下载的方式称为配置(Configure),但对于OTP FPGA的下载和对FPGA的专用配置ROM的下载仍称为编程。

另外应该注意,就目前EDA技术中相关概念的流行称谓上看,FPGA比CPLD具有更广泛的含义。例如,某一介绍FPGA/CPLD开发技术的网站是www.fpga.com;而更多的人将利用EDA技术开发FPGA/CPLD,称为"FPGA开发技术"等。

硬件测试是最后将已编程或配置过的FPGA或CPLD的硬件系统进行统一测试,以便最终验证设计项目在目标系统上的实际工作情况，以排除错误，改进设计。

3.2　知识准备 2——Quartus Ⅱ的图形界面

Quartus Ⅱ是 Altera 公司推出的第四代 EDA 开发工具软件，同第三代设计工具 MAX+PLUSⅡ相比，其功能更加完善，特别适合于大规模逻辑电路的设计。Quartus Ⅱ的设计流程与其他工具软件一样，也可以概括为设计输入、设计编译、设计仿真和设计下载等过程。Quartus Ⅱ支持图形输入、文本输入等多种输入方法。

Altera 公司的 Quartus Ⅱ是一个全面的、易于使用且具有独立解决问题能力的软件，可以完成设计流程中的输入、综合、布局布线、时序分析、仿真和编程下载等所有功能。启动 Quartus Ⅱ软件时出现的图形用户界面如图 3-2 所示。

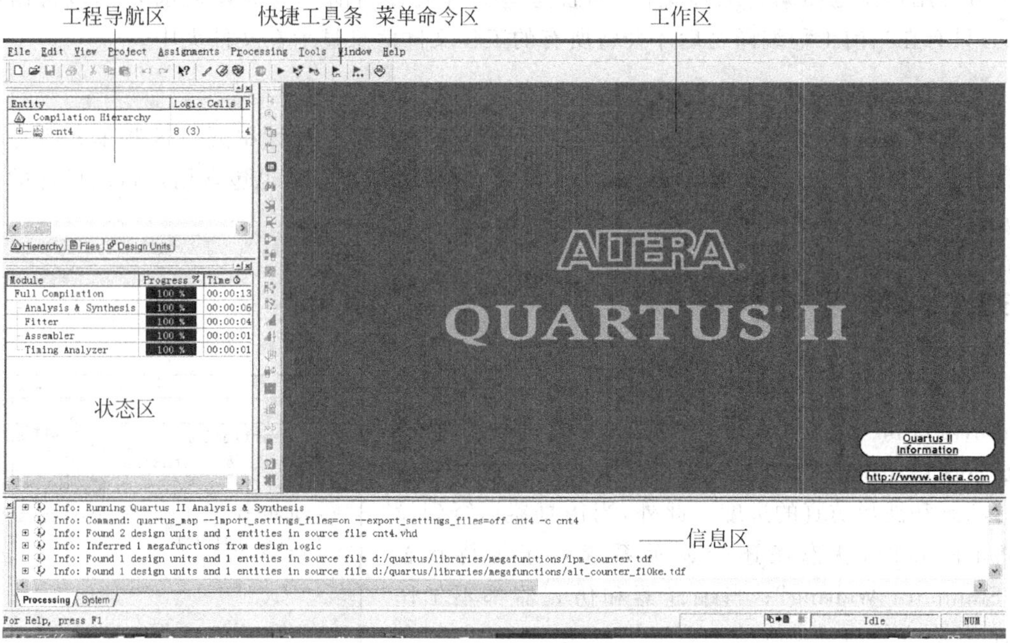

图 3-2　Quartus Ⅱ软件的图形用户界面

Quartus Ⅱ软件的图形用户界面分为 6 个大的区域，即：工程导航区、状态区、信息区、工作区、快捷工具条和菜单命令区。

3.2.1　工程导航区

工程导航区如图 3-3 所示，显示了当前工程的绝大部分信息，使用户对当前工程的文件层次结构、所

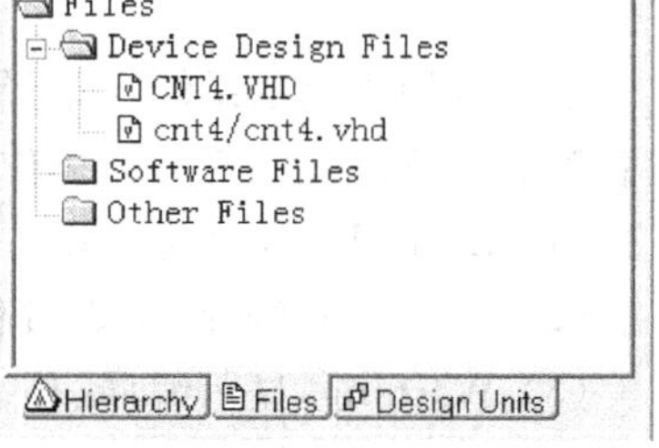

图 3-3　工程导航区

有相关文档以及设计单元有一个很清晰的认识。工程导航区由3个部分构成。

1. Hierarchy

选中 Hierarchy 标签可显示设计实体的层次结构,即顶层实体和各调用实体的层次关系。

2. Files

选中 Files 标签可显示所有与当前工程相关联的文件,这些文件被归类在两个文件夹中:Device Design Files 和 Other Files。其中,Device Design Files 中的文件是能够使工程成功编译或仿真所需要的最基本的文件。Other Files 中放的是辅助文件。当把鼠标放在文件夹中的文件上时,软件会自动显示文件所在的绝对地址。双击文件,则会在编辑窗口中打开该文件。

需要说明的是,这些文件夹在实际的硬盘存储空间中并不存在,它们的作用只是为了方便用户浏览和编辑工程文件,而且这些文件夹在当前工程编译之前是不包含内容的,只有在当前工程编译之后才会将所有的工程文件信息显示在文件夹中。

3. Design Units

选中 Design Units 标签可显示当前工程中使用的所有设计单元。这些单元既包含 Quartus Ⅱ软件中自带的设计模块(如乘法器、移位寄存器等),也包含用户自己设计的单元模块。

3.2.2 状态区

状态区的作用是显示系统状态信息。它由一个显示窗口和一个位于系统环境最下方的状态条组成。显示窗口如图3-4所示,用于显示编译或仿真时的运行状态和波形仿真的进度。此外,当仿真器运行到设置的断点时,状态条还会显示系统处于等待状态"Simulator Waiting";当编译器和仿真器都不工作时,状态窗口显示系统处于空闲状态"Idle"。

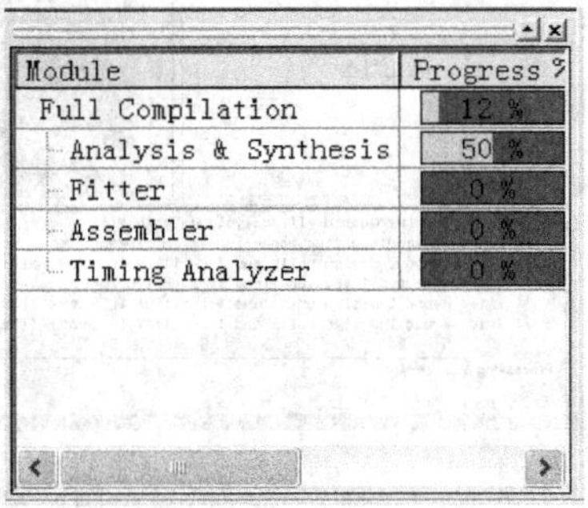

图 3-4 状态区

3.2.3 信息区

信息区用于显示系统在编译和仿真过程中所产生的指示信息,例如语法信息、成功信息等。信息区提供5大类操作标记信息,其类型和含义如下。

(1) Extra Info,为设计者提供外部信息,例如外部匹配信息和细节信息。

(2) Info,显示编译、仿真过程中产生的操作信息。

(3) Warning,显示编译、仿真过程中产生的警告信息。当出现警告信息时,操作仍能成功,但并不能说明用户设计的文件是完全正确的,因为它可能代表逻辑上的错误或芯片性能不符合设计要求。设计者对每个警告信息都要认真检查并寻找原因,这样不但可以保证设计的稳定性和正确性，而且可以避免由此而给后续设计工作带来的不必要麻烦。

（4）Critical Warning，显示编译、仿真过程中产生的严重警告信息。

（5）Error，显示编译、仿真过程中产生的错误信息。产生错误信息时，用户的操作不成功。

3.2.4 工作区

工作区是用户对输入文件进行设计的空间区域。在工作区中，Quartus Ⅱ软件将显示设计文件和工具条以方便用户操作，如图3-5所示。

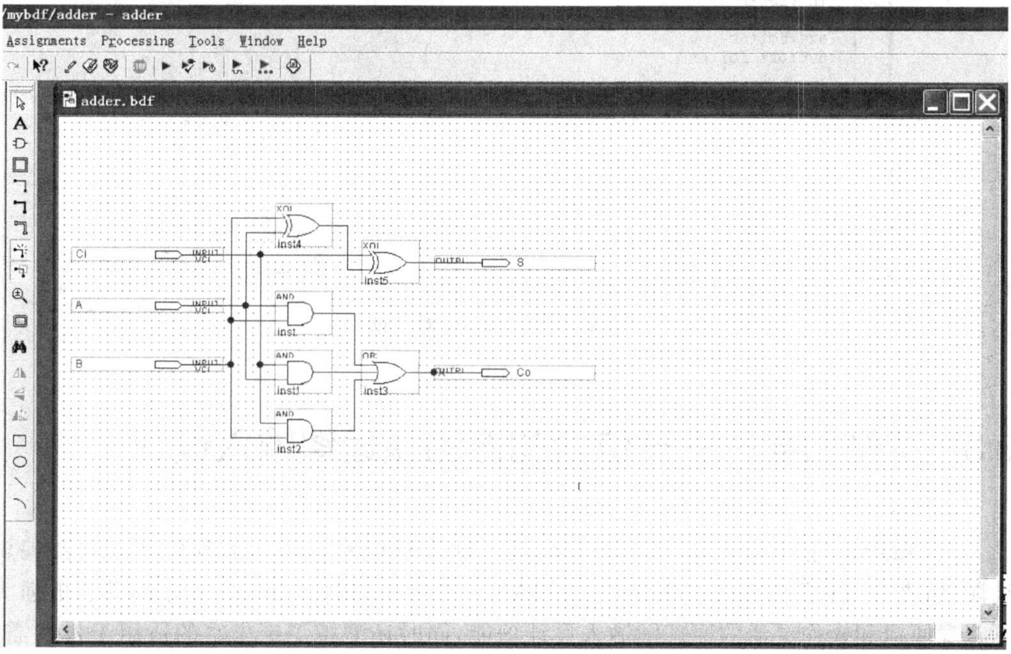

图3-5 工作区

在默认情况下，Quartus Ⅱ软件会根据用户打开的设计输入文件的类型以及用户当前的工作环境，自动地为用户显示不同的工具条，用户也可以自定义工具条和快捷命令按钮。

3.2.5 快捷工具条

快捷工具条是由若干个按钮组成的，单击按钮，可快速执行相应的操作。Quartus Ⅱ软件为用户提供了自定义工具条和快捷命令按钮的功能，操作方法是，选择 Tools | Customize 命令，在打开的 Customize 对话框中，选中 Toolbars 选项卡，然后根据需要在下面列出的某个工具条前面打上对钩"√"即可，如图3-6所示。

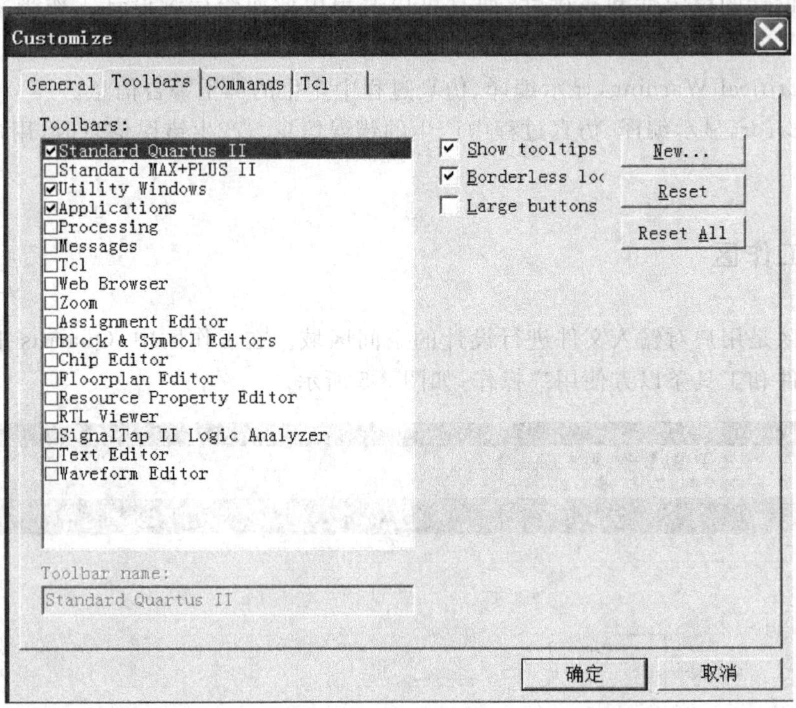

图 3-6 Customize 对话框

3.3 实例引导——一位全加器的原理图输入设计

在 Quartus Ⅱ平台上,使用图形编辑输入法设计电路的操作流程包括原理图编辑、编译、仿真和编程下载等基本过程。与 MAX+PLUSⅡ相比,Quartus Ⅱ提供了更强大、更直观便捷和操作灵活的原理图输入设计功能,同时还配备了更丰富的适用于各种需要的元件库,其中包括基本逻辑元件库(如与非门、反相器、D 触发器等)、宏功能单元(包括几乎所有的 74 系列的器件),以及类似于 IP 核的参数可设置的宏功能块 LPM 库。Quartus Ⅱ同样提供了原理图输入多层次设计功能,使得用户能设计更大规模的电路系统。

与传统的数字电路实验相比,Quartus Ⅱ提供原理图输入设计的功能具有不可比拟的优势和先进性。

(1) 设计者不必具备许多诸如编程技术、硬件描述语言等知识就能迅速入门,完成较大规模的电路系统设计。

(2) 能进行任意层次的数字系统设计,传统的数字电路实验只能完成单一层次的设计。

(3) 能对系统中的任一层次或元件的功能进行精确的时序仿真,易于发现对系统可能产生不良影响的现象。

(4) 通过时序仿真,能迅速定位电路系统的错误所在,并随时纠正。
(5) 能对设计方案进行随时更改,并存储设计过程中所有的电路和测试文件。
(6) 通过编译和下载,能在 FPGA 或 CPLD 上对设计项目随时进行硬件测试验证。
(7) 如使用 FPGA 和配置编程方式,将不会有器件损坏和损耗的问题。
(8) 符合现代电子设计技术规范。

3.3.1 任务引入与分析

全加器是考虑低位进位并能实现两个一位二进制数加法运算的电路。全加器的真值表如表 3-1 所示,它的输出信号 S 是本位和,Co 是进位输出。

表 3-1 全加器真值表

输入			输出	
Ci	A	B	S	Co
0	0	0	0	0
0	0	1	1	0
0	1	0	1	0
0	1	1	0	1
1	0	0	1	0
1	0	1	0	1
1	1	0	0	1
1	1	1	1	1

由真值表不难得出:

$$S = A \oplus B \oplus Ci$$

$$Co = AB + BC + CA$$

可见,要实现全加器功能,需要两个异或门 xor、3 个 2 输入与门 and2 和一个 3 输入或门 or3。这些基本逻辑门在 Quartus Ⅱ 的元件库中均可找到。下面将用原理图输入法在 Quartus Ⅱ 中完成全加器设计。

3.3.2 创建工程设计项目

首先建立工作库目录,以便存储工程项目设计文件。

任何一项设计都可以看成一项工程(Project),因而要为此工程建立一个文件夹,用于放置与此工程相关的所有文件,此文件夹将被默认为工作库(Work Library),通常要将不同的设计项目放在不同的文件夹中,而同一个工程的所有文件都必须放在同一文件夹中。用 Quartus Ⅱ 的图形编辑方式生成的文件扩展名为. gdf 或. bdf。为了方便电路设计,设计者应当在计算机中建立自己的工程目录,例如用 e:\myname\mybdf\ 文件夹存放后缀为. bdf 的图形文件,用 e:\myname\myvhdl\ 文件夹存放后缀为. vhd 的文本文件等。假设本项设计文件夹取名为 adder,其路径为 e:\myname\mybdf \adder。

应该注意的是:①不要将文件夹设置在计算机已有的安装目录中,更不要将工程文件直接放在安装目录中;②文件夹名不能用中文,且不可以含有空格。

创建工程设计项目分以下几步。

(1) 打开 Quartus Ⅱ软件,选择 File|New Project Wizard 命令,打开如图3-7所示的建立新设计项目对话框。在对话框的第一栏中填入设计项目所在路径 e:\myname\mybdf;在第二栏中填入新的设计项目名称(例如 adder),该项目名称是设计系统的顶层文件名;在第三栏中填入设计系统的顶层项目实体名,如果没有或暂不考虑顶层项目,则第三栏中的项目实体名与第二栏相同。

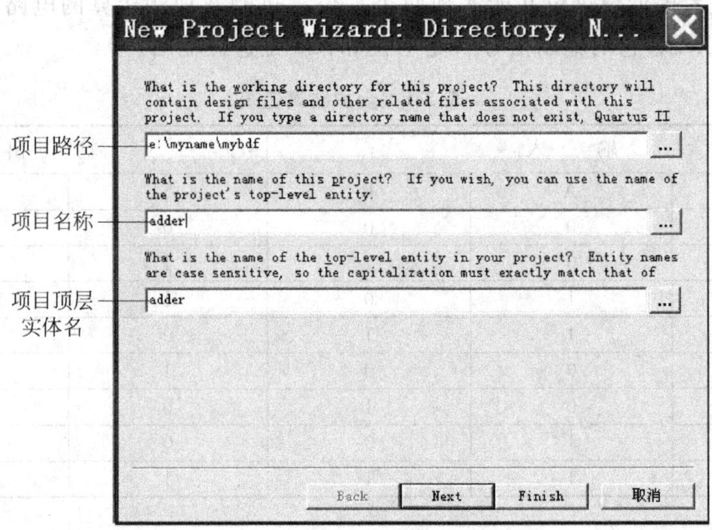

图3-7 建立"新设计项目"对话框

(2) 单击 Next 按钮,打开添加或删除与该项目有关的所有文件的对话框。单击 Add 按钮可浏览文件选项。

(3) 依次单击 Next 按钮,打开 EDA 工具设置、选择目标器件和器件封装方式、引脚数目和速度级别对话框。

(4) 最后打开的是前面输入内容的总览对话框,单击 Finish 按钮,项目出现在工作导航区,如图3-8所示。

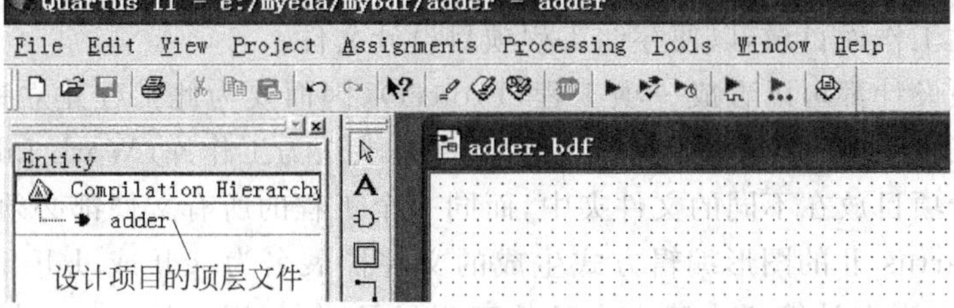

图3-8 项目 adder 出现在工作导航区

3.3.3　编辑设计原理图

1. 创建原理图文件

选择 File|New 命令，打开如图 3-9 所示的“新建文件”对话框，选择 Block Diagram/Schematic File(模块/原理图文件)选项。或直接单击主窗口上的创建新的图形文件按钮 ，进入 Quartus Ⅱ图形编辑方式。

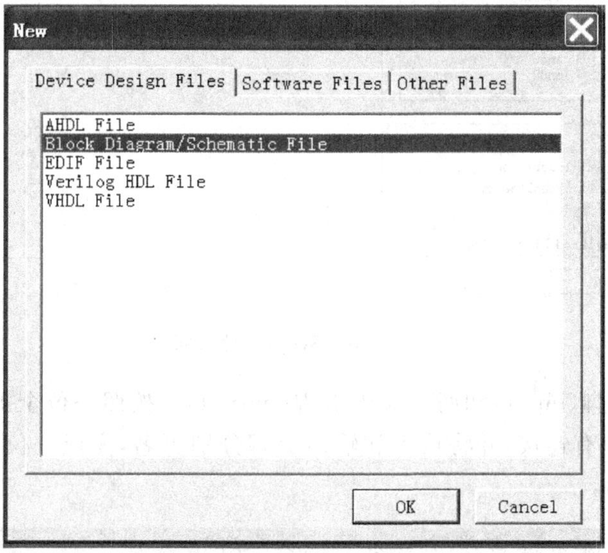

图 3-9　“新建文件”对话框

2. 选择元件

在原理图编辑窗口中的任何一个位置上单击鼠标右键，或者选择 Edit|Insert Symbol 命令，弹出选择元件对话框 Symbol，如图 3-10 所示。

在图 3-10 中，单击 d:/quartus/libraries 前面的“+”按钮，列出存放在 Quartus Ⅱ中的各种元件库。其中，megafunctions 是参数可设置的强函数元件库；others 是 MAX+PLUSⅡ老式宏函数库，包括加法器、编码器、译码器、计数器和移位寄存器等 74 系列器件；primitives 是基本逻辑元件库，包括缓冲器和基本逻辑门，如门电路、触发器、电源、输入和输出等。

在元件选择窗口中，单击基本逻辑元件库 primitives 中的逻辑库 logic 后，该库所有的元件名将出现在列表中，选中需要的元件(例如 and2)，或者在 name 文本框中输入元件名 and2，在 Symbol 对话框右侧出现 2 输入与门图元。单击 OK 按钮，在原理图编辑器中单击，即可插入 2 输入与门符号。右击选中符号，拖动鼠标，可复制并连续输入符号。删除符号时，选中元件符号后，再按 Delete 键即可。

3. 编辑图形文件

重复以上过程，可输入一位全加器所需要的两个异或门(xor)、一个 3 输入或门

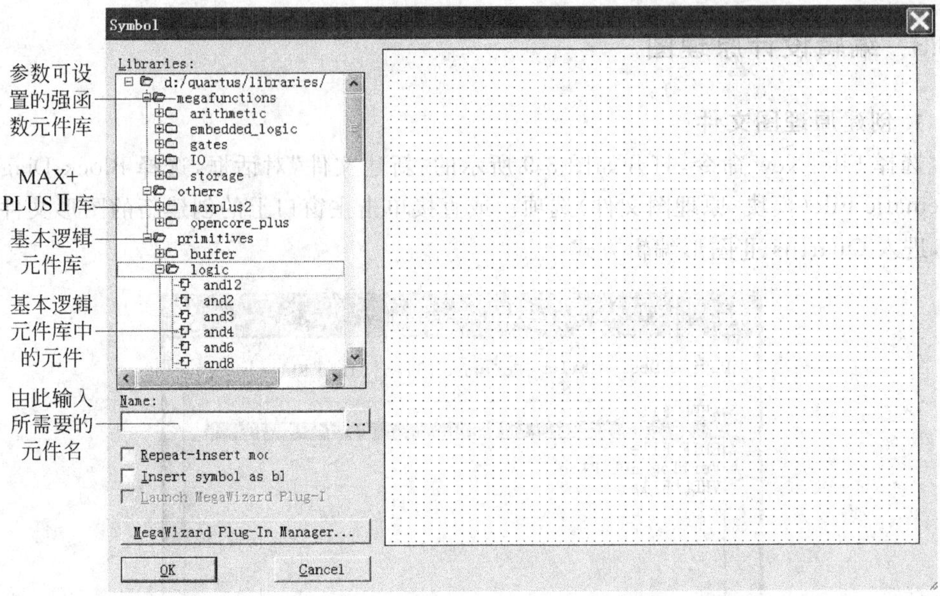

图 3-10 Symbol对话框

(or3)、3个输入引脚(input)和两个输出引脚(output)。按照一位全加器的电路结构,用鼠标完成电路的所有连接,并将输入和输出引脚分别更名,完成一位全加器的原理图编辑,如图3-11所示。

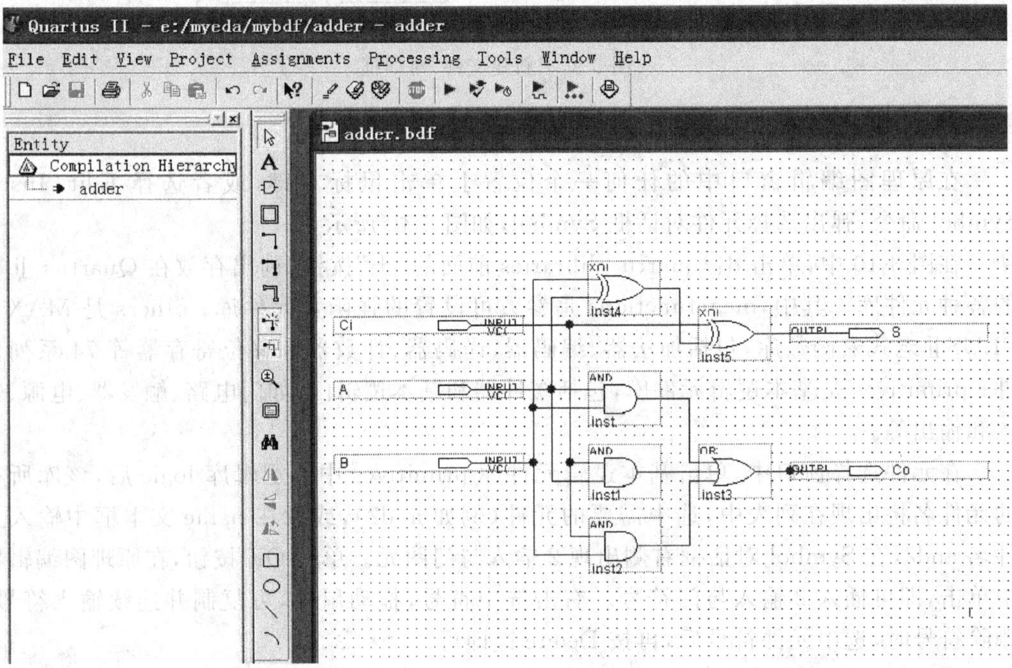

图 3-11 一位全加器的原理图文件

4. 保存文件

选择 File|Save 命令，或单击保存文件按钮保存文件。选中对话框下端的 Add file to current project 复选框，如图 3-12 所示，文件在保存的同时被添加到项目 adder 中，并作为顶层实体文件。

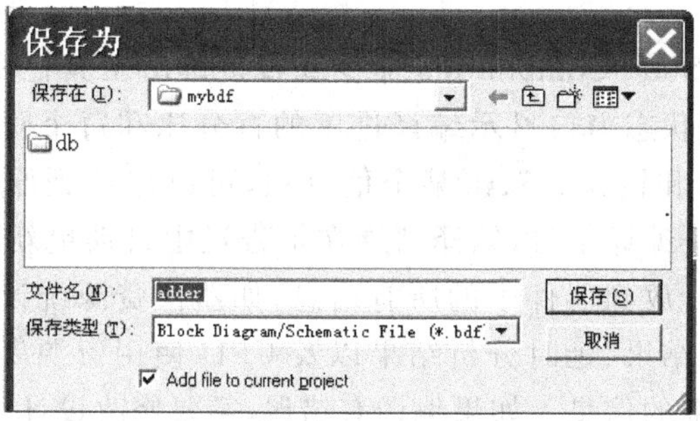

图 3-12　保存原理图文件 adder. bdf

3.3.4　设计编译与仿真

1. 编译设置

在编译设计文件前，应先选择下载的目标芯片，否则系统将以默认的目标芯片为基础完成设计文件的编译。在 Quartus Ⅱ 集成环境下，选择 Assignment|Settings 命令，或右击项目名，在打开的快捷菜单中选择 Settings 选项，打开“器件设置”对话框，如图 3-13 所示。

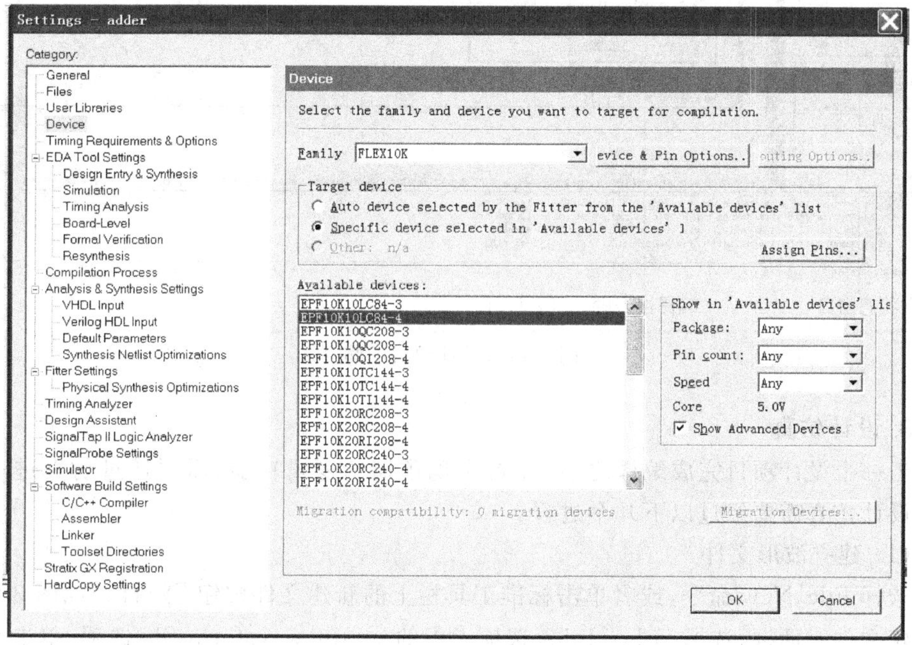

图 3-13　“器件设置”对话框

在对话框中选择 Category 窗口中的 Device 选项，根据系统设计的实际需要在 Family 下拉列表框中选择目标芯片系列名，如 FLEX10K，然后在 Available devices 列表框中选择目标芯片型号，如 EPF10K10LC84-4。还可在 Package(封装方式)、Pin count(管脚数量)和 Speed(速度)下拉列表框中选定芯片。

2. 开始编译

选择 Processing|Start Compilation 命令或直接单击工具栏中的编译快捷按钮▶，编译器开始编译，此时状态窗口显示编译进度的百分比和每个阶段所花的时间，信息窗口显示所有信息、警告和错误。双击某个信息项，可以定位到原设计文件并高亮显示。编译完成后将产生一个编译报告，编译结果在报告栏中自动更新，如图 3-14 所示。编译报告包含了将一个设计放到器件中的所有信息，如器件资源统计、编译设置、底层显示、器件资源利用率、适配结果、延时分析结果以及 CPU 使用资源等。这是一个只读窗口，选中某项可获得更详细的信息。如果编译有错误，需要修改设计，并重新编译。

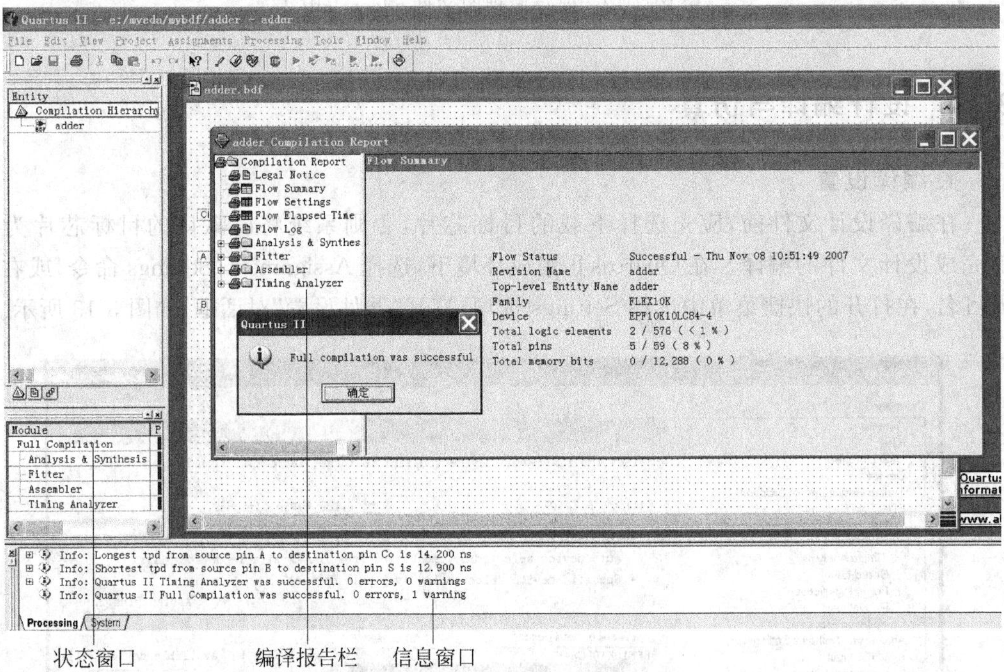

图 3-14 设计项目的编译

3. 设计仿真

当一个设计项目完成编译之后，能否实现预期的逻辑功能，需要通过仿真进一步检验。设计仿真需要经过以下几个过程。

(1) 建立波形文件

选择 File|New 命令，或者单击标准工具栏上的新建文件按钮，打开如图 3-9 所示的新建文件对话框，选择 Other Files 选项卡中的 vector waveform file 选项，单击 OK 按钮，或直接单击主窗口上的创建新的波形文件(＊.vwf)按钮，即可打开波形文件编辑

窗口，如图3-15所示。其标题栏的默认文件名是Waveform1.vwf。

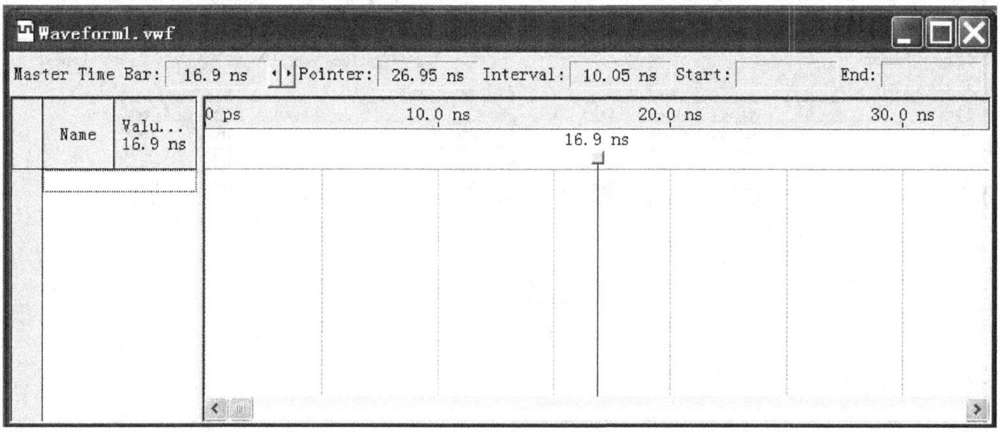

图3-15　波形文件编辑窗口

(2) 输入信号节点

在波形编辑方式下，选择Edit|Insert Node or Bus命令，或在波形文件编辑窗口的Name栏中右击，在打开的快捷菜单中选择Insert Node or Bus命令，即可打开插入节点或总线(Insert Node or Bus)对话框，如图3-16所示。

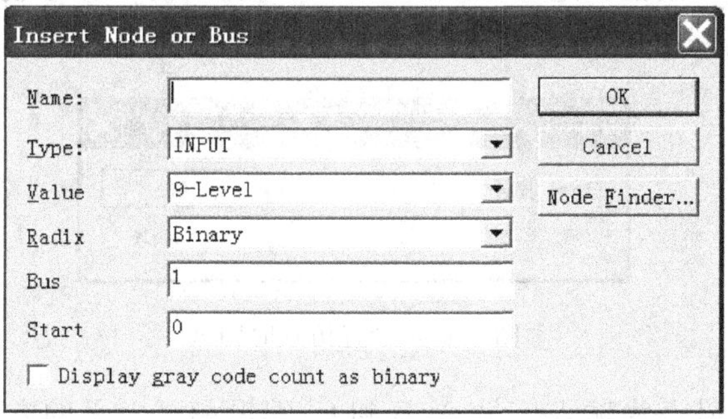

图3-16　Insert Node or Bus对话框

在Insert Node or Bus对话框中首先单击Node Finder按钮，打开如图3-17所示的Node Finder对话框，在Filter下拉列表框中选择Pins: all选项后，再单击List按钮，这时在窗口左边的Nodes Found列表框中将列出该设计项目的所有信号节点。若在仿真中要观察全部信号的波形，则单击窗口中间的>>按钮；若在仿真中只需要观察部分信号的波形，则首先单击信号名，然后单击窗口中间的">"按钮，选中的信号将出现在窗口右边的Selected Nodes列表框中。如果需要删除Selected Nodes列表框中的节点信号，可以选中该节点信号后再单击窗口中间的"<"按钮。节点信号选择完毕后，单击OK按钮即可。

(3) 设置输入节点波形

① 设置仿真时间域。选择Edit|End Time命令，在出现的如图3-18所示的End

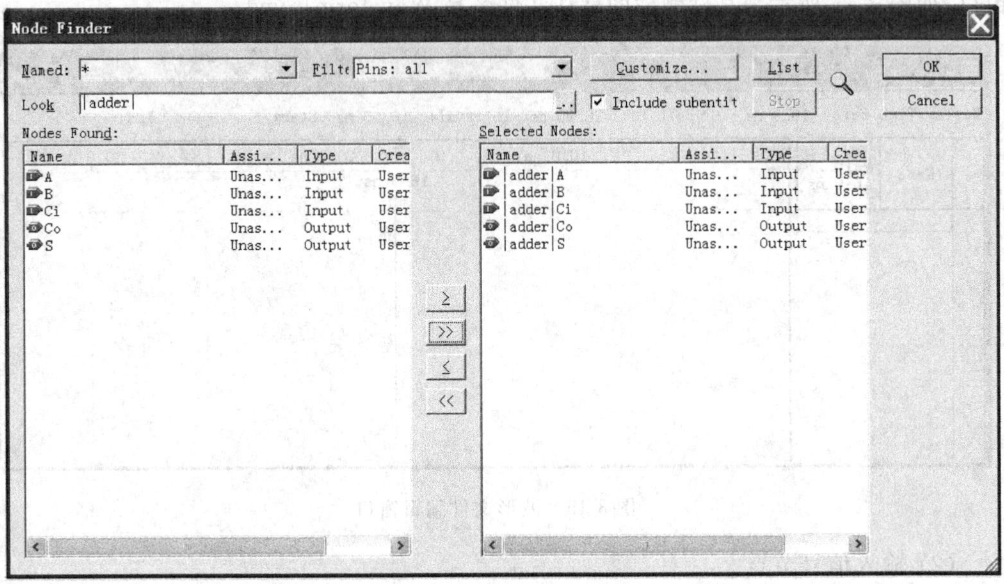

图 3-17　Node Finder 对话框

Time 对话框中,可在右边的下拉列表框中选择时间单位,在 Time 文本框中输入仿真结束时间参数,单击 OK 按钮。选择 Edit|Grid Size 命令,可以修改仿真栅格大小,通常用栅格大小表示信号状态的基本维持时间。

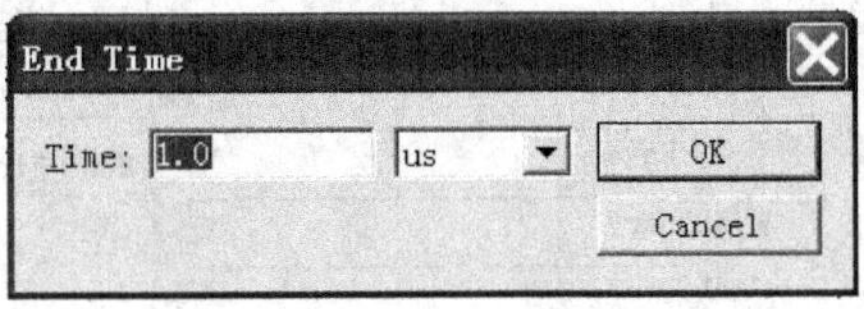

图 3-18　设置仿真时间域

② 编辑输入信号。为输入信号 A、B 和 Ci 编辑测试电平的方法是:先选中一个节点,然后利用左侧被激活的波形编辑工具按钮来给节点赋值。

③ 波形文件存盘。选择 File|Save 命令,在打开的 Save AS 对话框中直接单击 OK 按钮即可完成波形文件的存盘。此时系统自动将波形文件名设置成与设计文件同名,但文件类型是.vwf。例如,全加器设计电路的波形文件名为 adder.vwf。

④ 设置仿真器。选择 Assignments|Simulator Settings 命令,在 Simulator Settings 对话框中直接进行仿真模式和其他设置。在 Quartus Ⅱ软件中,仿真模式有两种:功能(Functional)仿真和时序(Timing)仿真。功能仿真又称前仿真,是在不考虑器件延时的理想情况下进行的逻辑验证;时序仿真又称后仿真,是在考虑了具体适配器件的各种延时的情况下进行的仿真。这里选择时序仿真。

⑤ 运行仿真器。选择 Processing|Start Simulation 命令,或单击开始仿真按钮,仿真状态窗口和仿真报告栏自动出现并更新,信息窗口中显示相关信息。仿真波形如图 3-19 所示。分析仿真结果后如果发现错误,需要修改设计并重新进行编译和仿真。

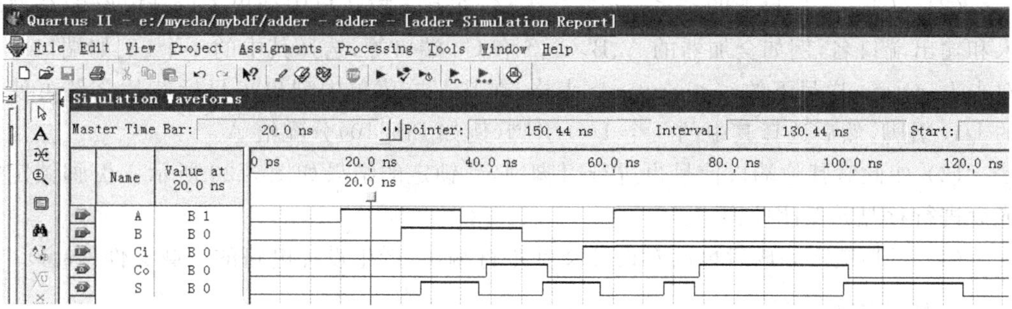

图 3-19　仿真波形

⑥ 延时分析。所有延时分析信息都包含在如图 3-14 所示的编译报告栏中。选择其中的 Timing Analyzer 可查看延时的详细信息。

3.3.5　引脚锁定与编程下载

1. 引脚锁定

在目标芯片引脚锁定前，需要首先确定使用的 EDA 硬件开发平台及相应的工作模式，然后确定设计电路的输入、输出端与目标芯片引脚的连接关系，最后再进行引脚锁定。其方法步骤如下。

(1) 选择 Assignments | Assignments Editor 命令，或者直接单击 Assignments Editor 按钮，打开如图 3-20 所示的赋值编辑(Assignment Editor*)对话框。在对话框的 Category 下拉列表框中选择引脚 Pin。

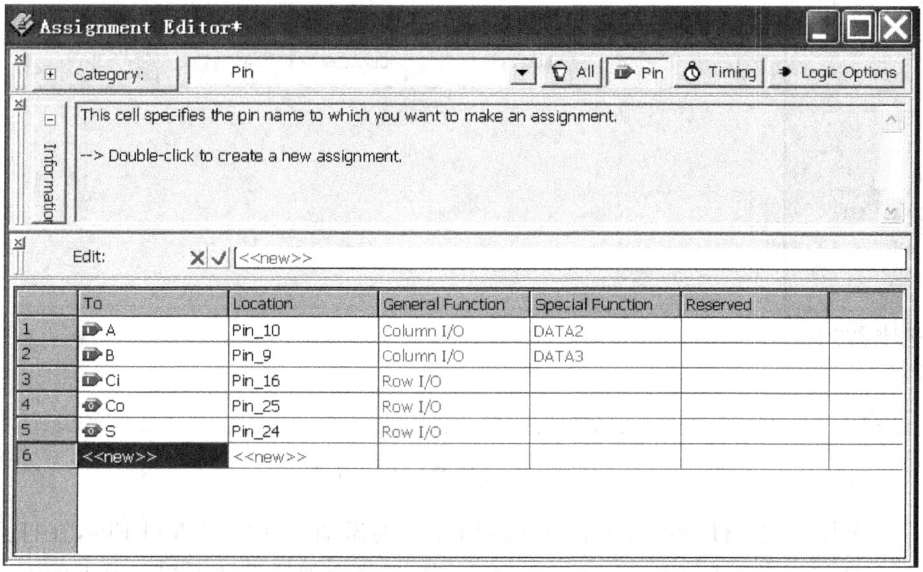

图 3-20　Assignment Editor* 对话框

(2) 双击 To 栏目下的＜＜new＞＞表格,在其下拉菜单中列出了设计电路的全部输入和输出端口名,例如全加器的 A、B、Ci、S 和 Co 端口等,选择其中的一个(例如端口 A)。双击 Location 栏目下的＜＜new＞＞表格,在其下拉菜单中列出了目标芯片全部可使用的 I/O 引脚,然后选择其中的一个 I/O 引脚(例如 Pin_10)分配给 A。

(3) 如此对其他端口信号也进行引脚锁定,锁定的结果如图 3-20 所示。引脚锁定完成后进行存盘并关闭此窗口。

(4) 引脚锁定完成后再次对设计文件进行编译,产生设计电路的下载文件(.sof)。

2. 编程下载

Quartus Ⅱ软件编译器对已选择器件的工程进行编译后会自动产生.pof 和.sof 文件。其中的.pof 文件专用于配置器件,.sof 文件用于通过连接到计算机上的下载电缆直接对 FPGA 进行配置,配置的方式可以是 FTAG 方式和 PS 方式。

在编程下载设计文件之前,需要将硬件测试系统与计算机相连。如果使用 GW48 实验系统的 ByteBlaster(MV)下载电缆进行下载,须将 ByteBlaster(MV)下载电缆的 DB25 接口连接到计算机的并行打印机端口;如果使用 MasterBlaster 下载电缆编程,将 MasterBlaster 的 RS-232 接口连接到 PC 的 RS-232 串行端口;如果使用 USB 接口,则连接到计算机的 USB 端口。下载电缆连接后要打开实验装置的电源。

首先设定编程方式。选择 Tools|Programmer 命令,或直接单击 Programmer 按钮 ,打开如图 3-21 所示的设置编程方式窗口。

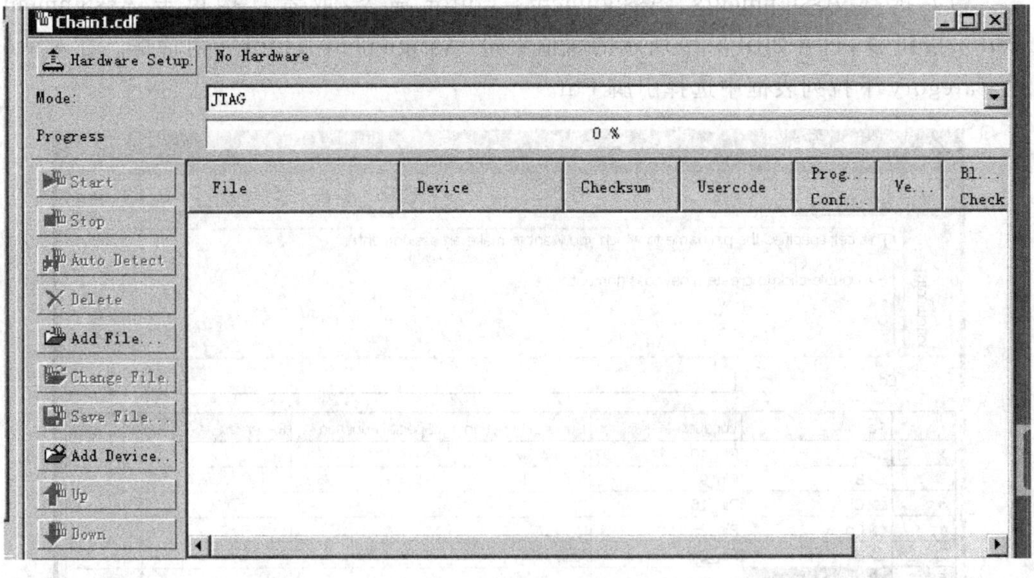

图 3-21 设置编程方式窗口

(1) 选择下载文件。单击下载方式窗口左边的添加文件按钮 Add File,在打开的选择编程文件对话框 Select Programming File 中,选择全加器设计工程目录下的下载文件 adder.sof 即可。

(2) 设置硬件。在设置编程方式窗口中，单击 Hardware Setup 按钮，打开 Hardware Setup 对话框，单击其中的 Add Hardware 按钮，在打开的添加硬件对话框 Add Hardware 中选择 ByteBlaster(MV)编程方式，最后单击 OK 按钮。

(3) 编程下载。选择 Processing | Start Programming 命令，或者直接单击 Start Programming 按钮，即可实现设计电路到目标芯片的编程下载。

3.4 小结

1. 设计步骤归纳总结

根据以上采用原理图作为设计输入方法的完整的单层次设计过程，可归纳出采用原理图作为设计输入方法的完整的设计步骤，如图 3-22 所示。

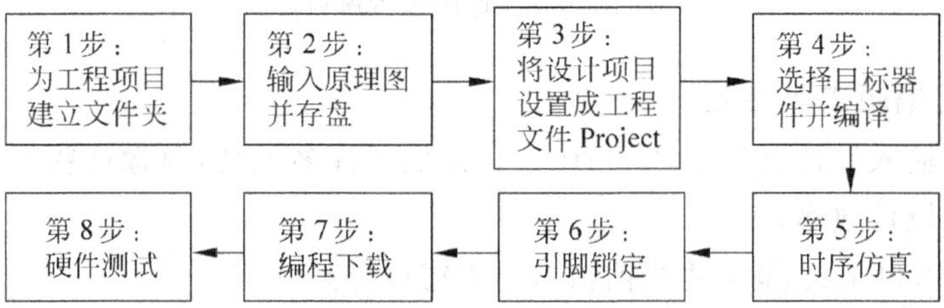

图 3-22　用原理图作为设计输入方法的设计步骤

2. 编译器窗口中各功能模块的含义

查看编译报告，在图 3-14 所示的编译报告栏中得到如下各功能模块。

(1) 分析/综合器(Analysis & Synthesis)：用于分析和综合、Verilog-HDL 和 VHDL 输入设置、默认设计参数和综合网络表优化设置。

(2) 适配器(Fitter)：也叫作结构综合器或布线布局器，它将逻辑综合所得的网表文件，即底层逻辑元件的基本连接关系，在选定的目标器件中具体实现。对于布局布线的策略和优化方式也可以通过设置一些选项来改变和实现。

(3) 装配器(Assembler)：能将适配器输出的文件，根据不同的目标器件、不同的配置 ROM 产生多种格式的编程/配置文件，如用于 CPLD 或配置 ROM 用的 POF 编程文件(编程目标文件)，用于对 FPGA 直接配置的 SOF 文件(SRAM 目标文件)，可用于单片机对 FPGA 配置的 Hex 文件，以及其他 TTFs、Jam、JBC 和 JEDEC 文件等。

(4) 时序分析器(Timing Analyzer)：包含 TimeQuest 时序分析报告，以及 tpd(引脚至引脚的延时)基本时序参数。

3. 查看适配报告

编译完成后，单击适配器 Fitter，打开适配报告，在其子列表中有 4 个选项：①Summary：适配概要；② Setting：适配设置；③ Device Options：硬件选项；④Resource Section：资源部分。单击各个子列表项，就可以在右侧窗口中查看行对应的适配报告,如图 3-23 所示。

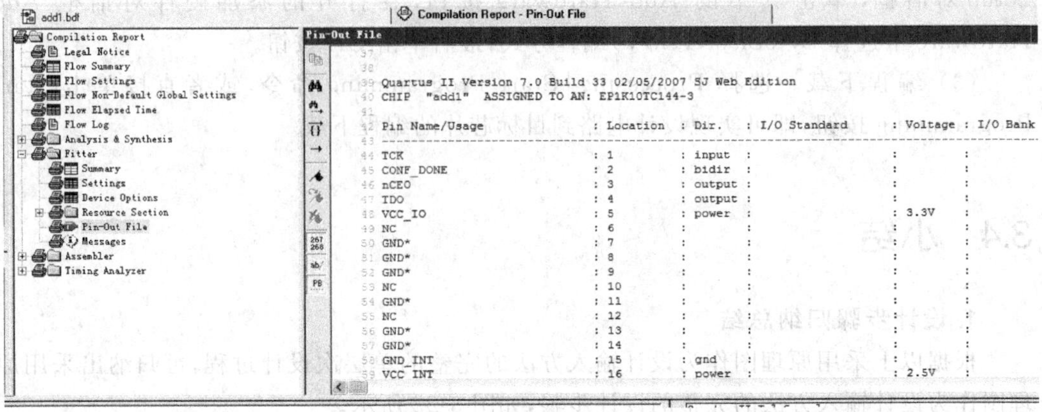

图 3-23 适配报告窗口

4. 原理图编辑工具按钮

在原理图输入设计过程中,Quartus Ⅱ 提供了许多工具,熟悉这些工具的基本性能,能显著地提高设计效率。

(1) 分离窗口工具:将当前窗口与主窗口分离。

(2) 选择工具:可以选取、移动、复制对象,是最基本且常用的工具。

(3) 文字工具:可以输入或编辑文字,可在指定名称或者是在批注时使用。

(4) 符号工具:添加工程中所需要的各种原理图函数和符号。

(5) 正交线节点工具:可以画垂直线或水平线,同时可以定义节点名称。

(6) 正交总线工具:可以画直线、斜线。

(7) 正交管道工具:可以画出一个弧形,且可拉出任意想要的弧度。

(8) 橡皮筋工具:选中此项移动图形元件使脚位与连线不断开。

(9) 部分线选择工具:选中此项后可以选择局部连线。

(10) 放大/缩小工具:可以将图形放大/缩小显示。

(11) 全屏工具:全屏显示原理图编辑器窗口。

(12) 查找工具:查找节点、总线和元件。

(13) 元件翻转工具、和:用于图形的翻转,分别为水平翻转、垂直翻转和90°的逆时针翻转。

(14) 画图工具、、和:分别为矩形、圆形、直线和弧线工具。

5. 主窗口工具栏中的工具按钮

Quartus Ⅱ在各种输入方式下的设计过程中,都可能用到下面工具栏中的工具按钮,它们的功能及相关说明如表 3-2 所示。

表 3-2　工具栏中的工具按钮功能说明

工具图标	功　　能	英语解释	快　捷　键
	新建一个文件	New	
	打开一个已有文件	Open	Ctrl+O
	文件存盘	Save	Ctrl+S
	文件打印	Print	Ctrl+P
	剪切	Cut	Ctrl+X 或 Shift+Del
	复制	Copy	Ctrl+C 或 Ctrl+Insert
	粘贴	Paste	Ctrl+V 或 Shift+Insert
	撤销	Undo	Ctrl+Z 或 Alt+Backspace
	返回	Redo	Ctrl+Y
	工程导航	Project Navigator	Alt+O
	配置设置	Assignment Setting	Ctrl+Shift+E
	配置编辑	Assignment Editor	Ctrl+Shift+A
	引脚规划	Pin Planner	Ctrl+Shift+N
	芯片规划	Chip Planner	Ctrl+Shift+C
	停止进程	Stop Processing	
	开始编译	Start Compilatiom	Ctrl+L
	开始分析和综合	Start Analysis&Synthesis	Ctrl+C
	开始传统时间分析	Start Classic Timing Analyzer	Ctrl+Shift+L
	开始时序分析	Start TimeQuest Analyzer	Ctrl+Shift+T
	开始时序时间分析	Start TimeQuest Timing Analyzer	
	仿真器	Simulator	Ctrl+I
	编译报告	Compilation Report	Ctrl+Shift+R
	配置下载	Programmer	
	构建片上可编程系统	SOPC Builder	
	帮助	Help Index	

3.5 思考题

3-1　简述 FPGA/CPLD 的设计开发流程。

3-2　EDA 开发工具在“设计实现”过程中主要完成哪些工作？

3-3　列举几种常用的 EDA 开发工具软件。

3-4　介绍编程与配置这两个概念。FPGA/CPLD 的编程与配置方法有哪些？

3-5　功能仿真与时序仿真有何区别？如何利用 Quartus Ⅱ 进行这些仿真？

3-6 Quartus Ⅱ软件的图形用户界面分为哪些区域？各有何作用？

3-7 试说明 Quartus Ⅱ软件原理图输入设计法的基本操作过程。

3-8 试设计一个由7人参加的表决电路，同意为1，不同意为0。同意者过半则表决通过，绿指示灯亮；表决不通过则红指示灯亮。

3.6 引导训练——用层次化方法设计1位全加器

在此拟利用层次化设计方法完成1位全加器的设计。1位全加器可用两个半加器及一个或门连接而成，因此需要首先完成半加器的设计。下面将给出使用原理图输入方法进行底层文件设计和层次化设计的主要步骤。实际上，除了需要分两个层次进行设计外，主要流程与前面介绍的直接设计方法完全一致。故仅简单介绍主要步骤。

1. 为本项工程设计建立文件夹

这里本项文件夹取名为 adder。

2. 输入设计底层的半加器文件并存盘

打开 Quartus Ⅱ，选择 File|New 命令，在打开的对话框中选择 Device Design Files 选项下的原理图文件编译输入项 Block Diagram/Schematic File，然后单击 OK 按钮，打开原理图编辑窗口。根据数字电路知识可列出半加器的真值表并写出表达式，然后在编辑窗口中按照上节介绍的画原理图方法画出如图3-24所示的半加器电路原理图(图中的反相器和同或门也可采用异或门替换)，并以 h_adder.bdf 为名保存在设定路径下的 adder 文件夹中。

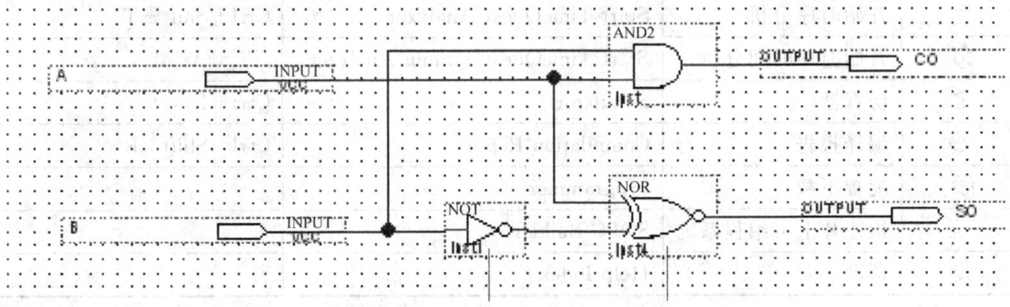

图3-24 半加器电路原理图

3. 将底层设计设置成可调用的元件

为了构成全加器的顶层设计，必须将半加器文件 h_adder.bdf 进行编译，并设置成可调用的元件。为此，在打开半加器原理图文件 h_adder.bdf 的情况下，选择 File1 Create/Update1 Create Symbol File for Current File 命令，即可将当前文件 h_adder.bdf 变成一个元件符号存盘，以供高层次的设计调用。

使用完全相同的方法也可以将 VHDL 文本文件变成原理图中的一个元件符号，实现 VHDL 文本设计与原理图的混合设计。转换中需要注意：转换好的元件必须存在当前工程的文件夹中。

4. 设计全加器顶层文件

为了建立全加器的顶层文件，必须再打开一个原理图编辑窗口，在新打开的原理图编辑窗口中双击，可打开元件选择窗口，选择 h_adder. bdf 元件所在的路径 adder，调出元件，并按照图 3-25 连接好全加器电路图。

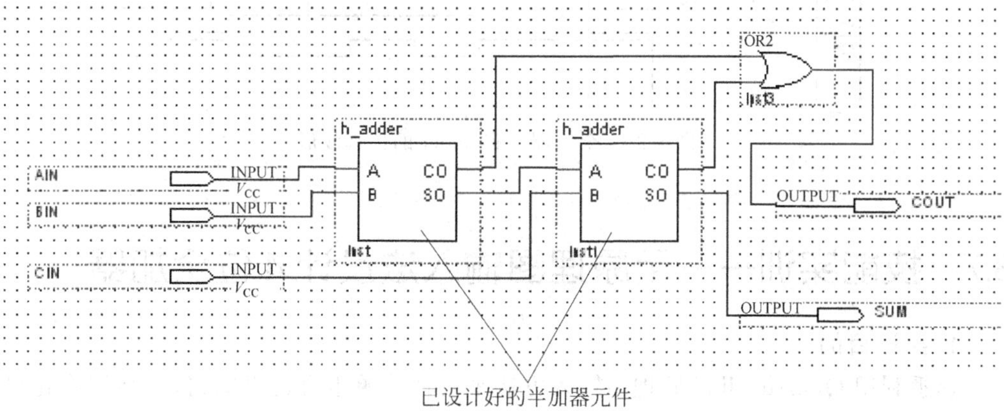

图 3-25　连接好的全加器原理图 adder. bdf

以 adder. bdf 为名将此全加器设计保存在同一路径下的 adder 文件夹中。

5. 将设计项目设置成工程和时序仿真

将顶层文件 adder. bdf 设置成工程。图 3-26 是“adder. bdf 的工程设置”对话框，其工程名和顶层文件名都是 adder。

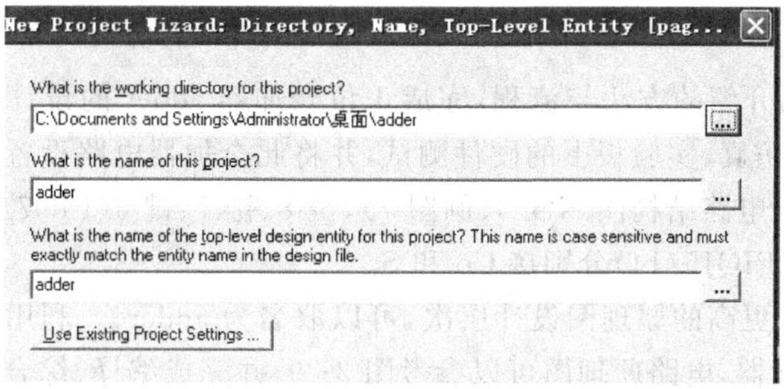

图 3-26　“adder. bdf 的工程设置”对话框

图 3-27 是“加入工程文件”对话框。最后还要选择目标器件。

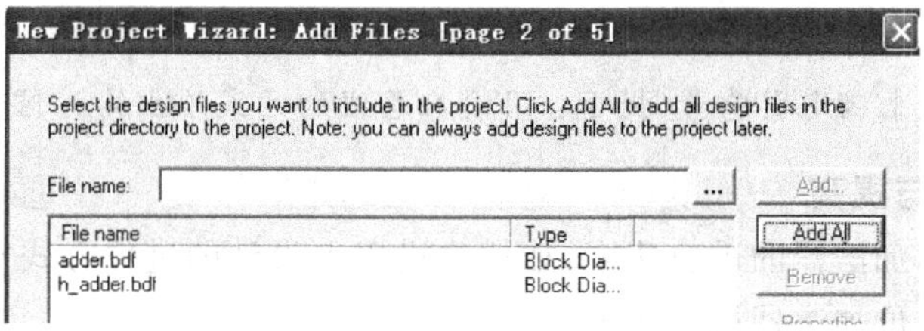

图 3-27　“加入工程文件”对话框

工程完成后即可进行全程编译直至调试成功,然后建立波形文件进行仿真,图 3-28 是全加器工程 adder 的仿真波形。

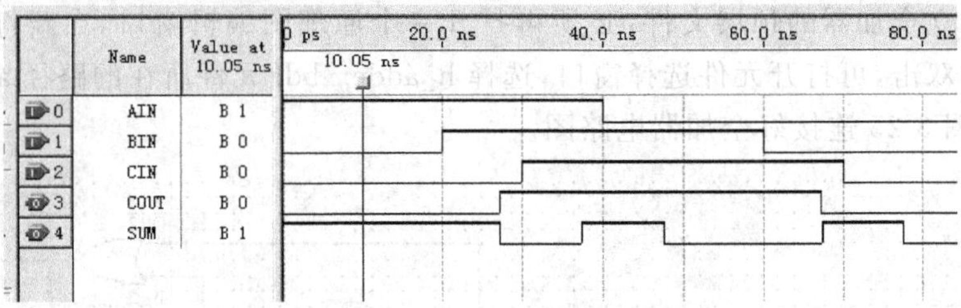

图 3-28 全加器工程 adder 的仿真波形

3.7 技能实训——用原理图输入法设计 4 位全加器

1. 实训目的

熟悉利用 Quartus Ⅱ的原理图输入方法来设计简单组合逻辑电路,学会层次化设计方法,并通过一个 4 位全加器的设计,学会利用 EDA 软件进行电子电路设计的详细流程。学会对实验板上的 FPGA/CPLD 进行编程下载,用硬件验证自己的设计项目。

2. 实训方法

一个 4 位全加器可以由 4 个 1 位全加器构成,加法器间的进位可用串行方式实现,即将低位加法器的进位输出与相邻的高位加法器的进位输入信号相接。而一个 1 位全加器可以按照前面介绍的方法来完成。

3. 实训内容

(1) 按照前面介绍的方法与流程,完成 1 位全加器 adder 的设计,包括原理图输入、编译、综合、适配、仿真、实验板上的硬件测试,并将此全加器电路设置成一个硬件符号入库。建议选择实验电路结构图 NO. 3(例图 7),键 8、键 7、键 6(PIO7/6/5)分别接 Ci、A、B,发光管 D8、D7(PIO15/14)分别接 Co 和 S。

(2) 建立一个更高的原理图设计层次,可以取名为 adder4。利用以上获得的 1 位全加器构成 4 位全加器,电路原理图可以参考图 3-29,并完成编译、综合、适配、仿真和硬件测试。建议选择实验电路结构图 NO. 1,键 2(PIO7~PIO4)、键 1(PIO3~PIO0)分别输入 4 位加数和被加数;键 8(PIO49)输入进位信号 Cin;数码管 5(PIO19~PIO16)显示相加的和 S;D8(PIO39)显示进位输出信号 Cout。

注意:锁定引脚时,要根据选用的芯片,查阅附录 4 中的 GW48-CK 系统结构图信号名与芯片引脚对照表来确定引脚号(提示:用输入总线的方式给出输入信号仿真数据)。

4. 实训思考与提高

(1) 为了提高加法器的进位速度,如何改进以上设计的进位方式?

(2) 如何用 4 位加法器构成 8 位加法器?

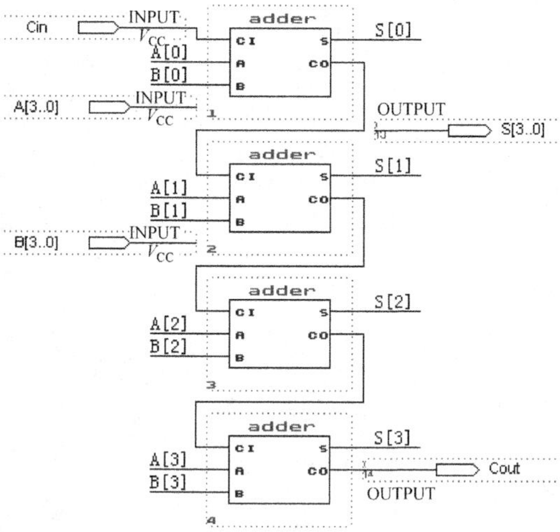

图 3-29　4 位全加器原理图

(3) 试在 4 位加法器的基础上进行 8 位全加器的设计。

5. 实训报告

详细叙述 4 位加法器的设计流程；给出各层次的原理图及其对应的仿真波形图；给出加法器的延时情况；最后给出硬件测试流程和结果。

模块二

VHDL硬件描述语言

利用 EDA 技术进行设计首先需要对所设计系统的行为、功能或结构进行正确描述。硬件描述语言 HDL 是各种描述方法中最能体现 EDA 优越性的描述方法，是 EDA 技术的重要组成部分，而 VHDL 又是最具有代表性的硬件描述语言。本模块用两个任务驱动来完成对 VHDL 语言的学习和应用。第一个任务先了解 VHDL 的程序结构和语言要素；第二个任务学习 VHDL 的主要语句及用法。通过学习，读者应掌握 VHDL 的编程方法。

Task 4

任务4

了解VHDL程序结构及语言要素

在电子系统的EDA设计过程中，设计者所做的主要工作是利用硬件描述语言HDL进行电路逻辑功能的描述。这部分的任务是首先了解VHDL程序的各组成部分及结构，然后对VHDL语言的各种要素进行学习，以便为VHDL语句的学习打下良好的基础。

4.1 VHDL程序结构

4.1.1 VHDL程序结构及实例说明

一个完整的VHDL程序通常包含库(LIBRARY)、程序包(PACKAGE)、实体(ENTITY)、结构体(ARCHITECTURE)和配置(CONFIGURATION) 5个组成部分，如图4-1所示。其中实体和结构体是VHDL程序不可缺少的最基本的两个组成部分，它们可以构成最简单的VHDL文件。而库、程序包和配置则可有可无，设计者可根据需要选用。

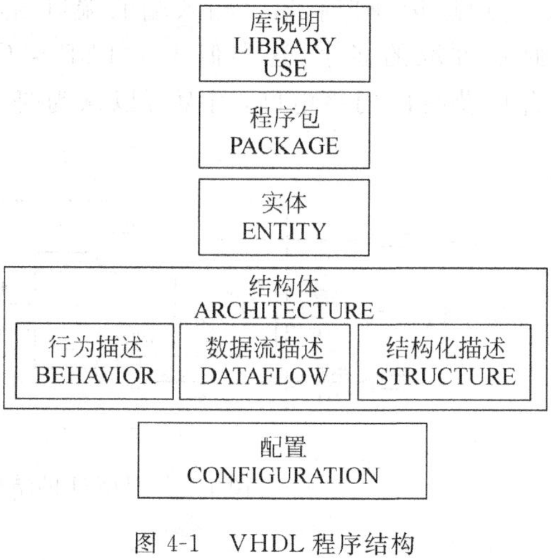

图4-1 VHDL程序结构

如何才算一个完整的VHDL程序(设计实体)，并没有完全一致的结论，因为不同的程序设计目的可以有不同的程序结构。通常认为，一个完整的设计实体的最低要求应该能为 VHDL 综合器所接受,并能作为一个独立设计单元,即以元件的形式存在的 VHDL 程序。

VHDL 程序结构的显著特点是,任何一个工程设计或称设计实体(可以是一个门电路、一块芯片、一块电路板乃至整个系统)都可以分成内外两个部分,外面的部分称为可视部分,用实体来说明端口特性;里面的部分称为不可视部分,用结构体来说明其内部功能和算法,由实际的功能描述语句组成。这种将设计实体分成内外部分的概念是 VHDL 系统设计的基本点。在对一个设计实体定义了外部界面后,一旦其内部开发完成后,其他的设计就可以直接调用这个实体。这正是一种基于自顶向下的多层次系统设计概念的实现途径。

1. 2选1多路选择器的 VHDL 程序

【例 4-1】 2 选 1 多路选择器。

```
ENTITY mux21 IS
  PORT (a, b: IN BIT;
             s: IN BIT;
             y: OUT BIT);
END ENTITY mux21;
ARCHITECTURE one OF mux21 IS
BEGIN
   y<= a WHEN s='0' ELSE
              b;
END ARCHITECTURE one;
```

这是一个 2 选 1 多路选择器的完整 VHDL 描述程序,可以直接综合出实现相应功能的逻辑电路及其功能器件。图 4-2 是此描述对应的逻辑符号图,图中,A 和 B 分别为两个数据输入端的端口名,S 为通道选择控制信号输入端的端口名,Y 为输出端的端口名。“MUX21”是设计者为此器件取的名字,这类似于 74LS138、CD4013 等器件的名称。图 4-3 是对以上程序综合后获得的门级电路,因而可以认为是多路选择器的内部电路结构。

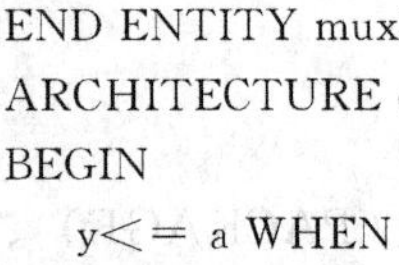

图 4-2 mux21 的实体

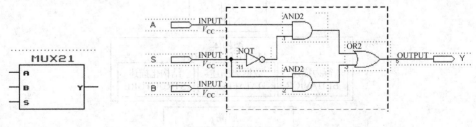

图 4-3 MUX21 的结构体

2. 程序说明及分析

2 选 1 多路选择器的 VHDL 描述由两大部分组成。

(1) 以关键词 ENTITY 引导,END ENTITY mux21 结尾的语句部分,称为实体。

它的功能是对设计实体进行外部接口描述，相当于把整个设计看成一个封装好的元器件，实体仅用来说明设计单元的输入输出接口信号或引脚，它是设计实体对外的一个通信界面。图 4-2 可以认为是该实体的图形符号表达。

（2）以关键词 ARCHITECTURE 引导，END ARCHITECTURE one 结尾的语句部分，称为结构体。结构体负责描述所设计实体的内部逻辑功能或电路结构。图 4-3 是此结构体的原理图表达，二者的功能本质上是一致的。

结构体中逻辑功能的描述是用 WHEN-ELSE 结构的并行语句来实现的。它的含义是，当满足条件 s='0'（即 s 为低电平）时，a 输入端的信号传送至 y，否则（即 s 为高电平），b 输入端的信号传送至 y。

图 4-4 是 2 选 1 多路选择器 MUX21 的仿真波形，从中不难看出 2 选 1 多路选择器的 VHDL 描述的正确性。

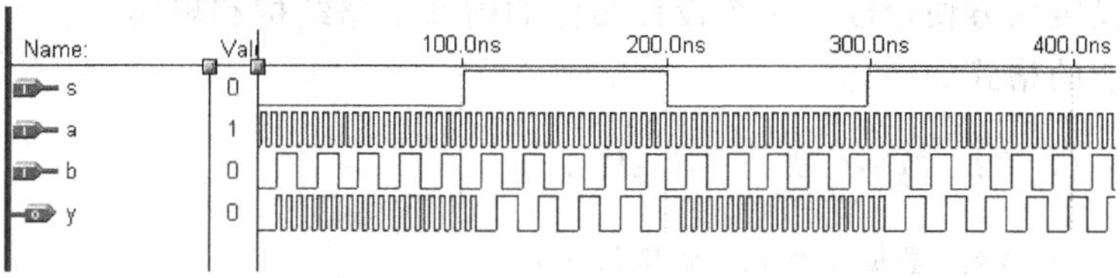

图 4-4　MUX21 的仿真波形

3. VHDL 程序设计约定

为了便于程序的阅读和调试，本书对 VHDL 程序设计特作如下约定。

（1）语句结构描述中方括号“[ ]”内的描述语句不是必需的，可根据需要选择。

（2）对于 VHDL 的编译器和综合器来说，程序文字的大小写是不加区分的，但为了便于阅读和分辨，建议将 VHDL 基本语句中的关键词以大写方式表示，而由设计者添加的内容以小写方式来表示。如实体的结尾可写为“END ENTITY mux21”，其中的 mux21 就是设计者取的实体名。

（3）程序中双横线“--”后面的文字是对程序的注释和说明，这些文字不参加编译和综合。注释文字一行写不完需要另起一行时，也要以“--”引导。通常，一段好的 VHDL 程序都包含清晰的文字说明。

（4）为了便于程序的阅读和调试，书写和输入程序时，可以使用层次缩进格式，同一层次的对齐，低一层次的缩进两个字符。

4.1.2　实体（ENTITY）部分说明

实体是 VHDL 设计的必要组成部分，就一个设计实体而言，外界所看到的仅仅是它的界面上的各种接口，因此，实体是设计实体的表层设计单元。

1. 实体的语句结构

实体的语句结构如下：

```
ENTITY 实体名 IS
    [GENERIC( 类属表 ); ]
    PORT ( 端口表 );
END [ENTITY] 实体名;
```

实体说明单元必须按照这一结构来编写,实体说明语句应以"ENTITY 实体名 IS"开始,以"END [ENTITY] 实体名;"结束,内部可包含类属说明和端口说明。其中的实体名由设计者自己添加。

2. GENERIC 类属说明语句

类属(GENERIC)参数说明语句必须放在端口说明语句之前,用以设定实体或元件的内部电路结构和规模。类属与常数不同,常数只能从设计实体的内部得到赋值,且不能再改变,而类属的值可以由设计实体外部提供。因此,设计者可以从外面通过对类属参量的重新设定而方便地改变一个设计实体的内部电路结构和规模。

类属说明的格式如下:

```
GENERIC (常数名: 数据类型 [:=设定值];
              ...
         常数名: 数据类型 [:=设定值] );
```

类属说明以关键词 GENERIC 引导一个类属参量表,其中常数名是由设计者确定的类属常数名称,数据类型通常取 INTEGER 或 TIME 等类型,设定值为常数名的默认值,提供时间参数或总线宽度等静态信息。类属说明是设计实体和外部环境进行通信的参数,它传递静态信息。类属在所定义的环境中的地位十分接近常数,但却能像上述的实体定义语句那样,将类属说明放在其中,且放在端口说明语句的前面。

例 4-2 是使用了类属说明的实体描述。

【例 4-2】

```
ENTITY mcu IS
  GENERIC (addrwidth: INTEGER:= 16);
  PORT ( add_bus:OUT STD_LOGIC_VECTOR(addrwidth-1 DOWNTO 0));
  ...
```

这里,GENERIC 语句定义了一个地址宽度常数,在端口说明部分用该常数定义了一个 16 位的信号 add_bus,这句相当于

```
add_bus:OUT STD_LOGIC_VECTOR(15 DOWNTO 0);
```

若该实体内部大量使用了 addrwidth 这个参数表示地址宽度,则当设计者需要改变地址宽度时,只需一次性在语句 GENERIC 中改变类属参量 addrwidth 的设定值,则结构体中所有相关的地址宽度都随之改变,由此可方便地改变整个设计实体的硬件规模和结构。

一个数字的改变,从 EDA 综合的结果来看,将大大地影响设计结果的硬件规模,而从设计者的角度来看,只需改变一个数字。用 VHDL 进行 EDA 设计的优越性由此可见一斑。

3. PORT 端口说明

实体中端口说明的一般书写格式如下：

```
PORT ( 端口名[,端口名]: 端口模式 数据类型;
        ...
        端口名[,端口名]: 端口模式 数据类型 );
```

其中的端口名是设计者为实体的每一个对外通道所取的名字；端口模式用来说明信号的流动方向，共有 IN、OUT、BUFFER、INOUT 4 种，它们对应的引脚符号如图 4-5 所示，含义说明如表 4-1 所示。

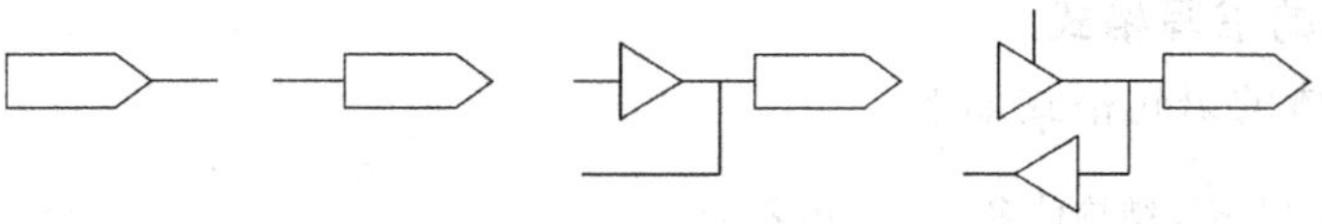

图 4-5　端口模式符号图

表 4-1　端口模式说明

端口模式	说明(以设计实体为准)
IN	输入，只读型
OUT	输出，仅在实体内部向其赋值
BUFFER	缓冲输出，可以赋值也可以读，但读到的值是其内部对它的赋值
INOUT	双向，可以读或向其赋值

数据类型是指端口上流动的数据的表达格式。常用的数据类型有两类：位(BIT)和位矢量(BIT_VECTOR)。例如，例 4-3 中，STD_LOGIC 就是 IEEE 库中 STD_LOGIC_1164 程序包对 BIT 数据类型的定义，类属说明定义了结构体内的上升时间用 trise 表示，下降时间用 tfall 表示，它们的值都为 1nm。图 4-6 是 nand2 对应的原理图。

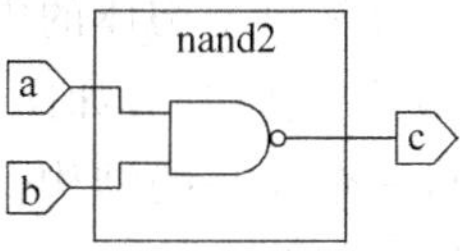

图 4-6　nand2 对应的原理图

【例 4-3】

```
LIBRARY IEEE;
USE IEEE.STD_LOGIC_1164.ALL;
ENTITY nand2 IS
    GENERIC (trise:TIME:=1ns;
             tfall:TIME:=1ns);
    PORT (a: IN STD_LOGIC;
          b: IN STD_LOGIC;
          c: OUT STD_LOGIC);
END nand2;
```

4.1.3　结构体(ARCHITECTURE)部分说明

对一个电路系统而言，实体描述部分主要是对系统的外部接口描述，这一部分如同一个"黑盒",描述时并不需要考虑实体内部的具体细节。因为描述实体内部结构与性能的工作是由结构体完成的。

结构体是一个实体的组成部分,是对实体功能的具体描述。结构体不能单独存在,它必须有一个界面说明,即一个实体。结构体主要用来描述实体的内部结构、元件之间的互连关系、实体所完成的逻辑功能以及数据的传输变换等内容。如果实体代表一个电路的符号,则结构体描述了这个符号的内部行为。一个实体可以有多个结构体,但同一结构体不能隶属于不同的实体。每个结构体对应着一个实体不同的结构和算法实现方案,各个结构体的地位是等同的。

1. 结构体的书写格式

一个结构体的语句格式如下:

```
ARCHITECTURE 结构体名 OF 实体名 IS
    [说明语句;]
BEGIN
    功能描述语句;
END [ARCHITECTURE] 结构体名;
```

在书写格式上,实体名必须是所在设计实体的名字,而结构体名可以由设计者自己选择,但当一个实体具有多个结构体时,结构体的取名不可相同。

结构体的说明语句部分必须放在关键词"ARCHITECTURE"和"BEGIN"之间,结构体必须以"END [ARCHITECTURE] 结构体名;"作为结束句。

结构体内部构造的描述层次和描述内容可以用图4-7来说明,它只是对结构体的内部构造作了一般的描述,并非所有的结构体必须同时具有如图4-7所示的所有的说明语句结构。一般来说,一个完整的结构体由两个基本层次组成,即说明语句和功能描述语句。

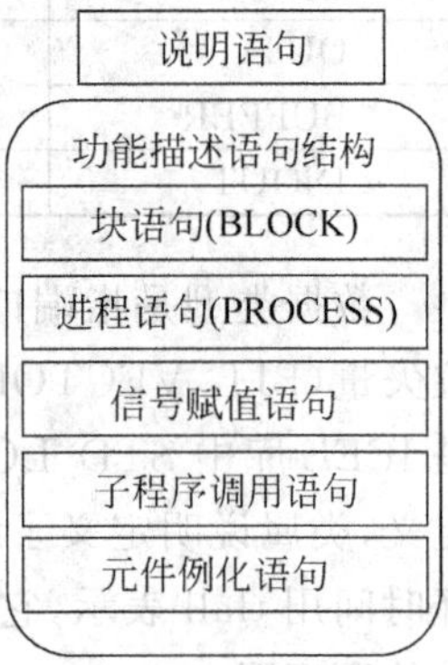

图4-7 结构体构造图

2. 结构体的说明语句

说明语句是对结构体的功能描述语句中将要用到的信号(SIGNAL)、数据类型(TYPE)、常数(CONSTANT)、元件(COMPONENT)、函数(FUNCTION)和过程(PROCEDURE)等加以说明。

注意:*在结构体中说明和定义的数据类型、常数、元件、函数和过程只能用于这个结构体内部。如果希望这些定义也能用于其他的实体或结构体,则需要将它们放入程序包,其他的实体或结构体只有打开这个程序包后才能引用这些定义。*

3. 功能描述语句

VHDL结构体中的功能描述语句包含5种不同类型且以并行方式工作的语句。而这些语句内部可以是并行运行的逻辑描述语句,也可以是顺序运行的逻辑描述语句。也就是说,这5种语句本身是并行语句,但它们内部所包含的语句并不一定是并行语句。例如,进程语句内部所包含的是顺序语句。

图 4-7 中的 5 种语句的基本组成和功能分别如下。

(1) 块(BLOCK)语句：它是由一系列并行执行语句构成的组合体，它的功能是将结构体中的并行语句组成一个或多个子模块。

(2) 进程(PROCESS)语句：它是定义顺序语句的模块，能把从外部获得的信号值，或内部的运算数据向其他的信号进行赋值。

(3) 信号赋值语句：它将设计实体内的处理结果向定义的信号或界面端口进行赋值。

(4) 子程序调用语句：用以调用过程或函数，并将获得的结果赋值于信号。

(5) 元件例化语句：对其他设计实体作元件调用说明，并将此元件的端口与其他元件、信号或高层次实体的界面端口进行连接。

下面的例 4-4 是与例 4-3 实体 nand2 对应的一个结构体，它的结构体名是 behav，结构体内有一个进程语句，在此语句中用顺序语句描述了与非门的输入信号 a、b 与输出信号 c 之间的逻辑关系，以及它们的时延关系。

【例 4-4】

```
ARCHITECTURE behav OF nand2 IS
BEGIN
  PROCESS (a, b)
    VARIABLE cdf: STD_LOGIC;
  BEGIN
      cdf:= a NAND b;                          --向变量赋值
    IF cdf ='1' THEN
        c<=TRANSPORT cdf AFTER trise;
    ELSIF cdf ='0' THEN
        c<=TRANSPORT cdf AFTER tfall;
    ELSE
        c<= TRANSPORT cdf;
    END IF;
  END PROCESS;
END ARCHITECTURE behav;
```

4. 结构体的 3 种描述方法

(1) 结构体的行为描述

结构体的行为描述(Behavioral Description)是从功能和算法方面对结构体进行描述，无须包含任何结构信息，主要用进程形式来描述。行为描述在 EDA 工程中称为高层次描述或高级描述，原因有以下两点。

① 实体的行为描述是一种抽象描述，对电子设计而言，是高层次的概括，是对整体设计功能的定义，所以称为高层次描述。

② 从计算机领域而言，行为描述和高级编程语言相类似，所以计算机业内人士通常称之为高级描述。

例 4-5 是用行为描述方式对比较器功能作出定义的例子。

【例 4-5】 用行为描述法设计 8 位比较器。

```
LIBRARY IEEE;
USE IEEE.STD_LOGIC_1164.ALL;
ENTITY comparator IS
  PORT (a, b: IN STD_LOGIC_VECTOR (7 DOWNTO 0);
          g: OUT STD_LOGIC);
END comparator;
ARCHITECTURE behavioral OF comparator IS
BEGIN
  comp: PROCESS(a, b)
  BEGIN
    IF a=b THEN
       g<='1';
    ELSE
       g<='0';
    END IF;
  END PROCESS comp;
END behavioral;
```

本例 8 位比较器的结构体利用进程语句中一个简单的算法来描述实体的行为,完成比较两数是否相等的功能,即当输入的 8 位数 a 和 b 相等时(a=b),比较器输出高电平(g=1);否则(a 不等于 b 时),比较器输出低电平(g=0)。

进程标志 comp 是进程顺序执行的开始,END PROCESS comp 是进程的结束。

关键字 PROCESS(a,b)中,a、b 为敏感信号,每当 a、b 变化时,进程就启动一次,相应就有一个比较结果输出。

(2) 结构体的数据流描述法

数据流描述(Dataflow Description) 主要描述数据流动的运动路径、运动方向和运动结果,可描述时序逻辑电路,也可描述组合逻辑电路。数据流描述主要采用非结构化的并行语句来描述,条件信号赋值语句(WHEN-ELSE) 和选择信号赋值语句(WITH-SELECT-WHEN)是用数据流法描述时常用的语句。同样是一个 8 位比较器,例 4-6 采用的是数据流描述法。

【例 4-6】 用数据流描述法设计 8 位比较器。

```
LIBRARYY IEEE;
USE IEEE.STD_LOGIC_1164. ALL;
ENTITY comparator IS
  PORT (a, b: IN STD_LOGIC_VECTOR (7 DOWNTO 0);
          g: OUT STD_LOGIC);
END comparator;
ARCHITECTURE dataflow OF comparator IS
BEGIN
   g <= '1' WHEN (a=b) ELSE
           '0';
END daradlow;
```

另外,数据流描述也可采用布尔方程,如例 4-7 所示。

【例 4-7】 用布尔方程形式作数据流描述设计的 8 位比较器。

```
LIBRARY IEEE;
USE IEEE.STD_LOGIC_1164.ALL;
ENTITY comparator IS
  PORT (a, b: IN STD_LOGIC_VECTOR (7 DOWNTO 0);
            g: OUT STD_LOGIC);
END comparator;
ARCHITECTURE bool OF comparator IS
BEGIN
   g<=          NOT (a (0) XOR b(0))
         AND NOT (a (1) XOR b(1))
         AND NOT (a (2) XOR b(2))
         AND NOT (a (3) XOR b(3))
         AND NOT (a (4) XOR b(4))
         AND NOT (a (5) XOR b(5))
         AND NOT (a (6) XOR b(6))
         AND NOT (a (7) XOR b(7));
END bool;
```

布尔方程的数据流描述法比例 4-6 的结构体复杂。例 4-6 的结构体描述与端口结构无关,即与 a、b 的位数无关,只要 a=b,g 就输出 1;而例 4-7 是一个 8 位比较器,布尔方程定义的端口尺寸是 8 位。

数据流描述法采用并行信号赋值语句,而不是进程顺序语句。并行信号赋值语句中任一输入信号发生变化时,赋值语句被激活。一个结构体可以有多重信号赋值语句,且语句可以并发执行。

(3) 结构体的结构化描述法

结构化描述(Structural Description)主要描述电路的组成和元件之间的互连关系,其风格最接近实际的硬件结构。结构化描述主要采用元件例化语句和生成语句来实现。

图 4-8 是一个 8 位比较器的逻辑电路图,例 4-8 是这个电路的结构化描述源程序。

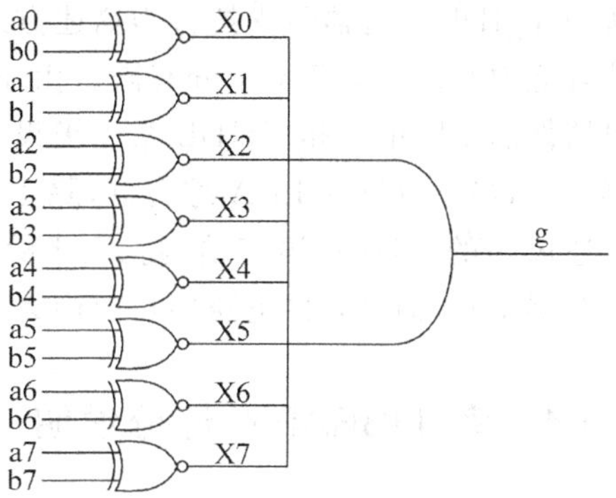

图 4-8 8 位比较器逻辑电路图

【例 4-8】 8 位比较器的结构化描述法。

```
LIBRARY IEEE;
USE IEEE.STD_LOGIC_1164.ALL;
USE work.gatespkg.ALL;
ENTITY comparator IS
  PORT (a, b: IN STD_LOGIC_VECTOR (7 DOWNTO 0);
            g: OUT STD_LOGIC);
END comparator;
ARCHITECTURE structural OF comparator IS
  SIGNAL x: STD_LOGIC_VECTOR (0 TO 7);
BEGIN
```

```
    u0: xnor2 PORT MAP(a(0) ,b(0) ,x(0));
    u1: xnor2 PORT MAP(a(1) ,b(1) ,x(1));
    u2: xnor2 PORT MAP(a(2) ,b(2) ,x(2));
    u3: xnor2 PORT MAP(a(3) ,b(3) ,x(3));
    u4: xnor2 PORT MAP(a(4) ,b(4) ,x(4));
    u5: xnor2 PORT MAP(a(5) ,b(5) ,x(5));
    u6: xnor2 PORT MAP(a(6) ,b(6) ,x(6));
    u7: xnor2 PORT MAP(a(7) ,b(7) ,x(7));
    u8: and8 PORT MAP(x(0) ,x(1) ,x(2) ,x(3) ,x(4) ,x(5) ,x(6) , x(7) , g);
END structural;
```

在本例中,设计任务的程序包内定义了一个 8 输入与门(and8)和一个 2 输入异或非门(xnor2)。把该程序包编译到库中,可通过 USE 语句来调用这些元件,并从 work 库中的 gatespkg 程序包中获取标准化元件。

结构化描述通常用于层次式设计,在 8 位比较器的设计中,实体说明仅说明了该实体的 I/O 关系,而设计中采用的标准元件 8 输入与门 and8 和 2 输入异或非门 xnor2 是事先设计好的标准元件,可用 USE 语句从库中调用。

利用结构描述方式,可以采用结构化、模式化设计思想,将一个大的设计划分为许多小的模块,逐一设计调试完成,然后利用结构描述方法将它们组装起来,形成更为复杂的设计。

显然,在 3 种描述风格中,行为描述的抽象程度最高,最能体现 VHDL 描述高层次结构和系统的能力。正是 VHDL 语言的行为描述能力使自顶向下的设计方式成为可能。认为 VHDL 综合器不支持行为描述方式是一种比较早期的认识,因为那时 EDA 工具的综合能力和综合规模都十分有限。由于 EDA 技术应用的不断深入,超大规模可编程逻辑器件的不断推出和 VHDL 系统级设计功能的提高,有力地促进了 EDA 工具的完善。事实上,当今流行的 EDA 综合器,除本书中提到的一些语句不支持外,将支持任何方式描述风格的 VHDL 语言结构。至于综合器不支持或忽略的那些语句,其原因也并非在综合器本身,而是硬件电路中目前尚无与之对应的结构。

4.1.4 库(LIBRARY)部分说明

在一个设计实体(实体说明及其相应的结构体)中定义的常数、数据类型、元件、子程序等,对其他设计实体是不可用的,也称不可见的。为使已定义的常数、数据类型、元件、子程序能被更多的设计实体访问和共享,可把它们收集在某个 VHDL 程序包中。多个程序包则可并入一个 VHDL 库中,使之更适用于一般的访问和调用。这样,既减少了程序代码的输入量,又使程序结构更加清晰。VHDL 的这种机制,对大系统的开发以及多位设计人员的并行工作起着很好的支持作用。

由此看来,库可以看成是用来存储预先完成的程序包和数据集合体的仓库。仓库里的信息可以是预先定义好的数据类型、子程序等设计单元的集合体(程序包),也可以是预先设计好的各种设计实体(元件库程序包)。如果要在一项 VHDL 设计中使用某一程序包,就必须在这项设计中预先打开这个程序包,使此设计能随时使用这一程序包中的内容。在综合过程中，每当综合器在较高层次的VHDL源文件中遇到库语句，就会将由库指定的源文件读入，并参与综合。这就是说，在综合过程中，所要调用的库必须以VHDL源文件的方式存在，并能使综合器随时读入使用。为此必须在这一设计实体前使用库语句和USE语句(USE语句将在后面介绍)。

库(LIBRARY)的语句格式如下：

```
LIBRARY 库名;
```

这一语句的作用是为后面的设计实体打开以"库名"来命名的库，以便设计实体可以利用其中的程序包，如语句"LIBRARY IEEE;"表示打开IEEE库。

1. 库的种类

VHDL的库分为两类：一类是设计库(又称预定义库)；一类是资源库。设计库对当前项目是可见的、默认的，无须用LIBRARY语句来显式地打开。资源库是存放常规元件和标准模块的库，使用资源库中的内容必须用LIBRARY语句来显式地打开。

(1) 设计库

设计库有STD库和WORK库两种。

STD库定义了VHDL的多种常用数据类型，如BIT、BIT_VECTOR。STD库为所有的设计单元所共享、隐含定义、默认和"可见"。STD库中有STANDARD和TEXTIO两个程序包。在VHDL程序设计中，以下的库语句是不必要的：

```
LIBRARY STD;
USE STD.STANDARD.ALL;
```

WORK库是VHDL语言的工作库，是用户的临时仓库。用户的成品、半成品、半成品模块、元件都放在WORK库中，也就是说，用户在项目设计中已设计成功、正在验证、未仿真的中间部件等都堆放在WORK工作库中。

(2) 资源库

STD库和WORK库之外的其他库都称为资源库。资源库往往是VHDL开发工具配备的，也可以是由用户自己建立的。最常用的资源库为IEEE库和VITAL库。

IEEE库是被IEEE国际标准化组织认可的，是最常用的资源库，IEEE库中含有的程序包及内容说明如下。

① STD_LOGIC_1164：定义了STD_LOGIC、STD_LOGIC_VECTOR等常用的数据类型和函数。

② NUMERIC_BIT：含有用于综合的数值类型和算术函数。

③ NUMERIC_STD：定义了一组基于STD_LOGIC_1164中定义的类型的算术运算。

④ STD_LOGIC_ARITH：定义了有符号和无符号数据类型及基于这些类型的算术运算。

⑤ STD_LOGIC_SIGNED：定义了基于STD_LOGIC、STD_LOGIC_VECTOR类型的有符号的算术运算。

⑥ STD_LOGIC_UNSIGNED：定义了基于 STD_LOGIC、STD_LOGIC_VECTOR 类型的无符号的算术运算。

⑦ MATH_REAL。

⑧ MATH_COMPLEX。

VITAL 库只在 VHDL 仿真器中使用，使用它可以提高 VHDL 门级时序模拟的精度。库中包含的程序包为 VITAL_TIMING 和 VITAL_PRIMITIVES，一般不用。

2. 库的用法

在 VHDL 语言中，库的说明语句总是放在实体单元前面。这样，设计实体内的语句就可以使用库中的数据和文件。在实际使用中，库是以程序包集合的方式存在的，具体调用的是程序包中的内容，因此对于任一 VHDL 设计，需要从库中调用的程序包在设计中应是可见的(可调出的)，应以明确的语句表达方式加以定义。

【例 4-9】

```
LIBRARY IEEE;
USE IEEE.STD_LOGIC_1164.ALL;
USE IEEE.STD_LOGIC_UNSIGNED.ALL;
```

例 4-9 的 3 个语句分别表示打开 IEEE 库，调用此库中的 STD_LOGIC_1164 程序包和 STD_LOGIC_UNSIGNED 程序包的所有内容。

库语句一般必须与 USE 语句共同使用。库语句用关键词 LIBRARY 后的库名指出所使用的库。USE 语句指明库中的程序包。

USE 语句的使用将使所说明的程序包对本设计实体部分或全部开放，即是可视的。USE 语句的使用有两种常用格式：

```
USE 库名.程序包名.项目名;
USE 库名.程序包名.ALL;
```

第一种语句格式的作用是，向本设计实体开放指定库中的特定程序包内所选定的项目。

第二种语句格式的作用是，向本设计实体开放指定库中的特定程序包内所有的内容。

合法的 USE 语句的使用方法是，将 USE 语句说明中所要开放的设计实体对象紧跟在 USE 语句之后。例如，语句

```
USE IEEE.STD_LOGIC_1164.ALL;
```

表明打开 IEEE 库中的 STD_LOGIC_1164 程序包，并使程序包中所有的公共资源对于本语句后面的 VHDL 设计实体程序全部开放，即该语句后的程序可任意使用程序包中的公共资源。这里用到关键词“ALL”，代表程序包中的所有资源。

【例 4-10】

```
LIBRARY IEEE;
USE IEEE.STD_LOGIC_1164.STD_LOGIC;
```

```
USE IEEE.STD_LOGIC_1164.RISING_EDGE;
```

此例中向当前设计实体开放了STD_LOGIC_1164程序包中的RISING_EDGE函数，但由于此函数需要用到数据类型STD_LOGIC，所以在上一条USE语句中开放了同一程序包中的这一数据类型。

4.1.5 程序包(PACKAGE)部分说明

1. 程序包的组成内容

前已述及，程序包可用于收集被多个VHDL设计实体共享的数据类型、子程序或数据对象，使之适用于更一般的访问和调用范围。这一点对于大系统开发、多个或多组开发人员并行工作显得尤为重要。

程序包的内容主要由4种基本结构组成，因此一个程序包至少应包含以下结构中的一种。

(1) 常数说明：在程序包中的常数说明结构主要用于预定义系统的宽度，如数据总线通道的宽度。

(2) VHDL数据类型说明：主要用于在整个设计中通用的数据类型，例如通用的地址总线数据类型定义等(4.2.3小节将对数据类型作详细说明)。

(3) 元件定义：元件定义主要规定在VHDL设计中参与元件例化的元件(已完成的设计实体)对外的接口界面。

(4) 子程序：并入程序包的子程序有利于在设计中的任一处方便地调用。

通常，程序包中的内容应具有更大的适用面和良好的独立性，以供各种不同设计需求的调用，如STD_LOGIC_1164程序包定义的数据类型STD_LOGIC和STD_LOGIC_VECTOR。

2. 程序包的语句结构

定义程序包的一般语句结构如下：

```
                                            --程序包首
PACKAGE 程序包名 IS
   程序包首说明部分
END 程序包名;
                                            --程序包体
PACKAGE BODY 程序包名 IS
   程序包体说明部分
END 程序包名;
```

(1) 程序包首

程序包首的说明部分可收集多个不同VHDL设计所需的公共信息，其中包括数据类型说明、信号说明、子程序说明及元件说明等。所有这些信息虽然也可以在每一个设计实体中进行逐一单独的定义和说明，但如果将这些经常用到的，并具有一般性的说明定义放在程序包中供随时调用，显然可以提高设计的效率和程序的可读性。

程序包结构中,程序包体并非必需的,程序包首可以独立定义和使用。例 4-11 是程序包首独立定义的示例。

【例 4-11】

```
PACKAGE pacl IS                                  --程序包首开始
TYPE byte IS RANGE 0 TO 255;                     --定义数据类型 byte
SUBTYPE nibble IS byte RANGE 0 TO 15;            --定义子类型 nibble
CONSTANT byte_ff : byte:= 255;                   --定义常数 byte_ff
SIGNAL addend : nibble;                          --定义信号 addend
COMPONENT byte_adder                             --定义元件
  PORT (a, b: IN byte;
           c: OUT byte;
  overflow: OUT BOOLEAN);
END COMPONENT;
FUNCTION my_function (a: IN byte) Return byte;   --定义函数
END pacl;                                        --程序包首结束
```

这显然是一个程序包首,其程序包名是 pac1,在其中定义了一个新的数据类型 byte 和一个子类型 nibble,接着定义了一个数据类型为 byte 的常数 byte_ff 和一个数据类型为 nibble 的信号 addend,还定义了一个元件和函数。由于元件和函数必须有具体的内容,所以将这些内容安排在程序包体中。如果要使用这个程序包中的所有定义,可利用 USE 语句按如下方式调用这个程序包。

```
LIBRARY WORK;
USE WORK.pacl.ALL;
ENTITY …
ARCHITHCYURE …
…
```

由于 WORK 库是默认打开的,所以可省去 LIBRARY WORK 语句,只要加入相应的 USE 语句即可。例 4-12 是另一个在现行 WORK 库中定义程序包并立即使用的示例。

【例 4-12】

```
PACKAGE seven IS
  SUBTYPE segments IS BIT_VECTOR (0 TO 6);
  TYPE bcd IS RANGE 0 TO 9;
END seven;
USE WORK.seven.ALL;
ENTITY decoder IS
  PORT (input: IN bcd;
          drive: OUT segments);
END decoder;
ARCHITECTURE simple OF decoder IS
BEGIN
  WITH input SELECT
    drive <= B"1111110" WHEN 0,
             B"0110000" WHEN 1,
```

```
        B"1101101" WHEN 2,
        B"1111001" WHEN 3,
        B"0110011" WHEN 4,
        B"1011011" WHEN 5,
        B"1011111" WHEN 6,
        B"1110000" WHEN 7,
        B"1111111" WHEN 8,
        B"1111011" WHEN 9,
        B"0000000" WHEN OTHERS;
END simple;
```

此例是一个4位BCD码向LED7段显示码转换的VHDL描述。此例在程序包seven中定义了两个新的数据类型segments和bcd。在7段显示译码器decoder的实体描述中就使用了这两个数据类型。由于WORK库默认是打开的,程序中只加入了USE语句。

(2) 程序包体

程序包体是在程序包首中已定义的子程序的子程序体。程序包体说明部分的组成内容可以是USE语句(允许对其他程序包的调用)、子程序定义、子程序体、数据类型说明、子类型说明和常数说明等。对于没有子程序说明的程序包体可以省去。

如例4-11所示,如果仅仅是定义数据类型或定义数据对象等内容,程序包体是不必要的,程序包首可以独立地被使用;但在程序包中若有子程序说明,则必须有对应的程序包体。这时,子程序体必须放在程序包体中。

3. 常用的预定义程序包

(1) STD_LOGIC_1164程序包

STD_LOGIC_1164程序包是IEEE库中最常用的程序包,是IEEE的标准程序包。其中包含了一些数据类型、子类型和函数的定义,这些定义将VHDL扩展为一个能描述多值逻辑(即除了具有"0"和"1"以外,还有其他逻辑量,如高阻态"Z"、不定态"X"等)的硬件描述语言,很好地满足了实际数字系统的设计需求。STD_LOGIC_1164程序包中用得最多和最广的是定义了满足工业标准的两个数据类型STD_LOGIC和STD_LOGIC_VECTOR,它们非常适合于FPGA/CPLD器件中多值逻辑设计结构。

(2) STD_LOGIC_ARITH程序包

STD_LOGIC_ARITH预先编译在IEEE库中,是Synopsys公司的程序包。此程序在STD_LOGIC_1164程序包的基础上扩展了3个数据类型UNSIGNED、SIGNED和SMALL_INT,并为其定义了相关的算术运算符号和转换函数。

(3) STD_LGIC_UNSIGNED和STD_LOGIC_SIGNED程序包。

STD_LOGIC_UNSIGNED和STD_LOGIC_SIGNED程序包都是Synopsys公司的程序包,都预先编译在IEEE库中。这些程序包重载了可用于INTEGER型及STD_LOGIC和STD_LOGIC_VECTOR型混合运算的运算符,并定义了一个由STD_LOGIC_VECTOR型到INTEGER型的转换函数。这两个程序包的区别是,STD_LOGIC_SIGNED中定义的运算是针对有符号数的运算;而STD_LOGIC_UNSIGNED中定义的是无符号数的运算。

程序包 STD_LOGIC_ARITH、STD_ LOGIC_UNSIGNED 和 STD_ LOGIC_SIGNED 虽然未成为 IEEE 标准,但已经成为事实上的工业标准,绝大多数的 VHDL 综合器和 VHDL 仿真器都支持它们。

(4) STANDARD 和 TEXTIO 程序包

STANDARD 和 TEXTIO 程序包都是 STD 库中的预编译程序包。STANDARD 程序包中定义了许多基本的数据类型、子类型和函数。由于 STANDARD 程序包是 VHDL 标准程序包,实际应用中已隐式地打开了,所以不必再用 USE 语句另作声明。TEXTIO 程序包定义了支持文本文件操作的许多类型和子程序。在使用本程序包之前,需加语句"USE STD. TEXTIO. ALL;"。

TEXTIO 程序包主要供仿真器使用。可以用文本编辑器建立一个数据文件,文件中包含仿真时需要的数据,然后仿真时用 TEXTIO 程序包中的子程序存取这些数据。在 VHDL 综合器中,此程序包被忽略。

4.1.6 配置(CONFIGURATION)部分说明

1. 配置的作用

前面对 8 位比较器进行了不同方式的描述,到底哪种方式效果最好?这是设计者经常碰到的问题。为了对多个设计方案进行对比和选择,可在设计文件中添加配置部分。利用配置从多个结构体中每次为设计实体指定一个结构体,通过比较每次仿真的结果,选出性能最佳的结构体。另外,在元件例化过程中,也存在类似情况,当某元件实体被其他设计实体引用时,如果元件实体有多个结构体,设计实体在元件例化时可以根据需要选择其中某一个结构体。以上工作可以通过配置语句来完成。

综上所述,配置主要是为顶层设计实体指定结构体,或为参与例化的元件实体指定所希望的结构体,以层次方式来对元件例化作结构配置。如前所述,每个实体可以拥有多个不同的结构体,而每个结构体的地位是相同的,在这种情况下,可以利用配置说明为这个实体指定一个结构体。因此,配置就是把一个确定的结构体关联到(指定给)相应的实体,正如"配置"一词本身的含义一样。

2. 配置语句的一般格式

```
CONFIGURATION 配置名 OF 实体名 IS
  配置说明语句;
END 配置名;
```

其中,配置说明语句有多种形式,选配不包含 BLOCK 语句和 COMPONENT 语句的结构体时,可采用如下简单形式:

```
FOR 选配结构体名
END FOR;
```

例 4-13 是一个配置的简单应用,在一个描述与非门 nand 的设计实体中,有两个不同描述方式的结构体 one 和 two,可用配置语句来给设计实体指定某一个结构体。

【例 4-13】

```
LIBRARY IEEE;
USE IEEE.STD_LOGIC_1164. ALL;
ENTITY nand IS
  PORT (a: IN STD_LOGIC;
        b: IN STD_LOGIC;
        c: OUT STD_LOGIC);
END ENTITY nand;

ARCHITECTURE one OF nand IS
BEGIN
   c<=NOT ( a AND b);
END ARCHITECTURE one;

ARCHITECTURE two OF nand IS
BEGIN
  c <= '1' WHEN (a='0') AND (b='0') ELSE
       '1' WHEN (a='0') AND (b='1') ELSE
       '1' WHEN (a='1') AND (b='0') ELSE
       '0' WHEN (a='1') AND (b='1') ELSE
       '0';
END ARCHITECTURE two;

CONFIGURATION second OF nand IS
   FOR two
   END FOR;
END second;

CONFIGURATION first OF nand IS
   FOR one
   END FOR;
END first;
```

在例 4-13 中，若指定配置名为 second，则为实体 nand 配置的结构体为 two；若指定配置名为 first，则为实体 nand 配置的结构体为 one。这两种描述方式是不同的，但具有相同的逻辑功能。

对于包含 COMPONENT 语句的结构体，可采用如下配置形式：

```
FOR 选配结构体名
  FOR 元件例化名:元件名 USE ENTITY WORK.实体名(结构体名)
  END FOR;
END FOR;
```

例 4-14 为实体 enti 选配了结构体 struct，并对结构体中的元件进行了配置，其配置部分的程序如下。

【例 4-14】

```
CONFIGURATION enti_con OF enti IS
```

```
    FOR struct                                          --为实体 enti 配置结构体 struct
        FOR G1: and_gate USE ENTITY WORK.and_gate (behavioral)
        END FOR;                                        --为元件 and_gate 配置结构体 behavioral
        FOR G2: xor_gate USE ENTITY WORK.xor_gate (behavioral)
        END FOR;                                        --为元件 xor _gate 配置结构体 behavioral
    END FOR;
END enti_con;
```

对于标准 VHDL 语言,如果没有配置语句,则默认最先编译进工作库的结构体为设计实体的结构体。

4.2 VHDL 语言要素

VHDL 具有计算机编程语言的一般特性,其语言要素是编程语句的基本单元,是 VHDL 作为硬件描述语言的基本结构元素,反映了 VHDL 重要的语言特征。准确无误地理解和掌握 VHDL 语言要素的基本含义和用法,对于正确地完成 VHDL 程序设计是十分重要的。

4.2.1 文字规则

与其他计算机高级语言一样,VHDL 也有自己的文字规则,在编程中需认真遵循。除了具有类似于计算机高级语言编程的一般文字规则外,VHDL 还包含特有的文字规则和表达方式。VHDL 文字(Literal)主要包括数值型文字和标识符。数值型文字所描述的值主要有数值型、字符串型和位串型。

1. 数值型文字

数值型文字有多种表达方式,现列举如下。

(1) 整数文字

整数文字都是十进制的数,如:5、678、0、156E2(=156×10^2=15600)、45_234_287(=45234287)。

数字间的下划线仅仅是为了提高文字的可读性,相当于一个间隔符,没有其他的意义,因而不影响文字本身的数值。

(2) 实数文字

实数文字也都是十进制的数,但必须带有小数点,如:188.993、86_670_551.453_909_(=86670551.453909)、1.0、44.99E−2(=0.4499)、1.335、0.0。

(3) 以数制基数表示的文字

用这种方式表示的数由 5 个部分组成。第一部分,用十进制数标明数制进位的基数;第二部分,数制隔离符号"#";第三部分,表达的文字;第四部分,指数隔离符号"#";第五部分,用十进制表示的指数部分,这一部分的数如果为 0 可以省去不写。现举例如下:

```
10#170#                    --十进制表示,等于 170
16#FE#                     --十六进制表示,等于 254
2#1111_1110#               --二进制表示,等于 254
8#376#                     --八进制表示,等于 254
16#E#E1                    --十六进制表示,等于 2#1110000#,等于 224
16#F.01#E+2                --十六进制表示,等于 3841.00
2#10.1111_0001#E8          --二进制表示,等于 753.00
```

2. 字符串型文字

字符是用单引号引起来的 ASCII 字符,可以是数值,也可以是符号或字母,如:

'R'、'a'、'*'、'Z'、'U'、'0'、'1'、'-'、'L'...

字符可以用来定义数据类型,如:

TYPE STD_LOGIC IS ('U'、'X'、'0'、'1'、'Z'、'W'、'L'、'H'、'-')

字符串则是一维的字符数组,需放在双引号中。VHDL 中有两种类型的字符串:文字字符串和数位字符串。

(1) 文字字符串

文字字符串是用双引号引起来的一串文字,如:

"ERROR"、"Both S and Q equal to 1"、"XY7R"、"BB$CC"

(2) 数位字符串

数位字符串也称位矢量,是预定义的位数据类型 BIT 的一维数组。它代表的是二进制、八进制或十六进制的数。位矢量的长度即为等值的二进制数的位数。数位字符串的表示首先要有计数基数,基数放在字符串的前面,以符号"B"、"O"和"X"依次分别表示二进制基数、八进制基数和十六进制数。然后将数值放在双引号中置于其后。例如:

```
B"1_1101_1110"             --二进制数数组,位矢数组长度是 9
O"15"                      --八进制数数组,位矢数组长度是 6
X"AD0"                     --十六进制数数组,位矢数组长度是 12
```

3. 标识符

标识符(Identifers)用来定义常数、变量、信号、端口、子程序或参数的名字。

VHDL 语言有两个标准版:VHDL'87 版和 VHDL'93 版。VHDL'87 版的标识符语法规则经过扩展后,形成了 VHDL'93 版的标识符语法规则。前一部分称为短标识符(或基本标识符),扩展部分称为扩展标识符。VHDL'93 版含有短标识符和扩展标识符两部分。

(1) 短标识符

VHDL 的短标识符应遵守以下规则。

① 必须以英文字母开头。

② 只能由英文字母、数字(0～9)及下划线(_)组成。

③ 最后一个字符不能是下划线。

④ 不能含有两个连续的下划线。

⑤ 保留字或关键词不能用作短标识符。

需要说明的是,EDA 工具在综合、仿真时不区分短标识符的大小写。

下面是合法的标识符:

multi_screens、Multi_screens、Multi_Screens、MULTI_SCREENS、State2

下面是不合法的标识符:

```
_Decoder_1          --起始为非英文字母
2FFT                --起始为数字
Sig_#N              --符号"#"不能成为标识符的构成
Not-Ack             --符号"-"不能成为标识符的构成
RyY_RST_            --标识符的最后不能是下划线"_"
Date__BUS           --标识符中不能有双下划线
return              --关键词
```

VHDL 的保留字列于表 4-2 中,它们不能用作标识符。在程序书写时,一般要求大写或黑体,使得程序易于阅读,易于检查错误。

表 4-2 VHDL 的保留字

ABS	DOWNTO	LIBRARY	POSTPONED	SRL
ACCESS	ELSE	LINKAGE	PROCEDURE	SUBTYPE
AFTER	ELSIF	LITERAL	PROCESS	THEN
ALIAS	END	LOOP	PURE	TO
ALL	ENTITY	MAP	RANGE	TRANSPORT
AND	EXIT	MOD	RECORD	TYPE
ARCHITECTURE	FILE	NAND	REGISTER	UNAFFECTED
ARRAY	FOR	NEW	REJECT	UNITS
ASSERT	FUNCTION	NEXT	REM	UNTIL
ATTRIBUTE	GENERATE	NOR	REPORT	USE
BEGIN	GENERIC	NOT	RETURN	VARIABLE
BLOCK	GROUP	NULL	ROL	WAIT
BODY	IF	OF	ROR	WHEN
BUFFER	GUARDED	ON	SELECT	WHILE
BUS	IMPURE	OPEN	SEVERITY	WITH
CASE	IN	OR	SHARED	XNOR
COMPONENT	INERTIAL	OTHERS	SIGNAL	XOR
CONFIGURATION	INOUT	OUT	SLA	
CONSTANT	IS	PACKAGE	SLL	
DISCONNECT	LABEL	PORT	SRA	

(2) 扩展标识符

VHDL'93 版中增加的扩展标识符应遵守下面的规则。

① 扩展标识符要用反斜杠"\"来界定。例如:

\multi_screens \

② 允许使用任何字符，包括图形符号、空格符等。例如：

\mode A and B\、\$100\、\p%name\

③ 可以用保留字。例如：

\buffer\、\ENTITY\、\end\

④ 扩展标识符的两个斜杠之间可以以数字开头。例如：

\100$\、\2chip\、\4screens\

⑤ 允许多个下划线相连。例如：

\Four__screens\、\TWO_Computer_sharptor\

⑥ 扩展标识符区分大小写。例如：
\END\与\end\不同。
⑦ 同名的扩展标识符与短标识符不同。例如：
\COMPUTER\与 COMPUTER 和 computer 都不相同。
⑧ 若扩展标识符内含有一个反斜杠，则应该用两个相邻的反斜杠来代替。例如：
如果扩展标识符的名称为 add\sub，那么此时的扩展标识符应该表示为\add\\sub\。

4. 下标名和下标段名

下标名用于指示数组型变量或信号的某一元素，而下标段名则用于指示数组型变量或信号的某一段元素，其语句格式如下：

```
数组类型信号名或变量名(表达式 1 [TO/DOWNTO 表达式 2]);
```

表达式的数值必须在数组元素下标号范围以内，且必须是可计算的。TO 表示数组下标序号由低到高，如“2 TO 7”；DOWNTO 表示数组下标序号由高到低，如“7 DOWNTO 2”。下面是下标名和下标段名的使用示例。

```
SIGNAL a, b, c: BIT_VECTOR (0 TO 7);
SIGNAL m: INTEGER RANGE 0 TO 3;
SIGNAL y, z: BIT;
  y <= a(m);                     --m 是不可计算型下标表示，使用错误
  z <= b(3);                     --3 是可计算型下标表示
  c(0 TO 3)<= a(4 TO 7);         --以段的方式进行赋值
  c(4 TO 7)<= a(0 TO 3);         --以段的方式进行赋值
```

4.2.2　数据对象

在 VHDL 中，数据对象就是用来存放数据的一些单元，它类似于一种容器，可以接受各种数据类型的赋值。数据对象主要包括常量、变量和信号。

1. 常量

顾名思义,常量(CONSTANT)就是指在设计实体中不会发生变化的值,它的定义和设置主要是为了使设计实体中的常数更容易阅读和修改。作为一种硬件描述语言的元素,常量在硬件电路设计中具有一定的物理意义,它通常用来代表硬件电路中的电源或地线等。

常量说明的一般格式如下:

```
CONSTANT 常量名[,常量名…]: 数据类型 :=表达式;
```

例如:

```
CONSTANT pi: REAL:= 3.14;              --pi是实数常量,进行实数赋值
CONSTANT Vcc: REAL:= 3.3;              --Vcc也是实数常量,也进行实数赋值
CONSTANT delay: TIME:= 25 ns;          --delay是时间类型常量,赋值也是时间
```

注意:

(1) 常量被赋值以后的值将不再改变。例如,上面用来进行运算的常量pi被定义为3.14,那么在VHDL程序中pi的值就被固定为3.14,任何试图修改常量pi的值的操作都将被视为非法操作。

(2) VHDL要求所定义的常量数据类型必须与表达式的数据类型一致。

(3) 常量的可视性(即常量的使用范围)取决于它被定义的位置。在程序包中定义的常量具有最大的全局化特征,可以用在调用此程序包的所有设计实体中;定义在设计实体中的常量,可以用在该实体的所有结构体中;定义在设计实体的某一结构体中的常量,只能用于该结构体中;定义在结构体的某一进程中的常量,只能用于该进程中。这就是常量的可视性规则。

(4) 常量定义语句可以放在很多地方,如在实体、结构体、程序包、块、进程和子程序中都可以使用。在程序包首中定义的常量可以暂不设定具体数值,但要在程序包体中设定,如例4-15所示。

【例4-15】

```
PACKAGE t IS                              --程序包首
CONSTANT rst: STD_LOGIC;                  --定义常量,不设定具体数值
END PACKAGE t;                            --程序包体
PACKAGE BODY t IS
  CONSTANT rst: STD_LOGIC:='0';           --定义常量,且设定数值
END PACKAGE BODY t;
```

2. 变量

变量(VARIABLE)主要用于对暂时数据进行局部存储,它是一个局部量,只能用在进程和子程序中。

定义变量的语法格式如下:

```
VARIABLE 变量名[,变量名…]: 数据类型[: =初始值];
```

例如：

```
VARIABLE a: INTEGER;                    --定义 a 为整数型变量
VARIABLE b, c: INTEGER:=2;              --定义 b 和 c 也为整数型变量,初始值为 2
```

变量定义语句中的初始值可以是一个与变量数据类型相同的常数值，也可以是一个表达式。初始值不是必需的，综合过程中将忽略所有的初始值。在进程或子程序中，变量的值由变量赋值语句决定。

变量赋值语句的语法格式如下：

```
目标变量名:=表达式;
```

“:=”是立即赋值符号，用来给变量赋值。变量的赋值是一种理想化的数据传输，是立即发生，不存在任何延时的行为。VHDL 语言规则不支持变量附加延时语句。立即赋值符号“:=”也可用于给任何对象赋初值(包括变量、信号和常量等)。赋值语句右边的表达式可以是一个数值，也可以是一个表达式，但数据类型必须与目标变量一致。

例 4-16 表达了变量不同的赋值方式，请注意它们数据类型的一致性。

【例 4-16】

```
VARIABLE x, y: REAL;
VARIABLE a, b: BIT_VECTOR (0 TO 7);
x:=100.0;                               --实数赋值,x 是实数变量
y:=1.5+x;                               --运算表达式赋值,y 也是实数变量
a:=b;
a:="10101011";                          --位矢量赋值,a 的数据类型是位矢量
a(3 TO 6):=('1','1','0','1');           --段赋值
a(0 TO 5):=b(2 TO 7);
a(7):='0';                              --位赋值
```

例 4-16 中 a 和 b 是以变量数组的方式定义的，它们都是 8 位宽，即分别含有 8 个单变量 a(0)、a(1)…a(7)和 b(0)、b(1)…b(7)，赋值方式也可以是多种多样的。

3. 信号

信号(SIGNAL)是描述硬件系统的基本数据对象，在元件之间起互连作用，类似于硬件电路中的连接线。信号是一个全局量，可以作为并行语句间的信息交流通道，也能用于进程之间的通信。信号通常在结构体、程序包和实体说明中使用，其定义格式如下：

```
SIGNAL 信号名[,信号名…]: 数据类型[:=初始值];
```

信号初始值的设置不是必需的，而且初始值仅在 VHDL 的行为仿真中有效。

根据上述信号定义格式举例如下：

```
SIGNAL sys_clk:BIT := '0';              --系统时钟
SIGNAL sys_busy:BIT := '1';             --系统总线状态
SIGNAL count:BIT_VECTOR(7 DOWNTO 0);    --计数器宽度
```

对信号定义了数据类型后，在VHDL设计中就能够对信号赋值了。信号的赋值语句格式为：

```
目标信号名<=[TRANSPORT]表达式;
```

这里表达式可以是一个运算表达式，也可以是数据对象(变量、信号或常量)。符号“<=”表示延迟赋值操作，即将数据信息传入。数据信息的传入可以设置延时量，因此目标信号获得传入的数据并不是即时的，而是要经历一个特定的延时过程，因此，符号“<=”两边的数值并不是在任一瞬间总是一致的，这与实际器件的传播延迟特性十分接近，显然与变量的赋值过程有很大差别。所以，信号赋值符号用“<=”而非“:=”。但需注意，信号的初始赋值符号仍是“:=”，这是因为仿真的时间坐标是从初始赋值开始的，在此之前无所谓延时时间。TRANSPORT(传输延迟)为延迟模式之一，它表示在连线上的延迟。另一种延迟模式为INERTIAL(惯性延迟)，INERTIAL也是默认的延迟模型，通常它近似地反映实际器件的延迟。以下是3个赋值语句示例：

```
y1<= x;
y2<= x AFTER 10 ns;                    --默认为惯性延迟
y3<= TRANSPORT x AFTER 10 ns;          --传输延迟
```

延迟模型不同，输出y2、y3对输入波形x的响应也不尽相同。当x的脉宽小于延迟时间(10ns)时，y2不随x的变化而变化，而y3则不管x的脉宽有多窄，都在延迟10ns后将x的波形从y3输出。当x的脉宽大于或等于延迟时间(10ns)时，两种延迟模型的结果相同，x的波形延迟10ns后从y2、y3输出。

信号作为一种数值容器，不但可以容纳当前值，也可以保持历史值。但在进程中，如果同一信号有多个驱动源(赋值源)，即在同一进程中有同名信号被多次赋值，其结果只有最后的赋值语句被启动，并进行赋值操作。例如：

【例4-17】

```
...
SIGNAL a, b , c , y ,z: INTEGER ;
...
PROCESS (a ,b ,c)
BEGIN
    y<=a*b;
    z<=c-a;
    y<=b;
END PROCESS;
...
```

例4-17的进程中，a、b、c被列入进程敏感表，当进程运行后，信号赋值将自上而下顺序执行，但第一项赋值操作并不会发生，这是因为y的最后一项驱动源是b，因此y被赋值b。

4. 信号与变量的区别

信号赋值可以有延迟时间，变量赋值无延迟时间；信号除当前值外还有许多相关值，如历史信息等，变量只有当前值；进程对信号敏感，对变量不敏感；信号可以是多个进程的全局信号，但变量只是局部量，仅在定义它之后的顺序域内可见；信号可以看作硬件的一根连线，但变量无此对应关系。

4.2.3　数据类型

VHDL是一种强类型语言，要求设计实体中的每一个常数、变量、信号、函数以及设定的各种参量都必须具有一个确定的数据类型，并且只有相同数据类型的量才能相互传递和作用。不同的数据类型不能直接代入，相同的类型，位长不同也不能代入，否则，EDA工具在编译、综合时会报告类型错误。VHDL作为强类型语言的好处是能够创建高层次的系统和算法模型，便于VHDL编译或综合工具容易找出设计中的各种常见错误。

VHDL的数据类型可以分成从现成程序包中可以随时获得的标准数据类型和用户自定义数据类型两大类。标准的数据类型是VHDL最常用、最基本的数据类型，这些数据类型都已在VHDL的标准程序包STANDARD和STD_LOGIC_1164及其他的标准程序包中作了定义，并可在设计中随时调用。

1. 标准数据类型

大部分标准数据类型都是在VHDL的标准程序包STANDARD中定义的。这些数据类型可直接使用，不必通过USE语句进行显式说明。

(1) 布尔(BOOLEAN)数据类型：只有真(TRUE)、假(FALSE)两种取值，没有数量多少的概念，不能进行算术运算，只能用于关系运算和逻辑判断。布尔量的初始值一般赋值为FALSE。

(2) 字符(CHARACTER)：字符要用单引号引起来，如'B'、'b'、'1'、'2'等。字符量区分大小写，如'A'、'a'、'B'、'b'，都认为是不同的字符。STANDARD程序包中定义的字符是128个ASCII字符，包括A～Z、a～z、0～9，空格及一些特殊字符等。字符'1'、'2'仅是符号，不表示数值大小。

(3) 字符串(STRING)：字符串要用双引号引起来，例如"VHDL"、"STRING"、"MULTI_SCREEN COMPUTER"等。字符串常用于程序的提示和说明等。

(4) 整数(INTEGER)：VHDL的整数范围从$-(2^{31}-1)$到$(2^{31}-1)$，即从-2147493647～2147493647，可用多种进制来表示。整数不能用于逻辑运算，只能用于算术运算；不能看作矢量，不能单独对某一位操作。整数在使用时通常要加上范围约束，例如：

```
VARIABLE A: INTEGER RANGE －128 TO 128;
```

(5) 实数(REAL)：VHDL的实数范围从－1.0E＋38～＋1.0E＋38，书写时一定要有小数。

(6) 位(BIT)：位的取值只能是用带单引号的'0'、'1'来表示。

(7) 位矢量(BIT_VECTOR)：位矢量是用双引号括起来的一组位数据，如"100010"。使用位矢量必须注明位宽和排列方式，如语句“SIGNAL a：BIT_VECTOR

(7 DOWNTO 0);"说明信号 a 被定义为一个具有 8 位位宽的矢量,它最左边的位是 a(7),最右边的位是 a(0)。

(8) 时间(TIME):完整的时间类型包含整数和物理量单位两部分,整数和单位之间至少要留一个空格。如 16ns、3ms。时间类型一般用于仿真,而不用于逻辑综合。

(9) 自然数(NATURAL)和正整数(POSITIVE):自然数和正整数是整数的子集。自然数是 0 和 0 以上的整数。正整数是大于零的整数。两者的范围是不同的。

(10) 错误等级(SEVERITY LEVEL):错误等级常用于表示电子系统的工作状态。错误等级分为:NOTE、WARNING、ERROR、FAILURE,即注意、警告、错误、失败 4 个等级。

另外,在 IEEE 库的 STD_LOGIC_1164 程序包中,定义了两个非常重要的数据类型:标准逻辑位(STD_LOGIC)和标准逻辑位矢量(STD_LOGIC_VECTOR)。例 4-18 就是标准逻辑位(STD_LOGIC)的定义。

【例 4-18】 对 STD_LOGIC 数据类型的定义。

```
TYPE STD_LOGIC IS
 ( 'U',                                 --未初始化的
   'X',                                 --强迫未知
   '1',                                 --强 1
   '0',                                 --强 0
   'Z',                                 --高阻态
   'W'                                  --弱未知
   'L',                                 --弱 0
   'H',                                 --弱 1
   '-');                                --可忽略值
```

由定义可知,STD_LOGIC 数据类型是对标准的 BIT 数据类型的扩展,共有 9 种取值,这意味着,对于定义为 STD_LOGIC 数据类型的数据对象,其可能的取值已非传统的 BIT 那样只有 0 和 1 两种取值,而是如上定义的那样有 9 种取值可能。

在程序中使用此数据类型前,需加入下面的语句,若不这样,EDA 工具进行编译、综合时会报告类型错误。

```
LIBRARY IEEE;
USE IEEE.STD_LOGIC_1164.ALL;
```

标准逻辑位矢量(STD_LOGIC_VECTOR)数据类型定义如下:

```
TYPE STD_LOGIC_VECTOR IS ARRAY (NATURAL RANGE <>) OF STD_LOGIC;
```

显然,STD_LOGIC_VECTOR 是定义在 STD_LOGIC_1164 程序包中的标准一维数组,数组中的每一个因素的数据类型都是以上定义的标准逻辑位 STD_LOGIC。

2. 用户自定义数据类型

VHDL 允许用户自己定义新的数据类型和子类型,用户定义的数据类型和子类型通常在包集合中说明,以利于重复使用和多个设计共用,给电子系统设计者提供了极大的自由度。由用户定义的数据类型可以有枚举类型、整数类型、数组类型、记录类型、时间类型和实数类型等。用户定义数据类型时规范的书写格式为:

```
TYPE 数据类型名[,数据类型名] IS 数据类型定义 [OF 基本数据类型];
SUBTYPE 子类型 IS 基本数据类型 RANGE 约束范围;
```

(1) 枚举类型

枚举类型(ENUMERATED TYPE),顾名思义就是把类型中的各个元素都一一列举出来,方便、直观,提高了程序的可阅读性。枚举类型规范的书写格式为:

```
TYPE 数据类型名 IS (元素 1,元素 2,… );
```

例 4-18 就是利用枚举类型定义 STD_LOGIC 数据类型的一个实例。例 4-19 和例 4-20 是另外两个例子。

【例 4-19】 对 PCI 总线状态机变量的定义。

```
TYPE PCI_BUSstate IS (idle, busbusy, write, read, backoff);
```

【例 4-20】 对位 bit 类型的定义。

```
TYPE bit IS ('0', '1');
```

(2) 整数类型和实数类型

整数类型(INTEGER TYPES)和实数类型(REAL TYPES)在 VHDL 语言标准中已定义,而用户自己再定义是出自设计者的特殊用途。在七段数码管控制设计中,每组数码管组成一个数据序列,这组数码管表示的数据范围是整数的一个子集。设显示数码管是由 4 位组成的,则其数据类型说明应书写为:

```
TYPE digit IS INTEGER RANGE 0 TO 9999;
```

但是对每一位数码管而言,其数据类型应书写为:

```
TYPE digit IS INTEGER RANGE 0 TO 9;
```

这个数据类型用于每个数码管的控制电路设计,前面那个整数类型用于 4 位数据的控制电路设计,各自用于不同的用途。但这两个类型说明都是整数类型的子集,实数类型也因用户的不同应用场合而由用户自行定义。

由上述分析,可以总结出,整数类型和实数类型用户定义的一般格式为:

```
TYPE 数据类型名 IS 数据类型定义 约束范围;
```

(3) 数组类型

在程序设计中,将相同类型的数据集合在一起形成的一个新的数据类型——数组(ARRAY)类型。数组类型在总线定义及 ROM、RAM 等电子系统设计的建模中应用。

限定性数组定义的语句格式为:

```
TYPE 数组名 IS ARRAY(数组范围)OF 数据类型;
```

例如:

```
TYPE stb IS ARRAY (0 TO 8) OF STD_LOGIC;
```

非限定性数组定义的语句格式为:

```
TYPE 数组名 IS ARRAY(数组下标名 RANGE < >)OF 数据类型;
```

例如：

```
TYPE BIT_VECTOR IS ARRAY (natural RANGE < >)OF BIT;
VARIABLE va : BIT_VECTOR(1 TO 6);
```

(4) 记录类型

由同一类型的数据组织在一起而形成的新的数据类型叫数组，而由不同类型的数据组织在一起形成的数据类型叫记录(RECORD)。记录用于描述总线、通信协议是很方便的，记录也适用于仿真。

记录的规范书写格式为：

```
TYPE 记录类型名 IS RECORD
元素名: 元素数据类型;
元素名: 元素数据类型;
...
END RECORD[记录类型名];
```

【例 4-21】 用记录类型定义一个微处理器的命令信息表。

```
TYPE regname IS (AX, BX, CX, DX);             --regname 是枚举类型的数据类型名
TYPE operation IS RECORD                      --operation 是记录类型
    Memonic: STRING (1 TO 10);                --记录中的 Memonic 元素是字符串
    Opeode: BIT_VECTOR (3 DOWNTO 0);          --记录中的 Opeode 元素是位矢量
    Op1, Op2, res: regname;                   --记录中的 Op1、Op2、res 是枚举类型
END RECORD;
VARIABLE instr1, instr2: operation;           --定义 instr1、instr2 的数据类型是记录类型
...
instr1:=("ADD AX, BX", "0001", AX, BX, AX);  --给记录中的各个元素分别赋值
instr2:=("ADD AX, BX", "0010", OTHERS=>BX);
                                              --记录中的 Op1、Op2、res 元素均赋值 BX
VARIABLE instr3: operation;
...
instr3.Memonic:="MUL AX,BX";                  --从记录中提取元素用"记录名.元素名"的方式
instr3.Op1:=AX;
```

4.2.4 类型转换

VHDL 是一种强类型语言，对某一数据类型的变量、信号、常量、文件赋值时，如果数据类型不同，就不能进行运算和直接代入。为了实现正确的代入操作，应对要代入的数据进行类型转换，否则 EDA 工具在进行综合、仿真等过程中不能通过。数据类型的转换可以通过类型标记法和类型转换函数来实现。

1. 用类型标记法实现类型转换

类型标记就是类型的名称。类型标记法仅适用于关系密切的标量类型之间的类型转换，例 4-22 是整数和实数的类型转换程序段。该段程序被 EDA 工具编译，逻辑综合时能通过。

【例 4-22】 整数和实数类型转换的程序段。

```
...
VARIABLE i: INTEGER;
VARIABLE r: REAL;
i := integer ( r );
r := real ( i );
...
```

在程序包 NUMERIC_BIT 中，定义有符号数 SIGNED 和无符号数 UNSIGNED 与位矢量 BIT_VECTOR 的关系密切，可以用类型标记法进行转换。在程序包 NUMERIC_STD 中定义的 SIGNED 和 UNSIGNED 与 STD_LOGIC_VECTOR 相近，也可以用类型标注进行类型转换。

2. 用类型转换函数进行类型转换

VHDL 语言中，若用函数法进行数据类型转换，可由 VHDL 语言的标准程序包提供的变换函数来完成这个工作。这些程序包有 3 种，每种程序包的变换函数也不一样，现列举如下。

(1) STD_LOGIC_1164 程序包定义的转换函数

① 函数 TO_STD_LOGIC_VECTOR(A)。由位矢量 BIT_VECTOR 转换为标准逻辑矢量 STD_LOGIC_VECTOR。

② 函数 TO_BIT_VECTOR(A)。由标准逻辑矢量 STD_LOGIC_VECTOR 转换为位矢量 BIT_VECTOR。

③ 函数 TO_STD_LOGIC(A)。由 BIT 转换为 STD_LOGIC。

④ 函数 TO_BIT(A)。由标准逻辑 STD_LOGIC 转换为 BIT。

【例 4-23】 用类型转换函数进行类型转换。

```
...
SIGNAL a: BIT_VECTOR (11 DOWNTO 0);
SIGNAL b: STD_LOGIC_VECTOR (11 DOWNTO 0);
a<=X"A81";                                  --十六进制数代入信号 a
b<=TO_STD_LOGIC_VECTOR (x"AF7");
b<=TO_STD_LOGIC_VECTOR (B"1010_0000_1111");
...
```

例 4-23 中，由于 b 的数据类型为 STD_LOGIC_VECTOR，所以数据 X"AF7"、B"1000_0000_1111"在代入 b 时都要利用函数 TO_STD_LOGIC_VECTOR，使 BIT_VECTOR 转换为类型与 b 类型一致时才能输入。

(2) STD_LOGIC_ARITH 程序包定义的函数

① 函数 CONV_STD_LOGIC_VECTOR(A，位长)。由 INTEGER、SIGNED、UNSIGNED 转换成 STD_LOGIC_VECTOR。

② 函数 CONV_INTEGER(A)。由 SIGNED、UNSIGNED 转换成 INTEGER。

(3) STD_LOGIC_UNSIGNED 程序包定义的转换函数

函数：CONV_INTEGER(A)。由 STD_LOGIC_VECTOR 转换成 INTEGER。

【例 4-24】 用 STD_LOGIC_UNSIGNED 程序包定义的转换函数 CONV_INTEGER(A)实现类型转换。

```
LIBRARY IEEE;
USE IEEE.STD_LOGIC_1164.ALL;
USE IEEE.STD_LOGIC_UNSIGNED.ALL;
ENTITY counter IS
PORT data: IN STD_LOGIC_VECTOR (7 DOWNTO 0);
...
END counter;
ARCHITECTURE text OF count IS
SIGNAL in_name: INTEGER RANGE 0 TO 255;
...
BEGIN
    in_name<= conv_integer(data);
...
END text;
```

4.2.5 操作符

VHDL 的算术或逻辑运算表达式由操作数(Operands)和操作符(Operators)组成,其中操作数是各种运算的对象,而操作符则规定运算的方式。

VHDL 的操作符有 4 类,即逻辑操作符(Logical Operator)、关系操作符(Relational Operator)、算术操作符(Arithmetic Operator)和符号操作符(Sign Operator)。此外还有重载操作符(Overloading Operator)。前三类操作符是完成逻辑运算和算术运算的最基本的操作符单元,重载操作符是对基本操作符作了重新定义的函数型操作符。

VHDL 的对象有不同类型,逻辑类型的变量要用逻辑操作符,整数、实数类型的变量要用算术操作符。对于运算操作符和变量类型不匹配的情况,EDA 工具在编译、综合时不予通过。常用 VHDL 操作符的分类、功能和适用的操作数数据类型如表 4-3 所示。

表 4-3 VHDL 操作符列表

类型		操作符	功能	操作数数据类型
算术操作符	求和	+	加法	整数、实数、物理量
		−	减法	整数、实数、物理量
	并置	&	并置	一维数组
	求积	*	乘法	整数和实数(包括浮点数)
		/	除法	整数和实数(包括浮点数)
		REM	取余	整数
		MOD	求模	整数
	混合	**	指数运算	整数
		ABS	取绝对值	整数
	移位	SLL	逻辑左移	BIT 或布尔型一维数组
		SRL	逻辑右移	BIT 或布尔型一维数组
		SLA	算术左移	BIT 或布尔型一维数组
		SRA	算术右移	BIT 或布尔型一维数组
		ROL	逻辑循环左移	BIT 或布尔型一维数组
		ROR	逻辑循环右移	BIT 或布尔型一维数组

续表

类型	操作符	功能	操作数数据类型
逻辑操作符	AND	与	BIT、BOOLEAN、STD_LOGIC
	OR	或	BIT、BOOLEAN、STD_LOGIC
	NOT	非	BIT、BOOLEAN、STD_LOGIC
	NAND	与非	BIT、BOOLEAN、STD_LOGIC
	NOR	或非	BIT、BOOLEAN、STD_LOGIC
	XOR	异或	BIT、BOOLEAN、STD_LOGIC
	XNOR	同或	BIT、BOOLEAN、STD_LOGIC
关系操作符	=	等于	任何数据类型
	/=	不等于	任何数据类型
	>	大于	枚举和整数类型及对应的一维数组
	<	小于	枚举和整数类型及对应的一维数组
	>=	大于等于	枚举和整数类型及对应的一维数组
	<=	小于等于	枚举和整数类型及对应的一维数组
符号操作符	+	正	整数
	-	负	整数

1. 逻辑操作符

逻辑运算符左右两边操作数的数据类型及位宽必须相同。逻辑运算的顺序是先做括号里的运算，再做括号外的运算，而不是像C语言那样自左至右进行运算。当VHDL逻辑式中的运算符只有一种，且为OR、AND和XOR中的一种时，逻辑运算不需要加括号；否则，都需要用括号说明运算顺序。例如：

```
a<= b AND c AND d AND e;              --只有AND运算不需要加括号
a<= b OR c OR d OR e;                 --只有OR运算不需要加括号
a<= (b AND c) OR (d AND e)            --有AND、OR两种运算，要加括号
a<=(b NAND c ) NAND e                 --NAND运算要用括号说明运算顺序
a<= (b AND c) OR (NOT d AND e)        --有多种运算符号，要加括号说明运算顺序
```

2. 算术操作符

算术操作符中的并置运算符"&"用于位的连接，可以形成位矢量；或用于位矢量的连接，从而构成更大的位矢量。例如：

```
DATA_C <= D0 & D1 & D2 & D3;              --用并置符连接法构成4位位矢量
SIGNAL A: STD_LOGIC_VECTOR (0 TO 3);      --定义信号A为4位位矢量
DATA_E<=A & DATA_C;                       --DATA_E为一个8位的位矢量
```

乘、除法在使用时应特别注意电路的可综合性。

移位操作符是VHDL'93版新增的用于一维数组，且为BIT或BOOLEAN类型的运算符。执行逻辑左移SLL时，数据左移，右端空出来的位置填充"0"；执行逻辑右移SRL时，数据右移，左端空出来的位置填充"0"；逻辑循环左移ROL和逻辑循环右移ROR是自循环方式，它们移出的位将用于依次填补移空的位；SLA和SRA是算术移位操作符，

其移空位用最初的首位来填补。

移位操作符的语句格式为：

标识符 移位操作符 移位位数；

例如：

```
...
VARIABL shifta: BIT_VECTOR (3 DOWNTO 0):=('1','0','1','1');
...
shifta SLA 1;                          --('0','1','1','1')
shifta SLA 3;                          --('1','1','1','1')
shifta SLA -3;                         --等于 shifta SRA 3
```

例 4-25 利用移位操作符 SLL 和程序包 STD_LOGIC_UNSIGNED 中的数据类型转换函数 CONV_INTEGER 十分简洁地实现了 3-8 译码器的设计。

【例 4-25】 3-8 译码器的设计。

```
LIBRARY IEEE;
USE IEEE.STD_LOGIC_1164.ALL;
USE IEEE.STD_LOGIC_UNSIGNED.ALL;
ENTITY decoder3to8 IS
  PORT ( input: IN STD_LOGIC_VECTOR (2 DOWNTO 0);
         output: OUT BIT_VECTOR(7 DOWNTO 0));
END decoder3to8;
ARCHITECTURE behave OF decoder3to8 IS
BEGIN
  output <= "00000001" SLL CONV_INTEGER ( input ) ;
END behave ;
```

3. 关系操作符

关系运算符的作用是将两个操作数进行数值比较或关系排序判断，并将结果以 BOOLEAN 类型的数据(即 TRUE 或 FALSE)表示出来。使用关系运算符对两个对象进行比较时，数据类型一定要相同，但是位长不一定相同。在位长不同的情况下，多数的编译器在编译时会自动在位数少的数据左边增补 0，从而使两数位长相同，保证得到正确的比较结果。“<= ”符号有两种含义：代入符号和小于等于符号，要根据上下文判断。

【例 4-26】 关系运算符的应用举例。

```
SIGNAL a STD_LOGIC_VECTOR (3 DOWNTO 0);
SIGNAL b STD_LOGIC_VECTOR (3 DOWNTO 0);
a<="1010";                             --将 10 代入 a,代入赋值符
b<="0111";                             --将 7 代入 b,代入赋值符
IF (a>b) THEN                          --关系比较符
  c<= "0000";                          --代入赋值符
ELSE
  c<= "1111";                          --代入赋值符
END IF;
...
```

4. 符号操作符

符号操作符"＋"、"－"的操作数只有一个，操作数的数据类型是整数。操作符"＋"对操作数不作任何改变，操作符"－"作用于操作数后的返回值是对原操作数取负，在实际使用中，取负操作数需加括号，如：

```
z := x * (-y);
```

5. 操作符的运算优先级

各种运算操作符的优先级如表 4-4 所示。

表 4-4　运算符的优先级

运　算　符	优先级
NOT、ABS、**	最高
*、/、MOD、REM	↑
＋(正)、－(负)	
＋(加)、－(减)、&	
SLL、SRL、SLA、SRA、ROL、ROR	
=、/=、>、<、>=、<=	
AND、OR、NAND、NOR、XOR、XNOR	最低

在 VHDL 程序设计中，逻辑运算、关系运算、算术运算 、并置运算优先级是各不相同的，各种运算的操作不可能放在一个程序语句中，所以把各种运算符排成一个统一的优先顺序表意义不明显。其次，VHDL 语言的结构化描述，在综合过程中，程序是并行的，没有先后顺序之分，写在不同程序行的硬件描述程序同时并行工作。VHDL 语言的程序设计者千万不要认为程序是逐行执行、运算是有先后顺序的，这不利于 VHDL 程序的设计。运算符的优先顺序仅在同一行情况下有效，不同行的程序是同时的。

值得一提的是，用 VHDL 语言写的电子系统仿真程序是按顺序执行的。

区分了程序的顺序性和并行性之后，再理解运算操作符的优先顺序性，会发现它的操作符优先级定义的范围比较窄。

4.3　小结

VHDL 语言十分类似于计算机高级语言，但又不同于一般的计算机高级语言。它具有很多硬件特征，是专门用于描述电子电路硬件结构和行为功能的。VHDL 语言非常适合于高层次的行为级和 RTL 级描述。

VHDL 程序由实体(ENTITY)、结构体(ARCHITECTURE)、库(LIBRARY)、程序包(PACKAGE)和配置(CONFIGURATION)5 个部分组成。实体、结构体和库共同构成可综合 VHDL 程序的基本组成部分；程序包和配置则可根据需要选用。

VHDL 的语言要素是编程语句的基本元素，主要包含 VHDL 的文字规则、数据对象、数据类型、各类操作数和运算操作符。掌握好语言要素的正确使用是学好 VHDL 语言的基础。

4.4 思考题

4-1 VHDL 中主要有哪几种数据对象？说明它们的功能特点和使用方法。

4-2 VHDL 的程序结构由几部分组成？各部分的功能是什么？

4-3 简述实体(ENTITY)描述与原理图的关系，结构体描述与原理图的关系。

4-4 说明端口模式 BUFFER 与 INOUT 有何异同点。

4-5 试说明数据对象中信号与变量的异同处，常量与类属参量的异同处。

4-6 写出 8 位锁存器(可以是 74LS373)的实体，输入为 D、CLOCK 和 OE，输出为 Q。

4-7 画出与下例实体描述对应的原理图符号。

(1)

```
ENTITY BUF3S IS                                 --三态缓冲器
  PORT(Input: IN STD_LOGIC;                     --输入端
      Enable: IN STD_LOGIC;                     --使能端
      Output: OUT STD_LOGIC);                   --输出端
END BUF3S;
```

(2)

```
ENTITY MUX2x1 IS                                --2 选 1 多路选择器
  PORT(In0,                                     --数据输入 0
        In1,                                    --数据输入 1
        Sel: IN STD_LOGIC;                      --选择信号输入
    Output: OUT STD_LOGIC);                     --输出
END MUX2x1;
```

4-8 试根据图 4-9 所示的原理图，给出对应的 VHDL 程序的结构体描述(内部信号名由读者自己定义)。

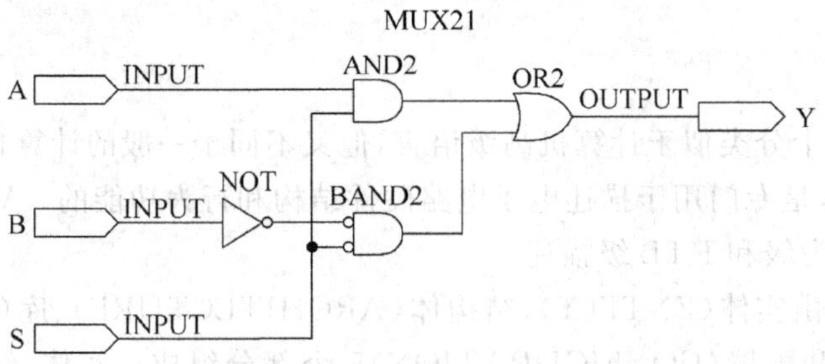

图 4-9 习题 4-8 的原理图

4-9 根据如下的VHDL描述画出相应的原理图。

```
ENTITY DLATCH IS
  PORT (D, CP: IN STD_LOGIC;
        Q, QN: BUFFER STD_LOGIC);
END DLATCH;
ARCHITECTURE one OF DLATCH IS
  SINGAL N1, N2: STD_LOGIC;
BEGIN
  N1<=(NOT D) NAND CP;
  N2<=D NAND CP;
  Q <=QN NAND N1;
  QN<=Q NAND N2;
END one;
```

4-10 下面是一个简单的VHDL描述,请画出其实体(ENTITY)对应的原理图符号,并画出与结构体相应的电路原理图。

```
ENTITY SN74LS20 IS
  PORT (I1A, I1B, I1C, I1D: IN STD_LOGIC;
        I2A, I2B, I2C, I2D: IN STD_LOGIC;
                        O1: OUT STD_LOGIC;
                        O2: OUT STD_LOGIC;
END SN74LS20;
ARCHITECTURE struc OF SN74LS20 IS
BEGIN
  O1<=NOT (I1A AND I1B AND I1C AND I1D);
  O2<=NOT (I2A AND I2B AND I2C AND I2D);
END struc;
```

4-11 判断下列VHDL的文字或标识符是否合法,如果有误则指出原因。

(1) 16#0FA #	(2) 10#12F#
(3) 8#789#	(4) 8#356#
(5) 2#0101010#	(6) 74HC245
(7) \74HC574\	(8) CLR/RESET
(9) \IN 4/SCLK\	(10) D100%

4-12 简述VHDL语言操作符的优先级。

Task 5

任务5

学习掌握 VHDL 语句

VHDL 程序是由一系列 VHDL 语句组成的，而 VHDL 语句又包括顺序语句和并行语句。只有掌握这些语句的特点和使用方法，才能正确高效地利用 VHDL 进行电子系统功能的描述，这也是 EDA 技术的重要内容，应重点掌握。

5.1 VHDL 顺序语句

VHDL 的基本描述语句包括一系列并行语句（Concurrent Statements）和顺序语句（Sequential Statements）。有的语句（如赋值语句、过程调用语句、断言语句等）既可作为并行语句，又可作为顺序语句，这由所在的语句块决定。对于顺序语句，程序执行时按照语句的书写顺序执行，前面语句的执行结果可能直接影响后面语句的执行。并行语句作为一个整体运行，程序执行时只执行被激活的语句，而不是所有语句；对所有被激活语句的执行也不受语句书写顺序的影响，这就使 VHDL 可以模拟实际硬件电路工作时的并行性。从分工上说，顺序语句主要用于实现模块的算法或行为，顺序语句不能直接构成结构体，必须通过进程、过程调用等间接实现结构体。并行语句则主要用于表示算法模块间的连接关系，可以直接构成结构体。

顺序语句是构成进程（Process）、过程（Procedure）和函数（Function）的基础。也就是说，进程、过程和函数是由顺序语句组成的，顺序语句只能出现在进程、过程和函数中。VHDL 的顺序语句主要有用于流程控制的 IF 语句、CASE 语句、LOOP 语句、NEXT 语句、EXIT 语句和等待语句（WAIT）、返回语句（RETURN）、空操作语句（NULL）、赋值语句和过程调用语句等。赋值语句包括变量赋值和信号赋值两种语句，它们的语句格式在前面讲述变量和信号时已经作了介绍，在此不再赘述。过程调用语句具有双重性，放在后面介绍。

流程控制语句通过条件控制开关决定是否执行一条或几条语句，或重复执行一条或几条语句，或跳过一条或几条语句。流程控制语句有 IF 语句、CASE 语句、LOOP 语句、NEXT 语句和 EXIT 语句共 5 种。

5.1.1 IF 语句

IF 语句是一种条件语句，它根据语句中所设置的一种或多种条件，有选择地执行指定的顺序语句。IF 语句的语句结构有以下 3 种：

```
IF 条件句 THEN                        --第一种 IF 语句,用于门闩控制
   顺序语句;
END IF;
IF 条件句 THEN                        --第二种 IF 语句,用于二选一控制
   顺序语句;
ELSE
  顺序语句;
END IF;
IF 条件句 THEN                        --第三种 IF 语句,用于多选择控制
  顺序语句;
ELSIF 条件句 THEN
  顺序语句;
    ...
ELSE
  顺序语句;
END IF;
```

IF 语句中至少应有一个条件句，条件句必须由 BOOLEAN 表达式构成。IF 语句根据条件句产生的判断结果 TRUE 或 FALSE，有条件地选择执行其后的顺序语句。第一种条件语句的执行情况是，当执行到此语句时，首先检测关键词 IF 后的条件表达式的布尔值是否为真(TRUE)，如果条件为真，那么(THEN)将顺序执行条件句中列出的各条语句，直到"END IF"，完成全部 IF 语句的执行。如果条件检测为假(FALSE)，则跳过顺序语句，直接结束 IF 语句的执行。这是一种最简化的 IF 语句表达形式，例 5-1 是它的应用举例。

【例 5-1】 最简单的 IF 语句。

```
k1: IF (a>b) THEN
  output <= '1';
END IF k1;
```

其中 k1 是条件句标号，可有可无。若条件句(a>b)的检测结果为 TRUE，则向信号 output 赋值 1，否则此信号维持原值。

第二种 IF 语句与第一种不同的是，当所测条件为 FALSE 时，并不直接结束条件句的执行，而是转向 ELSE 以下的另一段顺序语句继续执行。第二种 IF 语句具有条件分支的功能，通过测定所设条件的真伪以决定执行哪一组顺序语句，在执行完其中一组语句后，再结束 IF 语句。例 5-2 利用第二种 IF 语句完成了一个具有 2 输入与门功能的函数定义。

【例 5-2】 用于二选一控制的第二种 IF 语句。

```
FUNCTION and_func (x, y: IN BIT) RETURN BIT IS
BEGIN
  IF x = '1' AND y='1' THEN RETURN '1';
  ELSE RETURN '0' ;
  END IF;
```

```
END and_func;
```

IF 语句中的条件结果必须是 BOOLEAN 类型值，注意例 5-3 中对端口数据类型的定义。

【例 5-3】

```
LIBRARY IEEE;
USE IEEE.STD_LOGIC_1164.ALL;
ENTITY control_stmts IS
  PORT (a, b, c: IN BOOLEAN;
              output: OUT BOOLEAN);
END control_stmts;
ARCHITECTURE example OF control_stmts IS
BEGIN
   PROCESS (a, b, c)
     VARIABLE n: BOOLEAN;
   BEGIN
     IF a THEN n:=b;
     ELSE
       n:=c;
     END IF;
       output<=n;
   END PROCESS;
END example;
```

例 5-3 对应的硬件电路如图 5-1 所示。

第三种 IF 语句通过关键词 ELSIF 设定多个判定条件，从而使顺序语句的执行分支可以超过两个。使用第三种 IF 语句时需注意，任一分支顺序语句的执行条件都是以上各分支所确定条件的相与(即相关条件同时成立)。

图 5-2 是由两个 2 选 1 多路选择器构成的逻辑电路，例 5-4 是该电路的 VHDL 描述，p1 和 p2 分别是两个多路选择器的通道选择控制信号，当 p1、p2 为高电平时接通下端的通道。

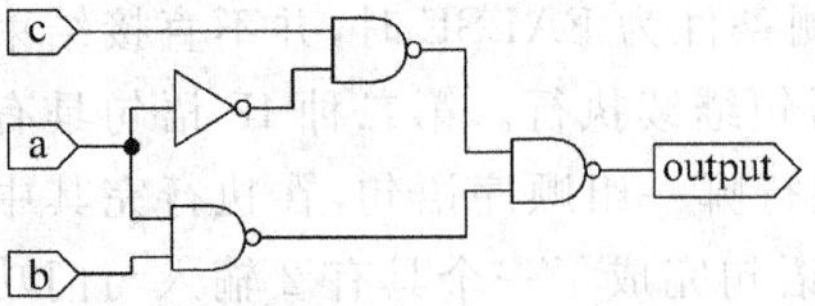

图 5-1 例 5-3 的硬件实现电路

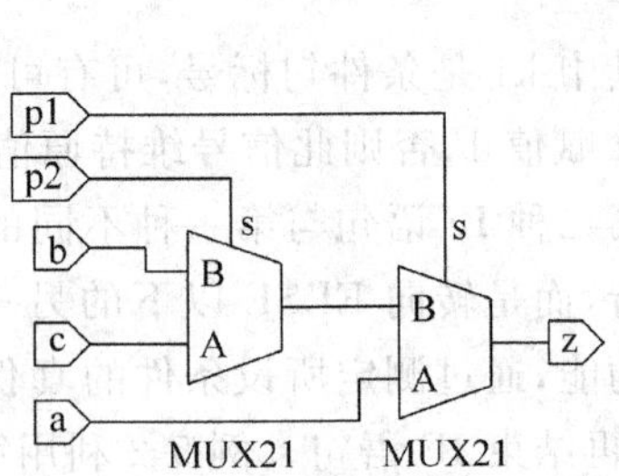

图 5-2 双 2 选 1 多路选择器电路

【例 5-4】

```
...
SIGNAL a, b, c, p1, p2, z: BIT;
PROCESS (a, b, c, p1, p2)
BEGIN
```

```
    IF (p1='1') THEN
      z<=a;                        --满足此语句的执行条件是(p1='1')
    ELSIF (p2='0') THEN
      z<=b;                        --满足此语句的执行条件是(p1='0')AND(p2='0')
    ELSE
      z<=c;                        --满足此语句的执行条件是(p1='0')AND(p2='1')
    END IF;
  END PROCESS;
```

从例 5-4 可以看出，第三种 IF 语句，即 IF-THEN-ELSIF 语句中顺序语句的执行条件具有向上相与的功能，有的逻辑设计恰好需要这种功能。例 5-5 正是利用了这一功能，以十分简洁的描述完成了一个 8-3 线优先编码器的设计，表 5-1 是此编码器的真值表。

表 5-1　8-3 线优先编码器真值表

输　　入								输　　出		
input7	input6	input5	input4	input3	input2	input1	input0	output2	output1	output0
0	x	x	x	x	x	x	x	0	0	0
1	0	x	x	x	x	x	x	0	0	1
1	1	0	x	x	x	x	x	0	1	0
1	1	1	0	x	x	x	x	0	1	1
1	1	1	1	0	x	x	x	1	0	0
1	1	1	1	1	0	x	x	1	0	1
1	1	1	1	1	1	0	x	1	1	0
1	1	1	1	1	1	1	0	1	1	1

注：表中的“x”为任意，类似 VHDL 中的“—”值。

【例 5-5】

```
LIBRARY IEEE;
USE IEEE.STD_LOGIC_1164.ALL;
ENTITY coder IS
  PORT (input: IN STD_LOGIC_VECTOR (7 DOWNTO 0);
        output: OUT STD_LOGIC_VECTOR (2 DOWNTO 0));
END coder;
ARCHITECTURE behav OF coder IS
BEGIN
  PROCESS (input)
  BEGIN
    IF (input(7)='0') THEN
      output<="000";          --(input (7)= '0')
    ELSIF (input(6)='0') THEN
      output<="001";          --(input(7)= '1')AND(input(6)= '0')
    ELSIF (input(5)='0') THEN
      output<="010";          --(input(7)= '1')AND(input(6)= '1')AND(input(5)= '0')
    ELSIF (input(4)='0') THEN
       output <="011";
    ELSIF (input(3)='0') THEN
       output<="100";
```

```
    ELSIF (input(2)='0') THEN
        output<="101";
    ELSIF (input(1)='0') THEN
        output<="110";
    ELSE
        output<="111";
    END IF;
  END PROCESS;
END behav;
```

显然,例5-5的最后一个赋值语句 output<="111"的执行条件是:(input(7)='1') AND (input(6)='1') AND (input(5)='1') AND (input(4)='1') AND (input(3)='1') AND (input(2)= '1') AND (input(1)= '1') AND (input(0)= '0')。这正好与表5-1最后一行吻合。

5.1.2 CASE 语句

CASE 语句以一个多值表达式为条件式,根据条件式的不同取值选择多项顺序语句中的一项执行,实现多路分支,故适用于两路或多路分支判断结构。CASE 语句的结构如下:

```
[标号:] CASE 多值表达式 IS
        WHEN 选择值 => 顺序语句;
        WHEN 选择值 => 顺序语句;
        ...
        END CASE[标号];
```

当执行到 CASE 语句时,首先计算表达式的值,然后根据条件句中与之相同的选择值,执行对应的顺序语句,最后结束 CASE 语句。表达式可以是一个整数类型或枚举类型的值,也可以是由这些数据类型的值构成的数组(请注意,条件句中的"=>"不是操作符,它只相当于"THEN"的作用)。

选择值可以有4种不同的表达方式。

(1) 单个普通数值,如4。

(2) 数值选择范围,如(2 TO 4),表示取值为2、3或4。

(3) 并列数值,如3|5,表示取值为3或者5。

(4) 混合方式,以上3种方式的混合。

使用 CASE 语句需注意以下几点。

(1) 条件句中的选择值必须在表达式的取值范围内。

(2) 除非所有条件句中的选择值能完整覆盖 CASE 语句中表达式的取值,否则最末一个条件句中的选择必须用"OTHERS"表示,它代表已给的所有条件句中未能列出的其他可能的取值。关键词 OTHERS 只能出现一次,且只能作为最后一种条件取值。使用 OTHERS 的目的是为了使条件句中的所有选择值能涵盖表达式的所有取值,以免综合器插入不必要的锁存器。这一点对于定义为 STD_LOGIC 和 STD_LOGIC_VECTOR 数据类型的值尤为重要，因为这些数据对象的取值除了 1 和 0 以外，还可能有其他的取值，如高阻态 Z、不定态 X 等。

(3) CASE 语句中每一个条件句的选择值只能出现一次，不能有相同选择值的条件语句出现。

(4) CASE 语句执行中必须选中，且只能选中所列条件语句中的一个。这表明 CASE 语句中至少要包含一个条件语句。

例 5-6 是一个用 CASE 语句描述的 4 选 1 多路选择器的 VHDL 程序。

【例 5-6】

```
LIBRARY IEEE;
USE IEEE.STD_LOGIC_1164.ALL;
ENTITY mux41 IS
  PORT (s1, s2: IN STD_LOGIC;
        a, b, c, d: IN STD_LOGIC;
                z: OUT STD_LOGIC);
END ENTITY mux41;
ARCHITECTURE activ OF mux41 IS
   SIGNAL s: STD_LOGIC_VECTOR (1 DOWNTO 0);
BEGIN
   s<=s1&s2;
   PROCESS (s1 ,s2 ,a ,b ,c ,d)
   BEGIN
     CASE s IS
     WHEN "00" => z<=a;
     WHEN "01" =>z<=b;
     WHEN "10" =>z<=c;
     WHEN "11" =>z<=d;
     WHEN OTHERS =>z<= 'x';
     END CASE;
   END PROCESS;
END activ;
```

注意：例 5-6 中的第 5 个条件句是必需的，因为对于定义为 STD_LOGIC_VECTOR 数据类型的 s，在 VHDL 综合过程中，它可能的选择值除了 00、01、10 和 11 外，还可以有其他定义于 STD_LOGIC 的选择值。此例的逻辑图如图 5-3 所示。

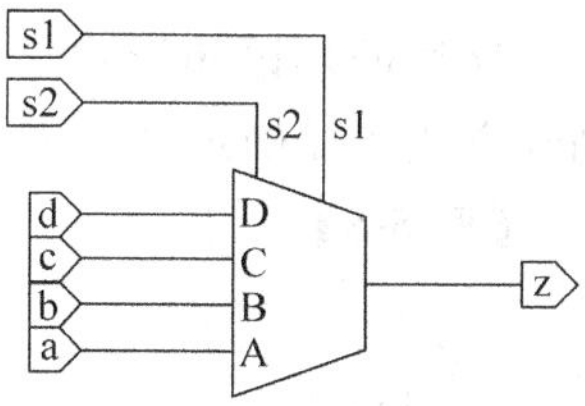

图 5-3　4 选 1 多路选择器

例 5-7 给出了在 CASE 语句使用过程中容易发生的几种错误。

【例 5-7】

```
SIGNAL value: INTEGER RANGE 0 TO 15;
SIGNAL out1: STD_LOGIC;
  ...
  CASE value IS
  END CASE;                    --缺少以 WHEN 引导的条件句
```

```
...
CASE value IS
  WHEN 0=>out1<='1';
  WHEN 1=>out1<='0';
END CASE;                    --未包括 2~15 的值
...
CASE value IS
  WHEN 0 TO 10 =>out1<='1';
  WHEN 5 TO15 =>out1<='0';
END CASE;                    --选择值中 5~10 的值有重叠
```

与 IF 语句相比,CASE 语句的可读性较好,它把条件中所有可能出现的情况全部列出来了,可执行条件一目了然,而且 CASE 语句的执行过程不像 IF 语句那样有一个逐项条件顺序比较的过程。CASE 语句中条件句的次序是不重要的,它的执行过程更接近于并行方式。一般情况下,对相同的逻辑功能综合后,用 CASE 语句描述的电路比用 IF 语句描述的电路耗用更多的硬件资源。不但如此,对于某些逻辑功能,用 CASE 语句将无法描述,只能用 IF 语句来描述,因为 IF-THEN-ELSIF 语句具有条件相与的功能和自动将逻辑值"-"包括进去的功能(逻辑值"-"有利于逻辑的化简),而 CASE 语句只有条件相"或"的功能。

5.1.3 LOOP 语句

LOOP 语句就是循环语句,它可以使所包含的一组顺序语句被循环执行,其执行次数可由设定的循环参数决定。LOOP 语句的表达方式有 3 种。

1. 单个 LOOP 语句

单个 LOOP 语句的语法格式如下:

```
[LOOP 标号:] LOOP
             顺序语句;
             END LOOP [LOOP 标号];
```

这种循环语句形式最简单,往往需要引入其他的控制语句(如 EXIT 语句)后,它的循环方式才能确定,"LOOP 标号"可任选。例 5-8 是其用法举例。

【例 5-8】

```
  ...
L2: LOOP
      a:=a+1;
  EXIT L2 WHEN a>10;         --当 a 大于 10 时跳出循环
  END LOOP L2;
  ...
```

此程序的循环方式由 EXIT 语句确定,当 a>10 时结束循环,执行 a:=a+1。

2. FOR_LOOP 语句

FOR_LOOP 语句的语法格式如下:

```
[LOOP 标号:] FOR 循环变量 IN 循环次数范围 LOOP
              顺序语句;
            END LOOP[LOOP 标号];
```

FOR 后的循环变量是一个临时变量，属于 LOOP 语句的局部变量，不必事先定义。这个变量只能作为赋值源，不能被赋值，它由 LOOP 语句自动定义。使用时应当注意，在 LOOP 语句范围内不要再使用其他与此循环变量同名的标识符。

循环次数范围规定了 LOOP 语句中的顺序语句被执行的次数。循环变量从循环次数范围的初值开始，每执行完一次顺序语句后递增 1，直至达到循环次数范围指定的最大值。例 5-9 是一个逻辑电路的 VHDL 程序。

【例 5-9】 8 位奇偶校验器。

```
LIBRARY IEEE;
USE IEEE.STD_LOGIC_1164.ALL;
ENTITY p_check IS
  PORT (a: IN STD_LOGIC_VECTOR (7 DOWNTO 0);
        y: OUT STD_LOGIC);
END p_check;
ARCHITECTURE opt OF p_check IS
  SIGNAL tmp: STD_LOGIC;
BEGIN
  PROCESS (a)
  BEGIN
     tmp <= '0';
    FOR n IN 0 TO 7 LOOP
      tmp<=tmp XOR a(n);
    END LOOP;
      y<=tmp;
  END PROCESS;
END opt;
```

LOOP 循环的范围最好以常数表示，否则，在 LOOP 体内的逻辑可以重复任何可能的范围，这样将导致耗费过多的硬件资源，综合器不支持没有约束条件的循环。

3. WHILE_LOOP 语句

WHILE_LOOP 语句的语法格式如下：

```
[标号:] WHILE 循环控制条件 LOOP
           顺序语句;
        END LOOP[标号];
```

与 FOR_LOOP 语句不同的是，WHILE_LOOP 语句并没有给出循环次数范围，没有自动递增循环变量的功能，只是给出了循环执行顺序语句的条件。这里的循环控制条件可以是任何布尔表达式，如 a=0 或 a>b。当条件为 TRUE 时，继续循环；为 FALSE 时，跳出循环，执行“END LOOP”后的语句。例 5-10 是此语句的应用示例。

【例 5-10】

```
Shift1: PROCESS (inputx)
```

```
  VARIABLE n: POSITIVE:=1;
BEGIN
  L1:WHILE n<=8 LOOP        --这里的"<="是小于等于的意思
     outputx (n)<=inputx (n+8);
     n:=n+1;
  END LOOP L1;
END PROCESS Shift1;
```

在 WHILE_LOOP 语句的顺序语句中增加了一条循环次数的计算语句，用于循环语句的控制。在循环执行中，当 n 的值等于 9 时将跳出循环。

以上 3 种循环语句中都可以加入 NEXT 和 EXIT 语句来控制循环的方式。

例 5-11 和例 5-12 的程序设计中，分别使用了上述两种不同的循环方式，图 5-4 是与例 5-11 和例 5-12 对应的逻辑电路，试比较这两个例子的软件描述和硬件结构。

【例 5-11】

```
ENTITY LOOP_stmt IS
  PORT ( a: IN BIT_VECTOR (0 TO 3);
      out1: OUT BIT_VECTOR (0 TO 3));
END LOOP_stmt;
ARCHITECTURE example OF LOOP_stmt IS
BEGIN
  PROCESS (a)
    VARIABLE b: BIT;
  BEGIN
    b:='1';
    FOR i IN 0 TO 3 LOOP
       b:=a(3-i)AND b;
      out1(i)<=b;
    END LOOP;
  END PROCESS;
END example;
```

【例 5-12】

```
ENTITY while_stmt IS
  PORT (a: IN BIT VECTOR(0 TO 3);
           out1: OUT BIT VECTOR(0 TO 3));
END while stmt;
ARCHITECTURE example OF while_stmt IS
BEGIN
  PROCESS (a)
    VARIABLE b: BIT;
    VARIABLE i: INTEGER;
  BEGIN
    i:=0;
    b:='1';
    WHILE i<4 LOOP
       b:=a(3-i) AND b;
       out1(i)<=b;
```

```
        i:=i+1;
      END LOOP;
    END PROCESS;
END example;
```

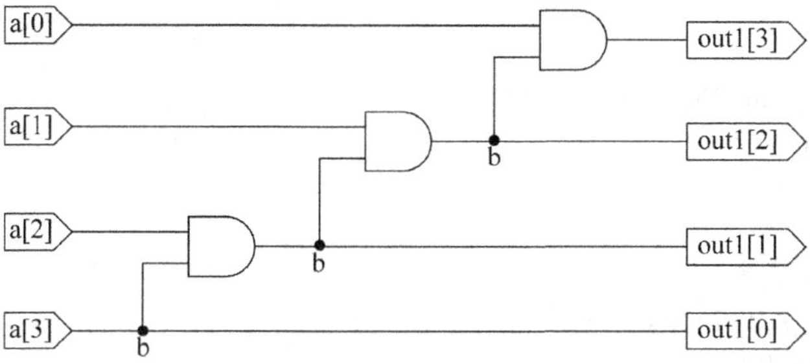

图 5-4　例 5-11 和例 5-12 对应的硬件电路

VHDL 综合器支持 WHILE 语句的条件是,LOOP 语句的结束条件值必须是在综合时就可以决定的。综合器不支持无法确定循环次数的 LOOP 语句。

5.1.4　NEXT 语句

NEXT 语句主要用于 LOOP 语句的内部循环控制,使 LOOP 语句在执行过程中进行有条件的或无条件的转向。NEXT 语句有 3 种格式:

```
NEXT;                                  --第一种
NEXT LOOP 标号;                        --第二种
NEXT [LOOP 标号] WHEN 条件表达式;      --第三种
```

对于第一种语句格式,当 LOOP 内的顺序语句执行到 NEXT 语句时,即刻无条件终止当前循环,跳回到本次循环 LOOP 语句的起始处,开始下一次循环。

第二种语句格式,在 NEXT 后面加有“LOOP 标号”,与未加“LOOP 标号”的功能基本相同,只是当有多重 LOOP 语句嵌套时,该语句可以指明跳转到某一指定标号的 LOOP 语句开始处,重新执行循环操作。

第三种语句格式中,“WHEN 条件表达式”是执行 NEXT 语句的条件,如果条件表达式的值为 TRUE,则执行 NEXT 语句,进入跳转操作,否则继续向下执行。但当只有单层 LOOP 循环语句时,关键词 NEXT 与 WHEN 之间的“LOOP 标号”可以省去。

【例 5-13】　第三种 NEXT 语句的使用实例。

```
...
L1: FOR cnt_value IN 1 TO 8 LOOP
s1: a(cnt_value):='0';
    NEXT WHEN (b=c);
s2: a(cnt_value+8):='0';
END LOOP L1;
```

例 5-13 中,当程序执行到 NEXT 语句时,如果条件判断式(b=c)的结果为 TRUE,

将执行 NEXT 语句,并返回到 L1,使 cnt_value 加 1 后执行 s1 开始的赋值语句,否则将执行 s2 开始的赋值语句。

在多重循环中,NEXT 语句后面必须加上跳转标志,如例 5-14 所示。

【例 5-14】

```
...
L_x: FOR cnt_value IN 1 TO 8 LOOP
 s1: a(cnt_value):='0';
     k:=0;
L_y: LOOP
 s2: b(k):='0';
     NEXT L_x WHEN(e>f);
 s3: b(k+8):='0';
     k:=k+1;
END LOOP L_y;
END LOOP L_x;
 ...
```

当 e>f 为 TRUE 时执行语句 NEXT L_x,转跳到 L_x,使 cnt_value 加 1,从 s1 处开始执行语句;若为 FALSE,则执行 s3 后使 k 加 1。

5.1.5 EXIT 语句

EXIT 语句与 NEXT 语句一样,也是 LOOP 语句的内部循环控制语句。但不同的是,NEXT 语句的转跳方向是 LOOP 循环语句的起始处,而 EXIT 语句的转跳方向是 LOOP 循环语句的结束处,即完全跳出指定的循环,并开始执行此循环外的语句。只要清晰地把握这一点就不会混淆这两种语句的用法。

EXIT 语句的格式也有 3 种,且与 NEXT 语句格式完全相似。

```
EXIT;                                  --第一种
EXIT LOOP 标号;                        --第三种
EXIT [LOOP 标号] WHEN 条件表达式;      --第三种
```

例 5-15 是一个两元素位矢量值比较程序。在程序中,当发现比较值 a 与 b 不同时,由 EXIT 语句跳出循环比较程序,并报告比较结果。

【例 5-15】

```
SIGNAL a, b: STD_LOGIC_VECTOR (1 DOWNTO 0);
SIGNAL a_less_then_b: BOOLEAN;
...
  a_less_then_b<=FALSE;                --设初始值
  FOR i IN 1 DOWNTO 0 LOOP
    IF (a(i)='1' AND b(i)='0') )THEN
       a_less_then_b<=FALSE;           --a>b
       EXIT;
```

```
    ELSIF(a(i)='0' AND b(i)='1') ) THEN
      a_less_then_b<=TRUE;                  --a<b
      EXIT;
    ELSE
      NULL;
    END IF;
END LOOP;                                   --当 i =1 时返回 LOOP 语句继续比较
```

NULL 为空操作语句，是为了满足 ELSE 的转换。此程序先比较 a 和 b 的高位，高位是 1 者为大，输出判断结果 TRUE 或 FALSE 后中断比较程序；当高位相等时，继续比较低位，这里假设 a 不等于 b。

5.1.6　WAIT 等待语句

WAIT 语句用来控制顺序执行的进程或过程的执行或挂起(Suspension)。在进程(包括过程)中，当执行到等待语句 WAIT 时，运行程序将被挂起，直到满足此语句设置的结束挂起条件后，将重新开始执行进程或过程中的程序。VHDL 规定，已列出敏感信号的进程中不能使用任何形式的 WAIT 语句，WAIT 语句可用于进程中的任何地方。WAIT 语句的主要格式有以下 3 种。

```
WAIT ON 信号表;                             --第一种语句格式
WAIT UNTIL 条件表达式;                      --第二种语句格式
WAIT FOR 时间表达式;                        --第三种语句格式，起始等待语句
```

第一种语句格式称为敏感信号等待语句。它使进程暂停，直到信号表中的任何一个敏感信号发生变化(如从 0～1 或从 1～0 的变化)才启动进程。例 5-16 在进程中使用了 WAIT 语句。

【例 5-16】

```
SIGNAL s1, s2: STD_LOGIC;
...
PROCESS                                     --未列出任何敏感信号
BEGIN
...
  WAIT ON s1, s2;                           --进程将在此处被挂起，直到 s1 或 s2 中任一信号
                                            --发生改变时，进程才重新开始
END PROCESS;
```

第二种语句格式称为条件等待语句。它使进程暂停，直到条件表达式中所含的信号发生改变，且改变后满足 WAIT 语句所设的条件才启动进程。如：

```
WAIT UNTIL clock= '1';                      --时钟 clock 上跳沿启动进程
```

第三种语句格式称为时间等待语句。它使进程暂停一段由时间条件表达式指定的时间后自动恢复执行。如：

```
WAIT FOR 20 ns ;                          --等待 20 ns 后启动进程
```

5.1.7 RETURN 返回语句

返回语句只能用于子程序体中，并用来结束当前子程序体的执行。它有两种语句格式：

```
RETURN;                                   --只能用于过程
RETURN 表达式;                            --只能用于函数
```

第一种语句格式只能用于过程，它只是结束过程，并不返回任何值；第二种语句格式只能用于函数，其中的表达式提供函数返回值，这是必须的。每一函数必须至少包含一个返回语句，并可以拥有多个返回语句，但是在函数调用时，只有其中一个返回语句可以将值带出。

例 5-17 是一个过程定义程序，它将完成一个 RS 触发器的功能。注意其中的时间延迟语句和 REPORT 语句是不可综合的。

【例 5-17】

```
PROCEDURE rs ( SIGNAL s, r: IN STD_LOGIC;
               SIGNAL q, nq: INOUT STD_LOGIC) IS
  BEGIN
    IF(s='1'AND r='1') THEN
      REPORT "Forbidden state:s and r are equal to'1'";
      RETURN;                             --当信号 s 和 r 同时为 1 时结束过程
    ELSE
      q<= r NOR nq AFTER 5 ns;
      nq<= s NOR q AFTER 5 ns;
    END IF;
  END PROCEDURE rs;
```

例 5-18 中定义的函数 opt 的返回值由输入量 opr 决定，当 opr 为高电平时，返回相“与”值 a AND b；当为低电平时，返回相“或”值 a OR b。

【例 5-18】

```
FUNCTION opt (a, b, opr: STD_LOGIC) RETURN STD_LOGIC IS
BEGIN
  IF (opr='1') THEN
      RETURN (a AND b);
  ELSE
      RETURN (a OR b);
  END IF;
END FUNCTION opt;
```

此函数对应的综合后的电路结构如图 5-5 所示，rtn_valu 即为函数返回值。

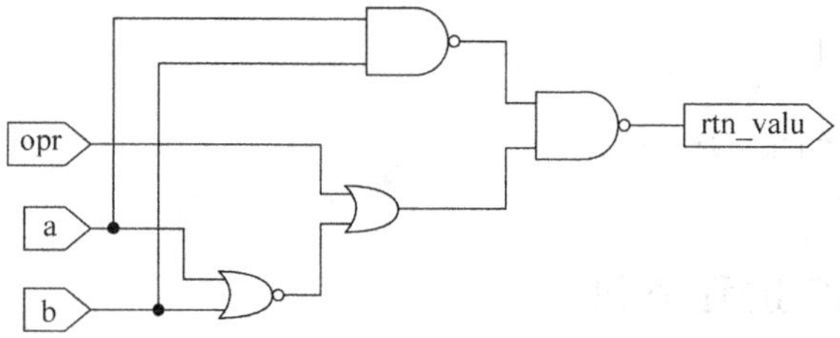

图 5-5　函数 opt 的电路结构图

5.1.8 NULL 空操作语句

空操作语句不完成任何操作,它唯一的功能就是使逻辑运行流程跨入下一步语句的执行。NULL 常用于 CASE 语句中,为满足所有可能的条件,利用 NULL 来表示其余条件下的操作行为。空操作语句的语句格式如下:

```
NULL;
```

【例 5-19】 CASE 语句中用 NULL 排除一些不用的条件。

```
CASE opcode IS
  WHEN "001"=>tmp:=rega AND regb;
  WHEN "101"=>tmp:=rega OR regb;
  WHEN "110"=>tmp:=rega XOR regb;
  WHEN OTHERS => NULL;
END CASE;
```

5.2 VHDL 并行语句

并行语句用来直接构成结构体,使结构体具有层次性,简单易读。并行语句在结构体中的执行是同步进行的,或者说是并行运行的,其执行方式与书写的顺序无关。在执行中,并行语句之间可以有信息往来,也可以互为独立、互不相关。并行语句内部的语句运行方式有并行执行方式(如块语句)和顺序执行方式(如进程语句)两种。

并行语句和顺序语句并不是相互对立的语句,它们往往相互包含,互为依存,它们是一个矛盾的统一体。严格地说,VHDL 中不存在纯粹的并行行为和顺序行为的语句。例如,相对于其他的并行语句,进程属于并行语句,而进程内部运行的都是顺序语句。

并行语句主要有进程语句、并行信号赋值语句、块语句、元件例化语句、生成语句和子程序调用语句等。并行语句在结构体中的使用格式如下:

```
ARCHITECTURE 结构体名 OF 实体名 IS
    说明语句
BEGIN
```

```
    并行语句 1;
    [并行语句 2;]
    ...
END ARCHITECTURE 结构体名;
```

5.2.1 PROCESS 进程语句

进程(PROCESS)语句是 VHDL 程序中使用最频繁和最能体现 VHDL 语言特点的一种语句,因为它提供了一种用算法(顺序语句)描述硬件行为的方法。进程语句具有并行和顺序行为的双重性。一个结构体中可以有多个并行运行的进程结构,但每一个进程的内部却是由一系列顺序语句来构成的。进程语句与结构体中的其余部分进行信息交流是靠信号完成的。

1. PROCESS 的语句格式

PROCESS 语句的表达格式如下:

```
[进程标号:] PROCESS[(敏感信号表)][IS]
   [进程说明语句]
BEGIN
   顺序语句
END PROCESS[进程标号];
```

每一个 PROCESS 语句可以赋予一个进程标号,但这个标号不是必需的。进程语句中的敏感信号表列出进程赖以启动的敏感信号(当有 WAIT 语句时例外)。进程说明语句定义该进程所需的局部数据环境,包括数据类型、常量、变量、属性、子程序等,但不能定义信号和共享变量。顺序语句可包括赋值语句、进程启动语句、子程序调用语句、顺序描述语句和进程跳出语句等,用于描述该进程的行为,行为的结果可以赋给信号,并通过信号被其他的 PROCESS 或 BLOCK 读取或赋值。PROCESS 语句必须以语句“END PROCESS[进程标号];”结尾,其中进程标号不是必需的,敏感表旁的[IS]也不是必需的。

进程中敏感信号表内任何一个信号的改变都将启动 PROCESS 进程。一旦启动,进程内的顺序语句将从上到下顺序执行一遍,由新变化的量引导进程产生变化结果输出。当进程的最后一个语句执行完成后,就返回到进程开始处,等待敏感量的新变化,引发进程的再一次执行。周而复始,循环往复,以至无穷。这就是进程的执行过程。如果进程后面没有敏感信号表,则一定要有 WAIT 语句,否则,该进程不能正常工作。

2. PROCESS 应用举例

【例 5-20】 含有进程的结构体。

```
ARCHITECURE s_mode OF stat IS
BEGIN
  p1: PROCESS                                  --未列出进程的敏感信号
  BEGIN
```

```
    WAIT ON clock;                          --等待 clock 激活进程
    IF (driver ='1') THEN
      CASE output IS
        WHEN s1=> output<=s2;
        WHEN s2=> output<=s3;
        WHEN s3=> output<=s4;
        WHEN s4=> output<=s1;
      END CASE;
    END IF;
  END PROCESS p1;
END ARCHITECURE s_mode;
```

【例 5-21】 用进程描述一个 4 位二进制加法计数器。

```
...
SIGNAL cnt4: INTEGER RANGE 0 TO 15;     --注意 cnt4 的数据类型
...
PROCESS (clk, clear, stop)              --用时钟 clk、计数清零信号 clear 和计数
                                        --使能信号 stop 作为进程的敏感信号
BEGIN
  IF clear='0' THEN
     cnt4<= 0;                          --清零信号有效时计数器清零
  ELSIF clk 'EVENT AND clk='1' THEN     --如果遇到时钟上升沿,则……
    IF stop='0' THEN                    --如果 stop 为低电平,则进行
       cnt4 <= cnt4+1;                  --加法计数,否则停止计数
    END IF;
  END IF;
END PROCESS;
```

5.2.2 并行信号赋值语句

并行信号赋值语句有 3 种形式：简单信号赋值语句、条件信号赋值语句和选择信号赋值语句。这 3 种信号赋值语句的共同点是,赋值目标都必须是信号。一个信号赋值语句相当于一条缩写的进程语句,而这条语句的所有输入(或读入)信号都被隐式地列入此缩写进程的敏感信号表中。这意味着,在每一条并行信号赋值语句中,所有的输入、读出和双向信号量都在所在结构体的严密监测中,任何信号的变化都将启动相关并行语句的赋值操作,而这种启动完全是独立于其他语句的,它们都可以直接出现在结构体中。

1. 简单信号赋值语句

并行简单信号赋值语句是 VHDL 并行语句结构的最基本的单元,它的语句格式如下：

```
赋值目标信号<=表达式;
```

赋值目标的数据对象必须是信号,它的数据类型必须与赋值符号右边表达式的数据类型一致。

例 5-22 所示结构体中的两条信号赋值语句的执行是并行发生的。

【例 5-22】

```
ARCHITECTURE cirt OF bcl IS
BEGIN
  outputl <= a AND b;
  output2 <= c + d;
END ARCHITECTURE cirt;
```

2. 条件信号赋值语句

条件信号赋值语句的格式如下：

```
赋值目标信号 <=表达式 1 WHEN 赋值条件 1 ELSE
               表达式 2 WHEN 赋值条件 2 ELSE
               ...
               表达式 n;
```

结构体中条件信号赋值语句与进程中 IF 语句的功能相同，在执行条件信号赋值语句时，每一个赋值条件是按书写的先后顺序逐项测定的，一旦发现赋值条件成立，立即将对应表达式的值赋给目标信号。从这个意义上讲，条件赋值语句与 IF 语句具有十分相似的顺序性(注意，条件赋值语句中的 ELSE 不可省略)，这意味着，条件信号赋值语句是将第一个满足的赋值条件所对应的表达式的值赋给目标信号。最后一项表达式可以不跟赋值条件，用于表示以上各条件都不满足时，则将此表达式赋给目标信号。

例 5-4 中用顺序语句描述的电路(图 5-2)，也可以用例 5-23 的条件赋值语句来描述。

【例 5-23】

```
  ...
z<=a WHEN p1='1' ELSE           --当 p1='1'时，z 获得的赋值是 a
   b WHEN p2='0' ELSE           --当 p1='0' 且 p2='0'时，z 获得的赋值是 b
   c ;                          --当 p1='0' 且 p2='1' 时，z 获得的赋值是 c
  ...
```

注意：由于条件测试的顺序性，第一子句具有最高赋值优先级，第二子句其次，第三子句最后。这就是说，如果当 p1='1'，同时 p2='0'时，z 获得的赋值是 a。

3. 选择信号赋值语句

选择信号赋值语句的语句格式如下：

```
WITH 选择表达式 SELECT
赋值目标信号<=表达式 1 WHEN 选择值 1,
表达式 2 WHEN 选择值 2,
...
表达式 n WHEN 选择值 n;
```

结构体中选择信号赋值语句的功能与进程中 CASE 语句的功能相似，但不能在进程中应用。CASE 语句的执行依赖于进程中敏感信号的改变而启动进程，并且要求 CASE 语句中各子句的条件不能有重叠，必须包容所有的条件。

选择信号语句中也有敏感量，即关键词 WITH 后的选择表达式，每当选择表达式的值发生变化时，将启动此语句对各子句的选择值进行测试对比，当发现有满足条件的子句时，就将此子句表达式中的值赋给赋值目标信号。与 CASE 语句相类似，选择赋值语句对子句条件选择值的测试具有同期性，不像以上的条件信号赋值语句那样是按照子句的书写顺序从上至下逐条测试的。因此，选择赋值语句不允许有条件重叠的现象，也不允许存在条件涵盖不全的情况。

例 5-24 是一个简化的指令译码器，如图 5-6 所示。对应于由 a、b、c 三个位构成的不同指令码，由 data1 和 data2 输入的两个值将进行不同的逻辑操作，并将结果从 dataout 输出。

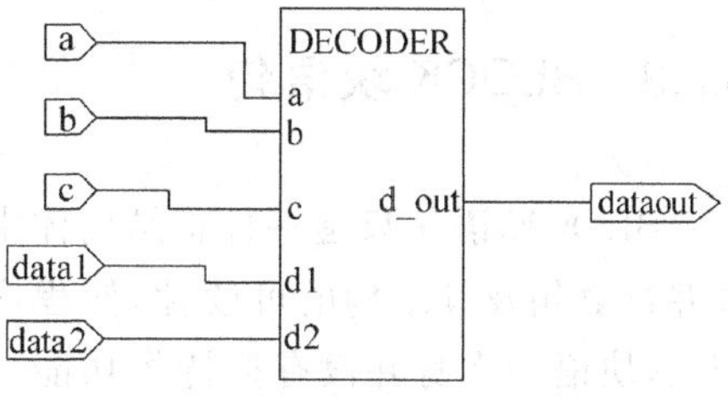

图 5-6 指令译码器 DECODER

【例 5-24】

```
LIBRARY IEEE;
USE IEEE.STD_LOGIC_1164.ALL;
USE IEEE.STD_LOGIC_UNSIGNED.ALL;
ENTITY decoder IS
  PORT (a, b, c: IN STD_LOGIC;
      data1, data2: IN STD_LOGIC;
         dataout: OUT STD_LOGIC);
END decoder;
ARCHITECTURE concunt OF decoder IS
  SIGNAL instruction: STD_LOGIC_VECTOR(2 DOWNTO 0);
BEGIN
     instruction<= c&b&a;
  WITH instruction SELECT
     dataout<= data1 AND data2 WHEN "000",
               data1 OR data2 WHEN "001",
               data1 NAND data2 WHEN "010",
               data1 NOR data2 WHEN "011",
               data1 XOR data2 WHEN "100",
               data1 XNOR data2 WHEN "101",
               'Z'              WHEN OTHERS;
END concunt;
```

注意：选择信号赋值语句的每一子句结尾是逗号，最后一句是分号；而条件赋值语句每一子句的结尾没有任何标点，只有最后一句有分号。

例 5-25 是一个列出选择条件为不同取值范围的 4 选 1 多路选择器，当不满足条件时，输出呈高阻态。

【例 5-25】

```
...
WITH selt SELECT
muxout <=a WHEN 0|1 ,              --0 或 1
         b WHEN 2 TO 5,            --2,或 3,或 4,或 5
```

```
        c WHEN 6,
        d WHEN 7,
        'Z' WHEN OTHERS;
...
```

5.2.3 BLOCK 块语句

BLOCK 语句只是一种将结构体中的并行描述语句进行组合的方法,利用它可以改善并行语句及其结构的可读性,使程序编排得更加清晰、更有层次。与其他的并行语句相比,块语句本身并没有独特的功能,它只是一种划分机制。这种划分机制允许设计者合理地将一个模块分为数个子模块,每个子模块都能对其局部信号、数据类型和常量加以描述和定义,或利用 BLOCK 的保护表达式关闭某些信号。

1. BLOCK 语句的格式

BLOCK 语句的表达格式如下:

```
块标号:BLOCK[(块保护表达式)]
    接口说明
    类属说明
BEGIN
    并行语句
END BLOCK [块标号];
```

BLOCK 语句的前面必须设置一个块标号。接口说明部分有点类似于实体的定义部分,它可包含由关键词 PORT、GENERIC、PORT MAP 和 GENERIC MAP 引导的接口说明等语句,对 BLOCK 的接口设置以及与外界信号的连接情况加以说明。

块的类属说明部分和接口说明部分的适用范围仅限于当前 BLOCK。因此,所有 BLOCK 内部的说明对于 BLOCK 的外部来说是完全不透明的,即不能适用于外部环境,但对于嵌套于内层的子块却是透明的。当子块中说明的对象与父块中说明的对象名称相同时,子块说明则忽略父块说明。块的说明部分可以定义的项目主要有:USE 语句、子程序说明、定义数据类型、定义子类型、定义常数、定义信号、元件声明等。

块中的并行语句部分可包含结构体中的任何并行语句结构。BLOCK 语句本身属于并行语句,BLOCK 语句所包含的语句也是并行语句。

2. BLOCK 的应用

BLOCK 的应用可使结构体层次鲜明,结构明确。利用 BLOCK 语句可以将结构体中的并行语句划分成多个并列方式的 BLOCK,每一个 BLOCK 都像一个独立的设计实体,具有自己的类属参数说明和界面端口,以及与外部环境的衔接描述。在较大的 VHDL 程序的编程中,适当地应用块语句对于技术交流、程序移植、排错和仿真都是十分有益的。

以下是两个使用了 BLOCK 语句的实例,例 5-26 是一个具有块嵌套方式的 BLOCK

语句结构，它在不同层次的块中定义了同名信号，显示了信号的有效范围。例5-26描述的是如图5-7所示的两个相互独立的2输入与非门。例5-27的设计包含着对全加器和全减器的描述，运用子块将全加器和全减器分块描述，使整个程序易于阅读。

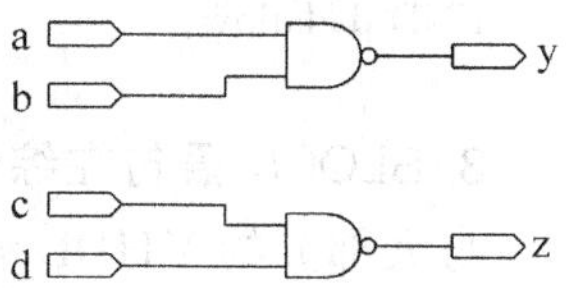

图5-7　两个相互独立的2输入与非门

【例5-26】 用BLOCK语句实现两个2输入与非门。

```
...
b1: BLOCK                                   --定义b1块
  SIGNAL s: BIT;                            --在b1块中定义信号s
BEGIN
  s<= a NAND b;                             --向b1块中的s赋值
  b2: BLOCK                                 --定义的块b2嵌套于块b1中
    SIGNAL s: BIT;                          --定义b2块中的信号s
  BEGIN
    s<=c NAND d;                            --向b2块中的s赋值
    b3: BLOCK
    BEGIN
      z<=s;                                 --此s来自块b2
    END BLOCK b3;
  END BLOCK b2;
    y <=s;                                  --此s来自块b1
END BLOCK b1;
...
```

【例5-27】

```
LIBRARY IEEE;
USE IEEE.STD_LOGIC_1164.ALL;
ENTITY addsub IS
  PORT (x: IN STD_LOGIC;
            y: IN STD_LOGIC;
           cb: IN STD_LOGIC;
       co, bo: OUT STD_LOGIC;
       sum, d: OUT STD_LOGIC);
END addsub;
ARCHITECTURE dataflow OF addsub IS
BEGIN
  Adder:BLOCK                               --全加器
  BEGIN
     sum<=x XOR y XOR cb;
     co<=(x AND y)OR(x AND cb)OR(y AND cb);
  END BLOCK adder;
  subtractor: BLOCK                         --全减器
  BEGIN
     d<=x XOR y XOR cb;
     bo<=(NOT x AND y)OR(NOT x AND cb)OR(y AND cb);
  END BLOCK subtractor;
```

```
END dadaflow;
```

3. BLOCK 语句在综合中的地位

与大部分的 VHDL 语句不同,BLOCK 语句的应用,包括其中的类属说明和端口定义,都不会影响对原结构体的逻辑功能的仿真结果,如以下的例 5-28 和例 5-29 的仿真结果是完全相同的。

【例 5-28】

```
a1: out1 <= '1' AFTER 3 ns;
  blk1: BLOCK
  BEGIN
    a2: out2<= '1' AFTER 3 ns;
    a3: out3<= '0'AFTER 2 ns;
END BLOCK blk1;
```

【例 5-29】

```
a1: out1 <= '1' AFTER 3 ns;
a2: out2 <= '1' AFTER 3 ns;
a3: out3 <= '0' AFTER 2 ns;
```

由于 VHDL 综合器不支持保护式 BLOCK 语句(GUARDED BLOCK),在此不拟讨论该语句的应用。但从综合的角度看,BLOCK 语句的存在也是毫无意义的,因为无论是否存在 BLOCK 语句结构,对于同一设计实体,综合后的逻辑功能是不会有任何变化的。在综合过程中,VHDL 综合器将略去所有的块语句。

5.2.4 元件例化语句

元件例化(COMPONENT INSTANTIATION)就是将预先设计好的设计实体定义为一个元件,然后利用特定的语句将此元件与当前的设计实体中的指定端口相连接,从而为当前设计实体引入一个新的低一级的设计层次。在这里,当前设计实体相当于一个较大的电路系统,所定义的例化元件相当于一块要插在这个电路系统板上的芯片,而当前设计实体中指定的端口则相当于这块电路板上准备接受此芯片的一个插座。元件例化提供了在 VHDL 设计中采用自上而下层次化设计的一种重要途径,也提供了重复利用设计库已有设计资源的机制。

元件例化可以是多层次的,在一个设计实体中被调用安装的元件也可以是一个较低层次的当前设计实体,这个较低层次的当前设计实体也可以调用其他的元件,以便构成更低层次的电路模块。因此,元件例化就意味着在当前结构体内定义了一个新的设计层次,这个设计层次的总称叫元件,但它可以以不同的形式出现。如上所述,这个元件可以是已设计好的一个 VHDL 设计实体,也可以是来自 FPGA 元件库中的元件,它们可能是以别的硬件描述语言如 Verilog 设计的实体,还可以是软的 IP 核,或者是 FPGA 中的嵌入式硬 IP 核。

1. 元件例化语句的构成

元件例化语句由元件声明和元件例化两部分组成，它们的语句格式分别如下：

```
                                    --元件声明部分
COMPONENT 元件名
[GENERIC(类属表);]
PORT(端口名表);
END COMPONENT [元件名];
                                    --元件例化部分
例化名: 元件名 [GENERIC MAP (类属关联表);]
PORT MAP ([端口名=>]连接端口名, …);
```

以上两部分语句在元件例化中都是必须存在的。第一部分是元件说明语句，相当于对一个现成的设计实体进行封装，使其只留出对外的接口界面。就像一块集成芯片只有几个引脚在外一样。它的类属表可列出端口的数据类型和参数，端口名表列出对外通信的各端口名。元件例化的第二部分即为元件例化语句，其中的例化名是必须存在的，它类似于标在当前系统（电路板）中的一个插座名，而元件名则是准备在此插座上插入的元件的名字。PORT MAP是端口映射的意思，其中的端口名是元件声明语句中的端口名表中列出的元件端口名字，连接端口名则是当前系统与接入元件的对应端口准备相连的通信端口名，相当于插座上各插针的引脚名。

元件例化语句中所定义的元件的端口名与当前系统的连接端口名的接口表达有两种方式。一种是名字关联方式，这时，例化元件的端口名和关联（连接）符号“＝＞”都必须存在。端口名与连接端口名是对应的，在PORT MAP语句中的位置可以任意。另一种是位置关联方式。若使用这种方式，端口名和关联连接符号都可省去，在PORT MAP子句中，只要列出当前系统中的连接端口名就可以了，但要求连接端口名的排列方式与所需例化的元件端口定义中的端口名一一对应。

2. 元件例化语句的应用

以下是元件例化语句的应用示例。例5-30中首先完成了一个2输入与非门的设计，然后利用元件例化产生了如图5-8所示的由3个相同的与非门连接而成的电路。

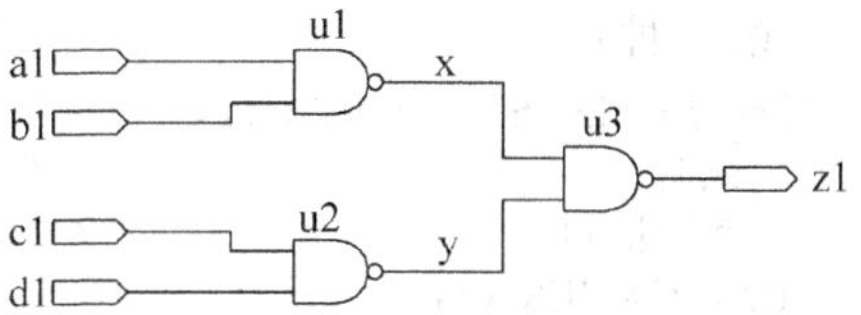

图5-8　ord41逻辑原理图

【例5-30】

```
LIBRARY IEEE;
USE IEEE.STD_LOGIC_1164.ALL;
ENTITY nd2 IS
  PORT (a, b: IN STD_LOGIC;
            c: OUT STD_LOGIC);
END nd2;
ARCHITECTURE nd2behv OF nd2 IS
BEGIN
  c<= a NAND b;
END nd2behv;
```

```
LIBRARY IEEE;
USE IEEE.STD_LOGIC_1164.ALL;
ENTITY ord41 IS
  PORT (a1, b1, c1, d1: IN STD_LOGIC;
                      z1: OUT STD_LOGIC);
END ord4;
ARCHITECTURE ord41behv OF ord41 IS
  COMPONENT nd2
    PORT (a, b: IN STD_LOGIC;
             c: OUT STD_LOGIC);
  END COMPONENT;
  SIGNAL x, y: STD_LOGIC;
BEGIN
  u1:nd2 PORT MAP(a1,b1,x);                 --位置关联方式
  u2:nd2 PORT MAP(a=>c1,c=>y,b=>d1);        --名字关联方式
  u3:nd2 PORT MAP(x,y,c=>z1);               --混合关联方式
END ARCHITECTURE ord41behv;
```

5.2.5 GENERATE 生成语句

GENERATE 语句具有复制作用,可用来描述具有多个相同结构的规则设计,以简化程序。

1. GENERATE 语句格式

生成语句的语句格式有如下两种。

第一种:

```
[标号:]FOR 循环变量 IN 取值范围 GENERATE
  说明
  并行语句
END GENERATE [标号];
```

第二种:

```
[标号:]IF 条件 GENERATE
  说明
  并行语句
END GENERATE[标号];
```

这两种语句格式都由四部分组成。

(1) 生成方式:有 FOR 语句结构或 IF 语句结构,用于规定并行语句的复制方式。

(2) 说明部分:这部分包括对元件数据类型、子程序、数据对象做一些局部说明。

(3) 并行语句:并行语句是用来复制的基本单元,主要包括元件、进程语句、块语句、并行信号赋值语句,甚至生成语句,这表示生成语句允许存在嵌套结构,因而可用于生成元件的多维阵列结构。

(4) 标号:生成语句中的标号并不是必需的,但如果在嵌套式生成语句结构中就是十分重要的。

2. GENERATE 语句应用

FOR 语句结构主要用来描述设计中的一些有规律的单元结构,其生成参数及其取值

范围的含义和运行方式与LOOP语句十分相似。生成参数(循环变量)是自动产生的,无须预定义,也不能赋值。它是一个局部变量,根据取值范围自动递增或递减。取值范围的语句格式与LOOP语句是相同的,有两种形式:

```
表达式 TO 表达式;                          --递增方式,如1 TO 5
表达式 DOWNTO 表达式;                      --递减方式,如5 DOWNTO 1
```

IF语句结构用于描述结构中的特殊情况。也就是说,FOR-GENERATE语句用于设计规则体,不规则体可用IF-GENEATE语句设计。由于生成语句是并发性的,所以IF语句结构中不能含有ELSE语句。

例5-31是利用了VHDL数组属性语句ATTRIBUTE'RANGE作为生成语句的取值范围,进行重复元件例化过程,从而产生了一组并列的电路结构,如图5-9所示。

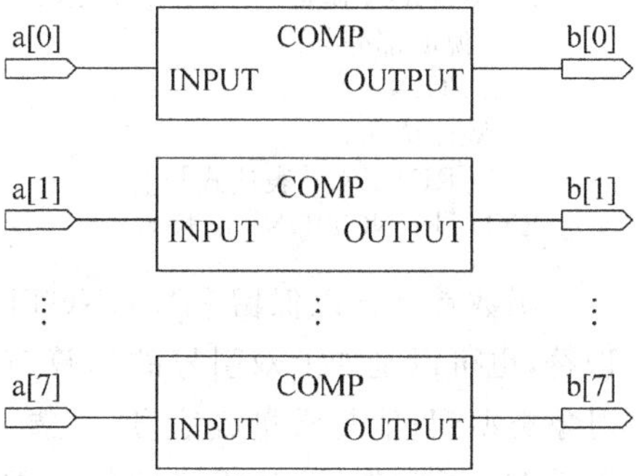

图5-9 生成语句产生的8个相同的电路模块

【例5-31】

```
...
COMPONENT comp
  PORT (input: IN STD_LOGIC;
        output: OUT STD_LOGIC);
END COMPONENT;
SIGNAL a, b: STD_LOGIC_VECTOR (0 TO 7);
...
gen: FOR i IN 0 TO 7 GENERATE
  ul: comp PORT MAP(input =>a(i), output =>b(i));
END GENERATE gen;
...
```

5.3 其他语句

5.3.1 子程序及子程序调用语句

在VHDL中,子程序(SUBPROGRAM)是指具有某一特定功能的程序模块,主程序调用它之后,能将处理结果返回给主程序。子程序能够被反复调用,有效地完成重复性的工作。与进程相似,子程序用顺序语句来定义和完成算法;不同的是,子程序不能像进程那样从本结构体的并行语句或进程语句中直接读取信号值或者向信号赋值,它只能通过子程序调用与子程序的界面端口进行通信。

VHDL中的子程序有两种类型:函数(FUNCTION)和过程(PROCEDURE)。过程与其他语言中的子程序相当,函数则与其他语言中的函数相当。

1. 函数

函数(FUNCTION)定义一般由两部分组成,即函数首和函数体。函数首在进程和结构体中不必定义,而在程序包中必须定义。函数语句的书写格式如下:

```
FUNCTION 函数名(参数表) RETURN 数据类型              --函数首

FUNCTION 函数名(参数表) RETURN 数据类型 IS          --函数体
   [说明部分]
   BEGIN
   顺序语句;
    [RETURN[表达式];]
END [FUNCTION] 函数名;
```

函数首部分以保留字"FUNCTION"开始,后面紧跟函数名,函数名可以是普通的标识符,也可以是加上双引号的运算符。然后是函数的参数表,表中要列出每一个参数的对象类型(只能是常量或信号,可选)、参数名称(必需)、端口模式 IN(函数的参数模式只能是 IN,通常省略)及所属的数据类型(必需)。最后以保留字"RETURN"返回函数的值,它后面的数据类型用来指明函数返回值的类型。

例 5-32 是 3 个不同的函数首,它们都放在某一程序包的说明部分。"SIGNAL"用来说明"in1"、"in2"是信号。

【例 5-32】

```
FUNCTION funcl (a, b, c: REAL) RETURN REAL;
FUNCTION " * " (a, b: INTEGER) RETURN INTEGER;
FUNCTION as2 (SIGNAL in1, in2: REAL) RETURN REAL;
```

函数体部分以函数首的书写格式作为开始,然后以保留字"IS"开始函数的说明部分,它主要是对函数中要用到的数据类型、常数、变量等进行局部说明。接着以"BEGIN"开始用顺序语句完成函数的具体功能。后面跟的是"RETURN"返回语句。最后以"END [FUNCTION] 函数名"结束函数定义。

例 5-33 给出的函数体是用 CASE 语句来完成算法的,它返回的值是位矢量。

【例 5-33】

```
FUNCTION trans (value: BIT_VECTOR (0 TO 3)) RETURN BIT_VECTOR IS
BEGIN
  CASE value IS
  WHEN "0000"=>RETURN "1100";
  WHEN "0101"=>RETURN "0001";
  WHEN OTHERS=>RETURN "1111";
  END CASE;
END FUNCTION trans;
```

2. 过程

在 VHDL 中,过程(PROCEDURE)语句的一般书写格式是:

```
PROCEDURE 过程名(参数表)                          --过程首
```

```
PROCEDURE 过程名(参数1;参数2;……) IS          --过程体
[定义语句];                                  --定义变量、常量、数据类型,不能定义信号
BEGIN
  顺序处理语句;
END [PROCEDURE] 过程名;
```

过程由过程首和过程体构成,其书写格式与函数十分相似,不再详述。

但需要注意的是,如果过程中的参数没有指明端口模式,则端口模式默认为 IN。如果定义了参数的端口模式为 IN,那么该参数的对象类型可以是常量或者信号;如果定义了参数的端口模式为 OUT 或 INOUT,那么该参数的对象类型可以是变量或者信号。如果过程中的参数没有指明对象类型,则当参数端口模式定义为 IN 时,参数的对象类型将默认为常量;当参数端口模式定义为 OUT 或 INOUT 时,参数的对象类型将默认为变量。

过程与函数的主要区别体现在以下几个方面。

(1) 过程可以有多个返回值,而函数只能有一个返回值。

(2) 过程通常用来定义一个算法,而函数往往用来产生一个特定的值。

(3) 过程中的参数具有3种端口模式:输入(IN)、输出(OUT)和双向(INOUT),而函数中的参数只有一种端口模式:输入(IN)。

(4) 过程中允许使用 WAIT 语句和顺序赋值语句,而函数则不能使用这两种语句。

【例 5-34】 实现标准逻辑矢量到整数转换功能的过程体。

```
PROCEDURE vector_to_integer          --过程名是 vector_to_integer
  (y: IN STD_LOGIC_VECTOR;           --过程参数 y 是常量(待转换的标准逻辑矢量)
   flag: OUT BOOLEAN;                --flag 是变量(转换标识)
     g: INOUT INTEGER) IS            --g 是变量(转换结果)
BEGIN                                --过程体开始
      g:=0;
      flag:=FALSE;
  FOR i IN y'RANGE LOOP              --y'RANGE 获得 y 的位宽范围值,i 从大到小递减
       g:=g*2;
IF (y(i)='1')THEN
   g:=g+1;
ELSIF (y(i)/='0') THEN
   flag:=TRUE;                       --当 y 含有 1、0 以外的值时,无法转换成整数,flag 设置为真
END IF;
  END LOOP;
END vector_to_integer;
```

在例 5-34 中,假设 y=1011,则第一次循环后,g=0×2+1=1;第二次循环后,g=1×2=2;第三次循环后,g=2×2+1=5;第四次循环后,g=5×2+1=11,这正是 1011 对应的整数结果。

3. 子程序的调用

子程序可以在程序包、结构体和进程中进行定义,有时也可以在实体说明中进行定义。在 VHDL 设计中,为了能够重复使用子程序(过程和函数),常常将它们组织在程序

包中,这样就可以反复调用它们。子程序首不是必须的,子程序体可以独立存在和使用。在进程或结构体中不必定义子程序首,而在程序包中必须定义子程序首。子程序在程序包中的定义规则为:过程首和函数首写在程序包首部分,过程体和函数体写在程序包体部分。

子程序调用与其他高级编程语言中的子程序调用十分类似。子程序被调用时首先要进行初始化,然后启动执行子程序。子程序返回后,输出值将会传递给调用主程序所定义的变量或信号中,子程序内部的值不能保持。

(1) 过程调用

过程作为子程序的一种形式,可以在 VHDL 的结构体或程序包的任何位置被调用。如果在进程中调用过程,则该过程语名属于进程中的一个顺序语句;如果调用语句直接出现在结构体或块语句中,则该过程语句属于其中的一个并行语句。过程调用的本质就是执行一个给定名字和参数的过程。调用过程的语句格式如下:

```
过程名[([形参名=>] 实参表达式
    {,[形参名=>] 实参表达式})];
```

其中实参表达式称为实参,它可以是一个具体的数值,也可以是一个标识符,是当前调用程序中的参数。形参名是要调用的过程的参数名。形参名与实参表达式的对应关系有位置关联法和名字关联法两种,位置关联法可以省去形参名。

一个过程的调用分为以下 3 个步骤。

① 首先将 IN 和 INOUT 模式的实参值赋给与它们对应的形参。

② 然后执行这个过程。

③ 最后将过程中 OUT 和 INOUT 模式的形参值赋还给对应的实参。

例 5-35 是一个包含过程定义和过程调用的例子。本例在进程的说明部分定义一个过程 swap,并在进程中直接调用该过程。

【例 5-35】

```
PACKAGE data_types IS                                --定义程序包
  TYPE data_element IS INTEGER RANGE 0 TO 3;        --定义数据类型
  TYPE data_array IS ARRAY (1 TO 3) OF data_element;
END data_types;
USE WORK.data_types.ALL;                    --打开以上建立在当前工作库的程序包 data_types
ENTITY sort IS
  PORT (in_array: IN data_array;
        out_array: OUT data_array);
END sort;
ARCHITECTUE exmp OF sort IS
BEGIN
  PROCESS(in_array)                                  --进程开始,设 in_array 为敏感信号
    PROCEDURE swap (data: INOUT data_array;
                    low, high: IN INTEGER) IS        --swap 的形参名为 data、low、high
      VARIABLE temp: data_element;
    BEGIN                                            --开始描述本过程的逻辑功能
      IF(data(low)>data(high))THEN                   --检测数据
        temp:=data(low);
```

```
            data(low):=data(high);
            data(high):=temp;
          END IF;
        END swap;                                   --过程 swap 定义结束
        VARIABLE my_array:data_array;               --在本进程中定义变量 my_array
      BEGIN                                         --进程开始
        my_array:=in_array;                         --将输入值读入变量
        swap(my_array, 1, 2);                       --my_array、1、2 是对应于 data、low、hith 的实参
        swap(my_array, 2, 3);                       --位置关联法调用,第 2、第 3 元素交换
        swap(my_array, 1, 2);                       --位置关联法调用,第 1、第 2 元素再次交换
        out_array<=my_array;
      END PROCESS;
    END exmple;
```

本例的功能是对数组中的 3 个元素进行比较,从而实现从小到大的排列。采用的方法是连续 3 次调用过程 swap。swap 的作用是对两个数进行比较,然后由小到大进行排列。

(2) 函数调用

通常情况下,实现各种功能的函数定义存放在程序包中,而在结构体中使用 USE 语句打开相应的程序包就可以直接调用函数,如例 5-36 和例 5-37 所示。

【例 5-36】

```
LIBRARY IEEE;
USE IEEE.STD_LOGIC_1164.ALL;
PACKAGE mypkg IS                                --程序包首
  FUNCTION sum4 (s1, s2, s4: INTEGER)           --函数首说明
           RETURN INTEGER;
END mypkg;
PACKAGE BODY mypkg IS                           --程序包体
FUNCTION sum4 (s1, s2, s4: INTEGER)
                RETURN INTEGER IS               --函数体
VARIABLE tmp: INTEGER;                          --函数的变量说明
BEGIN                                           --函数开始
  tmp:=s1+ s2+ s4;                              --定义函数功能: 实现 3 个整数相加
  RETURN tmp;
END;                                            --函数定义结束
END mypkg;                                      --程序包定义结束
```

当例 5-36 被编译过之后,就可在其他实体中直接引用程序包 mypkg 中的函数 sum4 了,不过在引用前需打开函数所在的程序包 mypkg。

例 5-37 给出了一个在结构体中调用函数 sum4 的例子。

【例 5-37】

```
LIBRARY IEEE;
USE IEEE.STD_LOGIC_1164.ALL;
USE WORK.mypkg.all;                             --打开定义函数的程序包
ENTITY examoffunc IS
  PORT (in1, in2, in4: IN INTEGER RANGE 0 TO 4;
```

```
        result: OUT INTEGER RANGE 0 TO 15);
END examoffunc;
ARCHITECTURE a OF examoffunc IS
  BEGIN
    result<=sum4(in1, in2, in4);                --调用函数 sum4,使 in1、in2、in4 相加
END a;
```

例 5-38 在结构体的说明部分定义一个完成某种算法的函数,并在进程 PROCESS 中调用此函数,这个函数没有函数首。在进程中,输入端口信号位矢量 a 被列为敏感信号,当 a 的 3 个位输入元素 a(0)、a(1)和 a(2)中的任何一位有变化时,将启动对函数 sam 的调用,并将函数的返回值赋给 m 输出。

【例 5-38】

```
ENTITY func IS
  PORT ( a : IN BIT_VECTOR(0 to 2);
         m : OUT BIT_VECTOR(0 to 2));
END ENTITY func;
ARCHITECTURE demo OF func IS
  FUNCTION sam (x, y, z: BIT) RETURN BIT IS   --在结构体说明部分定义函数功能
  BEGIN                                        --函数开始
    RETURN (x AND y) OR z;
  END FUNCTION sam;
BEGIN                                          --结构体开始
  PROCESS (a)                                  --a 变化时启动进程
  BEGIN                                        --进程开始
    m(0)<=sam(a(0),a(1),a(2));                 --在进程中调用函数 sam
    m(1)<=sam(a(2),a(0),a(1));
    m(2)<=sam(a(1),a(2),a(0));
  END PROCESS;
END ARCHITECTORE demo;
```

综上所述,过程的调用可通过其界面获得多个返回值,而函数只能返回一个值。在函数入口中,所有参数都是输入参数,而过程有输入参数、输出参数和双向参数。过程一般被看作一种语句结构,而函数通常是表达式的一部分。过程可以单独存在,其行为类似于进程,而函数通常作为语句的一部分被调用。

5.3.2 ASSERT 断言语句

断言(ASSERT)语句主要用于程序仿真、调试中的人一机对话。在仿真、调试中出现问题时,给出一个文字串作为提示信息。因此,ASSERT 语句只能在 VHDL 仿真器中使用,综合器通常忽略此语句。ASSERT 语句的书写格式如下:

```
ASSERT 条件表达式
REPORT 字符串
[SEVERITY 错误等级(SEVERITY LEVEL 类型)];
```

ASSERT 语句对指定的条件进行判断,如果为 FALSE 则报告错误信息。如果出现 SEVERITY 子句,则该子句一定要指定一个类型为 SEVERITY_LEVEL 的值。

SEVERITY_LEVEL 共有如下 4 种可能的值。

(1) NOTE：可以用在仿真时传递信息。

(2) WARNING：用在非正常的情形，此时仿真过程仍可继续，但结果可能是不可预知的。

(3) ERROR：用在仿真过程继续执行下去已经不可行的情况。

(4) FAILURE：用在发生了致命错误，仿真过程必须立即停止的情况。

【例 5-39】

```
ASSERT NOT (S='1' AND R='1')
REPORT "Both values of signals S and R are equal to'1'"
SEVERITY ERROR;
```

ASSERT 语句可以放在实体、结构体和进程中的任何一个要观察、调试的点上，可以作为顺序语句使用，也可以作为并行语句使用。

5.3.3 REPORT 报告语句

REPORT 语句不增加硬件的任何功能，仿真时可用该语句提高可读性。REPORT 语句的书写格式为：

```
[标号] REPORT 字符串[SEVERITY 错误等级];
```

【例 5-40】

```
WHILE counter<=100 LOOP
  IF counter>50 THEN
    REPORT "the counter IS over 50";
  END IF;
    ...
END LOOP;
```

在 VHDL'93 标准中，REPORT 语句相当于前面省略了 ASSERT FALSE 的 ASSERT 语句，而在 1987 标准中不能单独使用 REPORT 语句。错误等级默认为 NOTE。

5.3.4 属性语句

VHDL 中预定义了多种反映和影响硬件行为的属性(ATTRIBUTE)，主要是关于信号、类型、实体、结构体、元件等的特性。利用属性可使 VHDL 程序更加简明扼要、易于理解和掌握。VHDL 的属性在程序中处处可见，如利用属性求取一个类型的左右边界、上下边界，利用属性来检测信号的上升沿和下降沿等。引用属性的一般形式为：

```
对象 '属性
```

表 5-2 是常用的预定义属性，其中综合器支持的属性有：LEFT、RIGHT、HIGH、LOW、RANGE、REVERSE-RANGE、LENGTH、EVENT、STABLE。

表 5-2 预定义的属性函数功能表

属 性 名	功能与含义	适用范围
LEFT[(n)]	返回类型或者子类型的左边界，用于数组时，n 表示二维数组行序号	类型、子类型
RIGHT[(n)]	返回类型或者子类型的右边界，用于数组时，n 表示二维数组行序号	类型、子类型
HIGH[(n)]	返回类型或者子类型的上限值，用于数组时，n 表示二维数组行序号	类型、子类型
LOW[(n)]	返回类型或者子类型的下限值，用于数组时，n 表示二维数组行序号	类型、子类型
LENGTH[(n)]	返回数组范围的总长度(范围个数)，用于数组时，n 表示二维数组行序号	数组
STRUCTURE[(n)]	如果块或结构体只含有元件具体装配语句或被动进程，属性'STURCTURE 返回 TRUE	块、结构体
BEHAVIOR	如果由块标志指定块或者构造名指定结构体，又不含有元件具体装配语句，则'BEHAVIOR 返回 TRUE	块、结构体
POS(x)	获得 x 的位置序号	枚举类型
VAL(x)	获得 x 的值	枚举类型
SUCC(x)	获得 x 的下一个相邻位置值	枚举类型
PRED(x)	获得 x 的前一个相邻位置值	枚举类型
LEFTOF(x)	获得 x 左边的相邻值	枚举类型
RIGHTOF(x)	获得 x 右边的相邻值	枚举类型
EVENT	如果当前的 Δ 期间内发生了事件，则返回 TRUE，否则返回 FALSE	信号
ACTIVE	如果当前的 Δ 期间内信号有效，则返回 TRUE，否则返回 FALSE	信号
LAST_EVENT	从信号最近一次的发生事件至今所经历的时间	信号
LAST_VALUE	最近一次事件发生之前信号的值	信号
LAST_ACTIVE	返回自信号前面一次事件处理至今所经历的时间	信号
DELAYED[(time)]	建立和参考信号同类型的信号，该信号紧跟着参考信号之后，并有一个可选的时间表达式指定延迟时间	信号
STABLE[(time)]	每当在可选的时间表达式指定的时间内信号无事件时，该属性建立一个值为 TRUE 的布尔型信号	信号
QUIET[(time)]	每当参考信号在可选的时间内无事项处理时，该属性建立一个值为 TRUE 的布尔型信号	信号
TRANSACTION	在此信号上有事件发生，或每个事项处理中，它的值翻转时，该属性建立一个 BIT 型的信号(每次信号有效时，重复返回 0 和 1 的值)	信号
RANGE[(n)]	返回按指定排序范围，参数 n 指定二维数组的第 n 行	数组
REVERSE_RANGE[(n)]	返回按指定逆序范围，参数 n 指定二维数组的第 n 行	数组

注：

(1) 'LEFT、'RIGHT、'LENGTH 和'LOW 用来得到类型或者数组的边界。

(2) 'POS、'VAL、'SUCC、'LEFTOF 和'RIGHTOF 用来管理枚举类型。

(3) 'ACTIVE、'EVENT、'LAST_EVENT 和'LAST_'VALUE 当事件发生时用来返回有关信息。

(4) 'RANGE 和'REVERSE_RANGE 在该类型恰当的范围内用来控制语句。

(5) 'DELAYED、'STABLE、'QUIET 和'TRANSACTION 建立一个新信号，该新信号为有关的另一个信号返回信息。

对象(信号、变量和常量)的属性与对象的值完全不同,在任一给定时刻,一个对象只能具有一个值,但却可以具有多个属性。

VHDL 的属性分为信号类属性、范围类属性、数值类属性、函数类属性和类型类属性。数值类属性用于对属性目标的相关数值特性进行测试,并返回具体值,如边界、数组长度等;函数类属性是指属性以函数的形式,给出有关数据类型、数组、信号的某些信息;信号类属性用于产生一种特别信号,这种信号是以所加属性的信号为基础而形成的;利用类型类属性可以得到数据类型的一个值;范围类属性则对属性目标的取值区间进行测试,并且返回一个区间范围。

1. 信号类属性

信号类属性中,最常用的当属 EVENT。例如,语句"clock 'EVENT"就是对信号 clock 在当前一个极小的时间段内是否发生事件进行检测。所谓发生事件,就是电平发生变化。如果在此时间段内,clock 由 0 变成 1 或由 1 变成 0 都认为发生了事件,于是这句测试事件发生与否的表达式将向测试语句(如 IF 语句)返回一个布尔值 TRUE;否则返回 FALSE。

如果将以上短语"clock 'EVENT"改成"clock 'EVENT AND clock='1'",则表示对 clock 信号上升沿的测试,一旦测试到 clock 有一个上升沿时,将返回一个布尔值 TRUE。例 5-41 是此表达式的实际应用。

【例 5-41】

```
PROCESS (clock)
  IF (clock 'EVENT AND clock='1') THEN
     Q<=DATA;
  END IF;
END PROCESS;
```

同理,表达式 clock 'EVENT AND clock='0'表示对信号 clock 下降沿的测试。

属性 STABLE 的测试功能恰与 EVENT 相反,它是信号在 Δ 时间段内无事件发生,则返回 TRUE 值。以下两条语句的功能是一样的。

```
(NOT clock 'STABLE AND clock='1')
(clock 'EVENT AND clock='1')
```

请注意,语句"(NOT clock 'STABLE AND clock='1')"的表达式是不可综合的。另外还应注意,对于普通的 BIT 数据类型的 clock,它只有 1 和 0 两种取值,因而,例 5-41 的表述作为对信号上升沿到来与否的测试是正确的。但如果 clock 的数据类型已定义为 STD_LOGIC,则其可能的值有 9 种。这样一来,就不能从例 5-41 中的(clock='1')=TRUE 来推断 Δ 时刻前 clock 一定是 0。因此,对于这种数据类型的时钟信号边沿检测,可用表达式

```
RISING_EDGE (clock)
```

来完成,这条语句只能用于标准位数据类型的信号,其用法如下:

```
IF RISING_EDGE (clock) THEN
```

或

```
WAIT UNTIL RISING_EDGE (clock)
```

在实际使用中,'EVENT 比'STABLE 更常用。对于目前常用的 VHDL 综合器来说,EVENT 只能用于 IF 和 WAIT 语句。

2. 范围类属性

范围类属性有'RANGE[(n)]和'REVERSE_RANGE[(n)],这类属性函数主要是对属性项目取值区间进行测试,返回的内容不是一个具体值,而是一个区间,它们的含义如表 5-2 所示。对于同一属性项目,'RANGE 和'REVERSE_RANGE 返回的区间次序相反,前者与原项目次序相同,后者相反,如例 5-42 所示。

【例 5-42】

```
...
SIGNAL range1:IN STD_LOGIC_VECTOR (0 TO 7);
...
FOR i IN range1'RANGE LOOP
...
```

例 5-42 中的 FOR...LOOP 语句与语句“FOR i IN 0 TO 7 LOOP”的功能是一样的,这说明 rangel'RANGE 返回的区间即为位矢 range l 定义的元素范围。如果'REVERSE_RANGE,则返回的区间正好相反,是(7 DOWNTO 0)。

3. 数值类属性

在 VHDL 中的数值类属性测试函数主要有'LEFT、'RIGHT、'HIGH、'LOW,它们的功能如表 5-2 所示。这些属性函数主要用于对属性目标的一些数值特性进行测试,如例 5-43 所示。

【例 5-43】

```
...
PROCESS(clock, a, b);
  TYPE obj IS INTEGER RANGE 0 TO 15;
  SIGNAL ele1, ele2, ele3, ele4: INTEGER;
BEGIN
  ele1<=obj'RIGNT;                              --获得的数值为 15
  ele2<=obj'LEFT;                               --获得的数值为 0
  ele3<=obj'HIGH;                               --获得的数值为 15
  ele4<=obj'LOW;                                --获得的数值为 0
...
```

4. 数组长度属性'LENGTH

此属性仍属于数值类属性,只是对数组的宽度或元素的个数进行测定,如例 5-44 所示。

【例 5-44】

```
...
TYPE arry1 ARRAY (0 TO 7) OF BIT;
VARIABLE wth:INTEGER;
...
wth:=arry1'LENGTH;                              --wth 获得的数值为 8
...
```

5.4 小结

VHDL 的描述语句包括一系列顺序语句和并行语句两大基本描述语句。顺序语句只能出现在进程和子程序中，执行(指仿真执行)顺序与它们的书写顺序基本一致。流程控制语句(IF、CASE、LOOP、NEXT、EXIT)、等待语句(WAIT)、返回语句(RETURN)和空操作语句(NULL) 都是顺序语句。并行语句可以直接构成结构体，是最具有 VHDL 特色的语句，并行语句包括进程语句(PROCESS)、条件信号赋值语句(WHEN-ELSE)、选择信号赋值语句(WITH-SELECT-WHEN)、块语句(BLOCK)、元件例化语句、生成语句(GENERATE)等。

子程序是具有某一特定功能的 VHDL 程序模块，利用子程序能够有效地完成重复性的工作。子程序有两种类型：函数(FUNCTION) 和过程(PROCEDURE)，它们均能被重载。

断言语句(ASSERT)和报告语句(REPORT)用于仿真时给出一些信息。属性描述语句用于对信号或其他项目的多种属性检测或测试。

5.5 思考题

5-1　判断下面两例 VHDL 程序中是否有错误，若有错误，则指出错误原因。

程序 1

```
SIGNAL A, EN : STD_LOGIC;
PROCESS (A, EN)
  VARIABLE B: STD_LOGIC;
BEGIN
  IF EN=1 then
     B <= A;
  END IF;
END PROCESS;
```

程序 2

```
ARCHITECTURE one OF sample IS
```

```
    VARIABLE a, b, c: INTEGER;
BEGIN
    c <= a + b
END;
```

5-2 改正以上程序 1 和程序 2 中的错误,并为这两个程序配上相应的实体和结构体。

5-3 判断下面说法是否正确。

(1) 只有“信号”可以描述实际硬件电路,“变量”则只能用在算法的描述中,而不能最终生成实际的硬件电路;“信号”具有延迟、事件等特性,而变量没有。

(2) 记录类型中可以含有不同数据类型的数据对象。

(3) 任何同类型的元素都可以用数组形式存放。

(4) 子程序的调用可以作为顺序语句使用,也可以作为并行语句使用。

(5) ASSERT 和 REPORT 语句的使用不增加任何硬件功能。

(6) 实体中所定义的端口也是一种信号。

(7) 一条并行赋值语句就等效为一个进程。

(8) BLOCK 的应用,不会影响原结构体的逻辑功能和仿真结果。

(9) 只要在一个逻辑式中有两个逻辑运算符,就必须加括号。

(10) 选择值表达方式中,“2 TO 4”和“2|4”的表达意义是一样的。

5-4 根据下面的 VHDL 描述画出相应的原理图。

```
ENTITY D_latch IS
  PORT (D, CP: IN STD_LOGIC;
        Q, QN: BUFFER STD_LOGIC);
END D_latch;
ARCHITECTURE one OF D_latch IS
  SIGNAL NI, N2: STD_LOGIC;
BEGIN
  N1 <=(NOT D) NAND CP;
  N2 <= D NAND CP;
  Q <=QN NAND N1;
  QN<=Q NAND N2;
END one;
```

5-5 分别用 CASE 语句和 IF 语句设计 3-8 译码器。

5-6 若在进程中加入 WAIT 语句,应注意哪几个方面的问题?

5-7 比较 CASE 语句与 WITH_SELECT 语句,叙述它们的异同点。

5-8 将以下程序段转换为 WHEN_ELSE 语句。

```
PROCESS (a, b, c, d)
BEGIN
  IF a='0' AND b='1' THEN nextl <="1101";
  ELSIF a='0' THEN nextl <="d";
  ELSIF b='1' THEN nextl <="c";
  ELSE
```

```
    next1<="1011";
  END IF;
END PROCESS;
```

5-9　用数据流方式设计一个2位比较器,再以结构描述方式将已设计好的比较器连接起来,构成一个8位比较器。

5-10　VHDL 程序设计中,用 WITH-SELECT-WHEN 语句描述4个16位至1个16位输出的4选1多路选择器。

5-11　为什么说一条并行赋值语句可以等效为一个进程?如果是这样的话,怎样实现敏感信号的检测?

模块二

Quartus Ⅱ软件的应用

用 VHDL 完成的电路设计，必须借助于 EDA 工具进行相应的处理，才能使此项设计在 FPGA 上完成硬件实现并得到硬件测试。本模块继续深入学习 Quartus Ⅱ软件的文本输入设计方法及其他设计方法，从而引导读者更加熟练地掌握 Quartus Ⅱ软件及其应用。

Task 6

任务6

掌握 Quartus Ⅱ的多种应用

这部分用4节即4个子任务驱动。首先通过第一个子任务使读者掌握基于Quartus Ⅱ的VHDL文本输入设计流程，包括设计输入、综合、适配、仿真测试和编程下载等方法；其次通过第二个子任务用实例说明在Quartus Ⅱ中应用宏模块的原理图设计方法和自底向上的层次电路设计方法；再次通过第三个子任务对Quartus Ⅱ软件的自顶向下式层次电路设计方法进行说明；最后通过第四个子任务的几个实训项目完成相关的技能实训。

6.1 文本编辑输入法设计向导——计数器设计

本节将以一个十进制加法计数器为例，通过其设计流程，详细介绍Quartus Ⅱ的VHDL文本输入设计方法和重要功能。

【程序6-1】 十进制加法计数器的VHDL代码。

```
LIBRARY IEEE;
USE IEEE.STD_LOGIC_1164.ALL;
USE IEEE.STD_LOGIC_UNSIGNED.ALL;
ENTITY cnt10 IS
   PORT (clk, clr, en: IN STD_LOGIC;
              q: OUT STD_LOGIC_VECTOR (3 DOWNTO 0);
              co: OUT STD_LOGIC);
END cnt10;
ARCHITECTURE behav OF cnt10 IS
BEGIN
  PROCESS (clk, clr,en)
    VARIABLE qq: STD_LOGIC_VECTOR (3 DOWNTO 0);
  BEGIN
    IF clr ='1' THEN
       qq:=(OTHERS=>'0');                --计数器异步清零
    ELSIF clk 'EVENT AND clk ='1' THEN
      IF en='1' THEN                     --检测是否允许计数(同步使能)
         IF qq<9 THEN
           qq:= qq +1;                   --计数值小于9时做加1计数
            co<='0';
         ELSE
            qq:= (OTHERS=>'0');          --大于9时计数值清零
```

```
        co<='1';
      END IF;
    END IF;
  END IF;
  q<=qq;                    --将计数值向端口输出
 END PROCESS;
END behav;
```

6.1.1 编辑设计文件

实际上，除了最初的输入方法稍有不同外，主要流程与前面介绍的Quartus Ⅱ的原理图输入设计方法基本一致。建立工作库目录和文件夹的方法和注意事项可参考任务3中的内容。

在建立了文件夹后就可以将设计文件通过Quartus Ⅱ的文本编辑器编辑并存盘，步骤如下。

(1) 新建一个文件夹。首先可以利用Windows资源管理器，新建一个文件夹。这里假设文件夹取名为cnt10，路径为F:\EDA。文件夹取名时不能用中文，最好也不要用数字。

(2) 输入源程序。打开Quartus Ⅱ，选择File1 New命令，打开新建文件(New)对话框，选择Device Design Files选项卡中的VHDL File选项，如图6-1所示。然后在VHDL文本编译窗口中输入程序6-1的源代码。

(3) 文件存盘。选择File|Save As命令，找到已设立的F盘中的文件夹cnt10，存盘文件名应该与实体名一致，即cnt10.vhd。当出现如图6-2所示对话框时，若单击"是"按钮，进入创建工程流程；若单击"否"按钮，可按以下方法进入创建工程流程。这里单击"是"按钮。

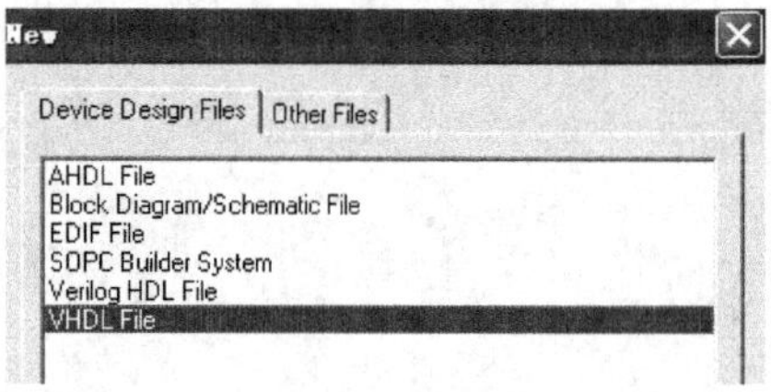

图6-1 New对话框

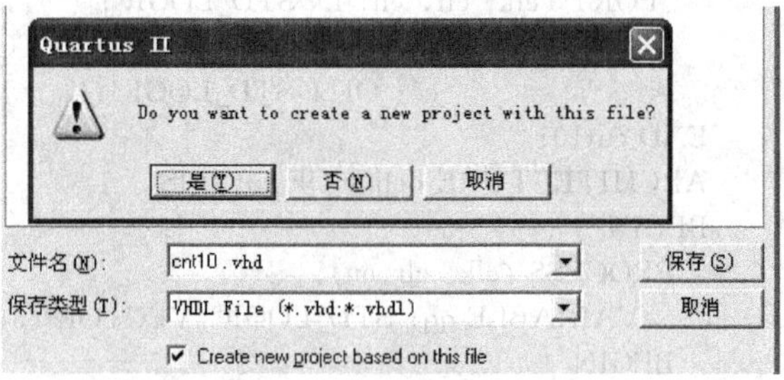

图6-2 存盘与创建工程选择

6.1.2 创建工程

使用New Project Wizard工具可以为工程指定工作目录，分配工程名称以及指定最高层设计实体的名称，还可以指定要在工程中使用的设计文件、其他源文件、用户库和

EDA 工具，以及目标器件系列和具体器件等。

在此要利用 New Project Wizard 工具选项创建设计工程，即令顶层设计 cnt10. vhd 为工程，并设定工程的一些相关信息，如工程名、目标器件、综合器、仿真器等。

(1) 打开建立新工程管理窗口。选择 File|New Project Wizard 命令，打开“工程设置”对话框，如图 6-3 所示。

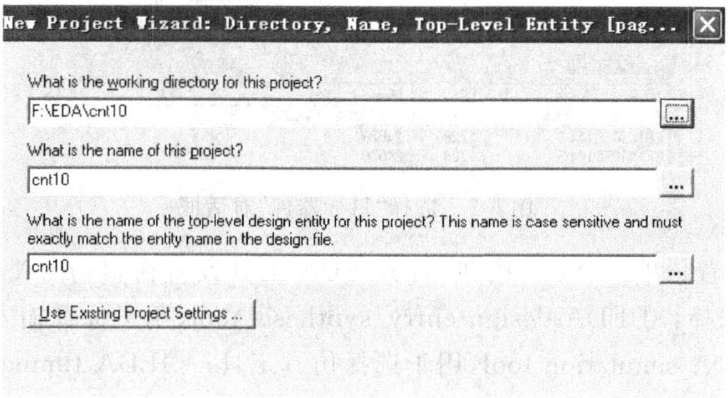

图 6-3　cnt10 的“工程设置”对话框

单击此对话框最上面一栏右侧的 ... 按钮，找到文件夹 cnt10，选中已存盘的文件 cnt10. vhd(一般应该设顶层设计文件为工程)，再单击“打开”按钮，即出现图 6-3 所示的设置对话框。其中第一行表示工程所在的工作库文件夹；第二行表示此项工程的工程名，工程名可以取任何其他名字，也可以直接用顶层文件的实体名作为工程名；第三行是当前工程顶层文件的实体名，本例为 cnt10。

(2) 将设计文件加入工程中。单击 Next 按钮，在弹出的对话框中单击 File 栏的按钮，将与工程相关的所有 VHDL 文件(如果有的话)加入到此工程，得到如图 6-4 所示的对话框。此工程文件加入的方法有两种，第一种是单击 Add All 按钮，将设定的工程目录中的所有 VHDL 文件加入到工程文件列表框中；第二种方法是单击 Add 按钮，从工程目录中选出相关的 VHDL 文件。

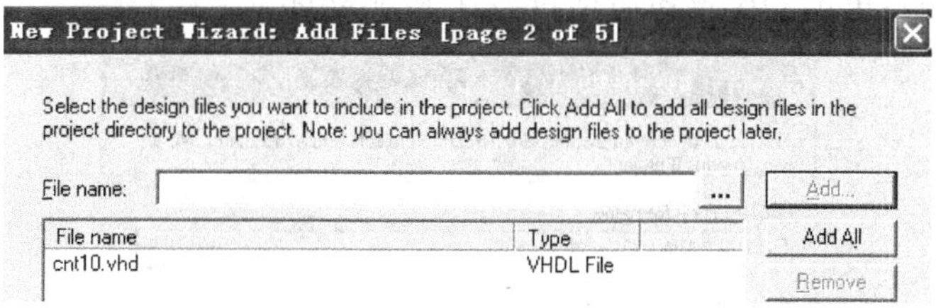

图 6-4　将所有相关的文件都加入到此工程

(3) 选择目标芯片。单击 Next 按钮，出现选择“目标器件”对话框，如图 6-5 所示。首先在左上方的 Family 下拉列表框中选择芯片系列，在此选择 ACEX1K 系列；在 Family 右侧的列表框中可以选择芯片的封装方式、引脚数目、速度等级等选项，在 Available devices 列表框中选择具体的芯片型号，这里选择 EP1K30TC144-1。

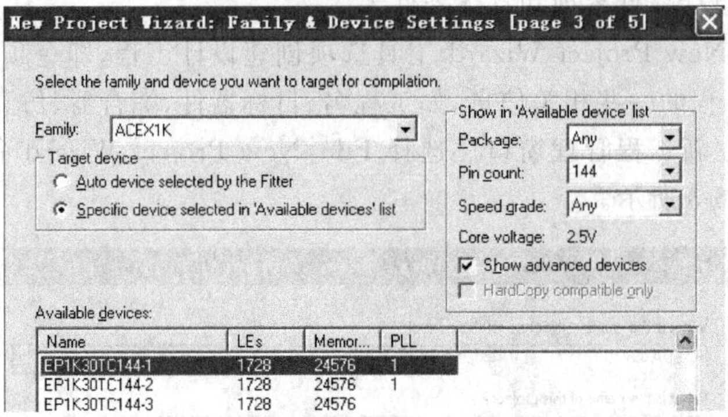

图 6-5 选择"目标器件"对话框

(4) 工具设置。单击 Next 按钮，打开 EDA 工具设置窗口(EDA Tools Settings)。此窗口有三项选择：①EDA design entry/synthesis tool，用于选择输入的 HDL 类型和综合工具；②EDA simulation tool，用于选择仿真工具；③EDA timing analysis tool，用于选择时序分析工具。这些设置均表示要选择 Quartus Ⅱ 以外的外加工具，因此，如果都不做选择，表示仅使用 Quartus Ⅱ 自带的所有设计工具。

(5) 结束设置。再单击 Next 按钮后就打开了工程设置统计窗口，上面列出了与此项工程相关的设置情况。最后单击 Finish 按钮，即已设定好此工程，并出现 cnt10 的工程管理窗口，或称 Compilation Hierarchies 窗口，主要显示本工程项目的层次结构和各层次的实体名。

Quartus Ⅱ 将工程的所有信息存储在工程配置文件(quartus)中。它包含有关 Quartus Ⅱ 工程的所有信息，包括设计文件、波形文件、SignalTap Ⅱ 文件、内存初始化文件等，以及构成工程的编译器、仿真器和软件构建设置。

(6) 工程转换。Quartus Ⅱ 可以容易地将已有的 MAX＋PLUS Ⅱ 工程转换为 Quartus Ⅱ 工程。方法是选择 File|Convert MAX＋PLUS Ⅱ Project 命令，在打开的如图 6-6 所示对话框中选择需要转换的 MAX＋PLUS Ⅱ 工程所在路径文件夹中的分配与配置文件(*. acf)，单击 OK 按钮后即可转换成为 Quartus Ⅱ 工程。

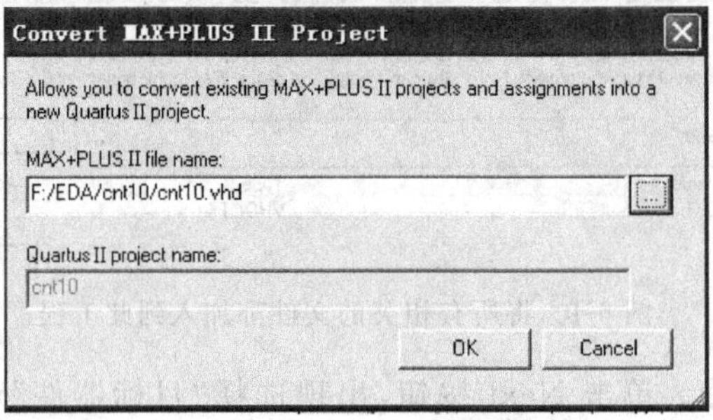

图 6-6 将 MAX＋PLUS Ⅱ 工程转换成 Quartus Ⅱ 工程

建立工程后，可以使用 Settings 对话框(Assignments 菜单)的 Add/Remove 窗口在工程中添加和删除、设计其他文件。在执行 Quartus Ⅱ 的 Analysis & Synthesis 命令期间，Quartus Ⅱ将按 Add/Remove 窗口中显示的顺序处理文件。

6.1.3　编译

1. 编译前设置

在对工程进行编译处理前，必须做好必要的设置，步骤如下。

(1) 选择 FPGA 目标芯片。目标芯片的选择可以这样来实现：选择 Assignments|Settings 命令，弹出如图 6-7 所示的对话框，选择 Category 列表框中的 Device 选项。首先选择目标芯片为 EP1K30TC144-1(此芯片在建立工程时已经选定了)。

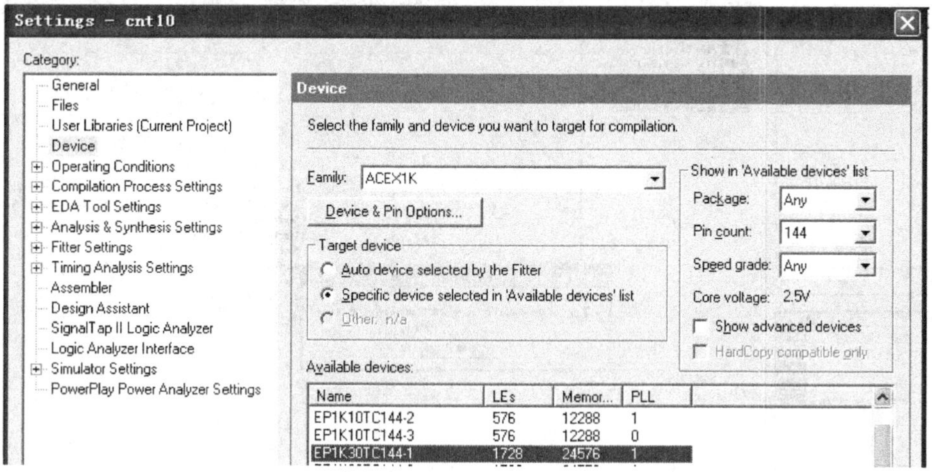

图 6-7　选择目标器件 EP1K30TC144-1

(2) 选择配置器件的工作方式。单击图 6-7 中的 Device & Pin Options 按钮，打开 Device & Pin Options 窗口，进行相关选择，例如可以选择配置器件和编程方式；选择输出设置；选择目标器件闲置引脚的状态。这里不做选择。

此外，在其他窗口也可做一些选择，各种选项的功能可参考窗口下方的说明。

2. 全程编译

Quartus Ⅱ的编译器由一系列处理模块构成，这些模块分别对设计项目进行检错、逻辑综合、结构综合、编辑配置以及时序分析等。编译过程中，编译器首先检查出工程设计文件中可能的错误信息，供设计者排除。然后产生一个结构化的以网表文件表达的电路原理图文件。编译后，可将设计项目适配到 FPGA/CPLD 目标器中，同时产生多种用途的输出文件，如功能和时序信息文件、器件编译的目标文件等。

在编译前，设计者可以通过各种不同的设置，指导编译器使用各种不同的综合和适配技术，以便提高设计项目的工作速度、优化器件的资源利用率，而且在编译过程中及编译完成后，可以从编译报告窗口中获得所有相关的详细编译结果，以利于设计者及时调整设计方案。

编译时首先选择 Processing|Start Compilation 命令，启动全程编译。这里包括对设

计输入的多项处理操作，其中包括排错、数据网表文件提取、逻辑综合、适配、装配文件(仿真文件与编程配置文件)生成，以及基于目标器件的工程时序分析等。

编译过程中要注意工程管理窗口下方的 Processing 栏中的编译信息。如果工程中的文件有错误，启动编译后在下方的 Processing 栏会显示出来，如图 6-8 所示。对于 Processing 栏显示的语句格式错误可双击该错误条文，即弹出对应的 VHDL 文件，有深色标记处即为文件中的错误，再次编译直至排除所有错误。

注意：如果发现报出多条错误，每次只要检查和纠正最上面报出的错误，因为大多数情况下，都是由于某一种错误信息导致了多条错误信息报告。

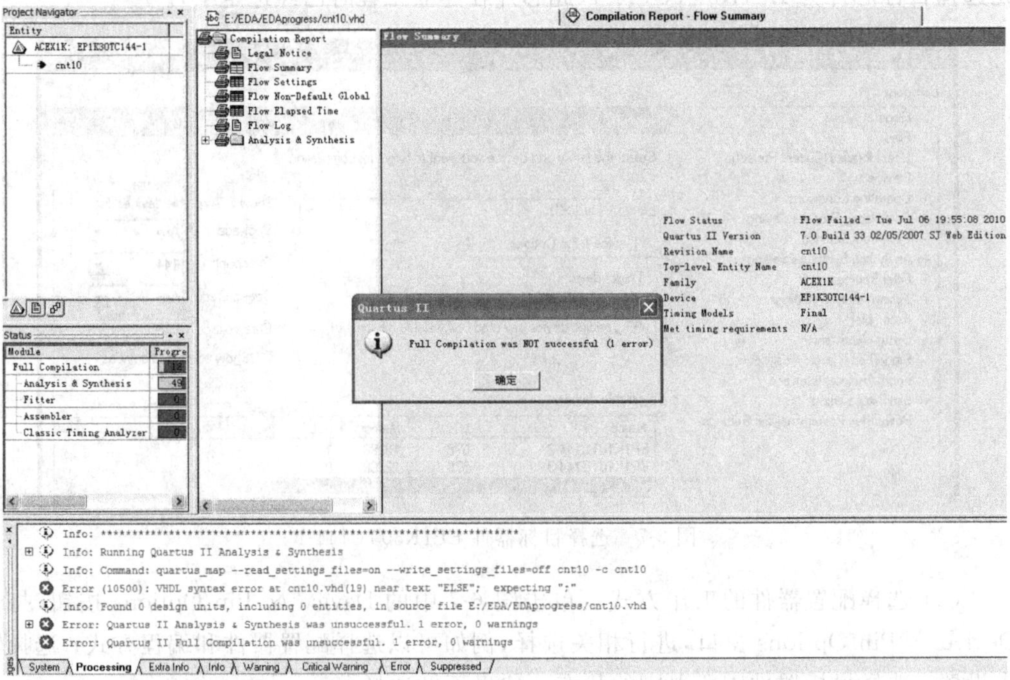

图 6-8　全程编译后出现报错信息

如果编译成功，可见到如图 6-8 所示的工程管理窗口左上角显示了工程 cnt10 的层次结构和其中结构模块耗用的逻辑宏单元数；在此栏下是编译处理流程，包括数据网表建立、逻辑综合、适配、配置文件装配和时序分析等；最下面一栏是编译处理信息；中间一栏(Compilation Report 栏)是编译报告项目选择菜单，选中其中各项可以详细了解编译与分析结果。

例如选中 Flow Summary 项，将在右栏显示硬件耗用统计报告；选中 Timing Analyzer 项的"＋"号，则能通过选择以下列出的各项目，看到当前工程所有相关的时序特性报告。

如果单击 Fitter 项"＋"号，则能通过选择以下列出的各项目看到当前工程所有相关的硬件特性适配报告。如选择其中的 Floorplan View 选项，可观察此项工程在 FPGA 器件中逻辑单元的分布情况和使用情况。

为了更详细地了解相关情况，可以打开 Floorplan 窗口，选择 View 菜单中的 Full Screen 选项，打开全部界面，再选择此菜单的相关项，如 Routing| Show Node Fan-In 等。

6.1.4 时序仿真

工程编译通过后，必须对其功能和时序性质进行仿真测试，以了解设计结果是否满足原设计要求。例如 VWF 文件方式的仿真流程的详细步骤如下。

(1) 打开波形编辑器。选择 File|New 命令，在 New 对话框中选择 Other Files 选项卡中的 Vector Waveform File 选项，如图 6-9 所示。单击 OK 按钮，出现空白的波形编辑器窗口，如图 6-10 所示。注意将窗口放大，以利于观察。

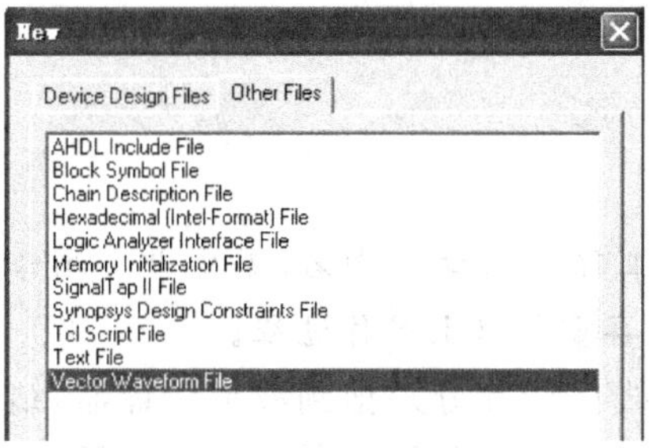

图 6-9 New 对话框

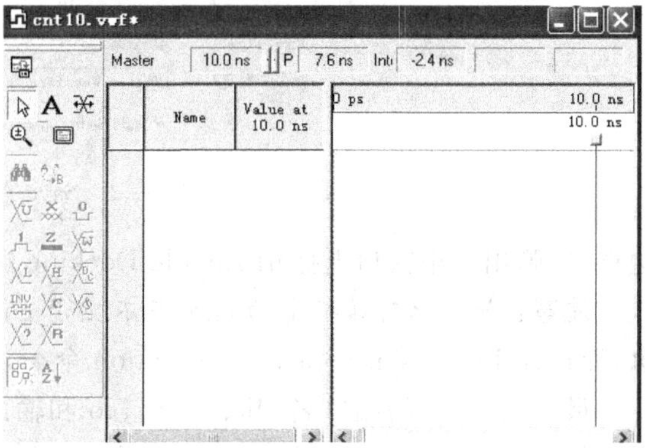

图 6-10 波形编辑器窗口

(2) 设置仿真时间区域。对于时序仿真来说，将仿真时间轴设置在一个合理的时间区域上是十分重要的。通常设置的时间范围在数十微秒之间。选择 Edit| End Time 命令，打开 End Time 对话框，在 Time 文本框中输入结束时间，时间单位选择"μs"，如图 6-11 所示，单击 OK 按钮，结束设置。

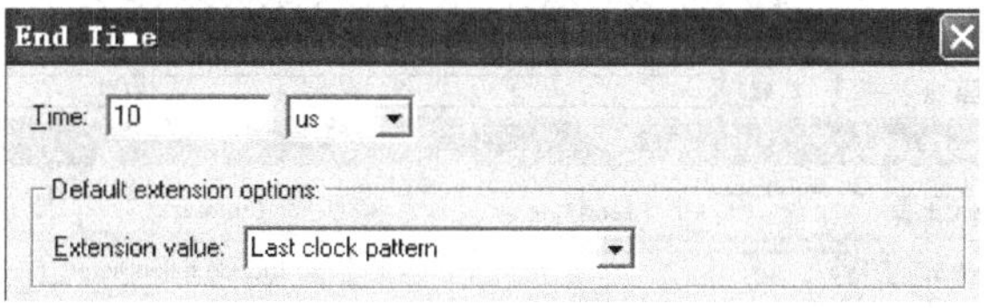

图 6-11 End Time 对话框

(3) 波形文件存盘。选择 File|Save As 命令，将波形文件以默认的 cnt10.vwf 为存盘名存入文件夹 F:\EDA\cnt10 中，如图 6-12 所示。

(4) 将工程 cnt10 的端口信号名选入波形编辑器中。选择 View|Utility Windows|Node Finder 命令，打开如图 6-13 所示的 Node Finder 对话框，在 Filter 下拉列表框中选择 Pins: all 选项，再单击 List 按钮，会在下方的 Nodes Found 列表框中出现设计的 cnt10 工程的所有端口引脚名。如果希望 Nodes Found 窗口是浮动的，可以右击此窗口

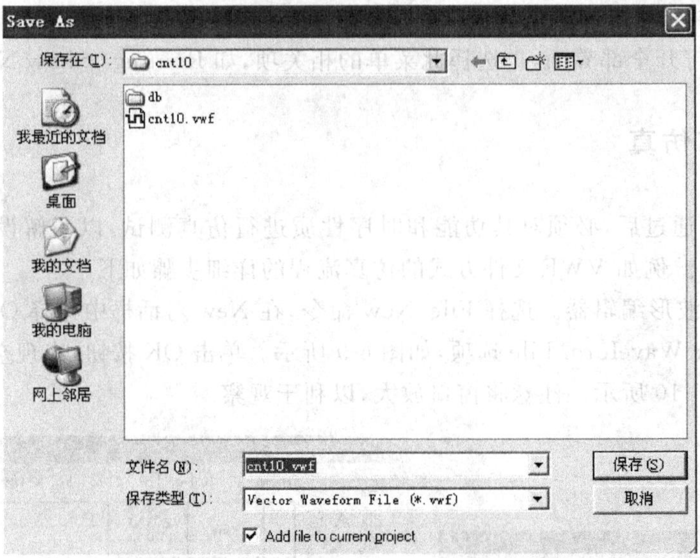

图 6-12　Save As 对话框

边框，在弹出的小窗口上撤销 Enable Docking 选项。

注意：如果此对话框中的列表框不显示 cnt10 工程的端口引脚名，需要重新编译一次，即选择 Processing|Start Compilation 命令，然后再重复以上操作过程。

最后，将重要的端口名 clk、en、clr、co 和输出总线信号 q 分别拖到波形编译器，结束后关闭 Node Found 对话框。单击波形窗口左侧的"全屏显示"按钮，使之全屏显示，并单击"放大缩小"按钮，再在波形编辑区域右击，使仿真坐标处于适当位置，如图 6-13 上方所示，这时仿真时间横坐标设定在数十微秒数量级。

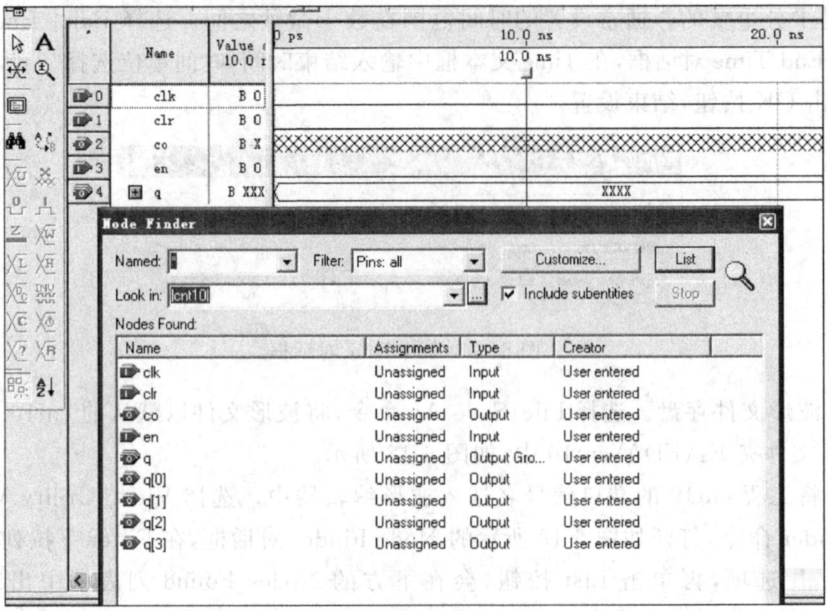

图 6-13　Node Found 对话框

(5) 编译输入波形(输入激励信号)。单击图 6-13 所示对话框的时钟信号名 clk,使之变成蓝色条,再单击左列的时钟设置键,打开如图 6-14 所示的 Clock 对话框。用户可根据需要在 Clock 对话框中设置 clk 的时钟周期(Period)为 10ns; Clock 对话框中的占空比(Duty cycle)默认为 50。然后分别再设置输入引脚 en 和 clr 的电平。最后设置好的激励信号波形如图 6-15 所示。

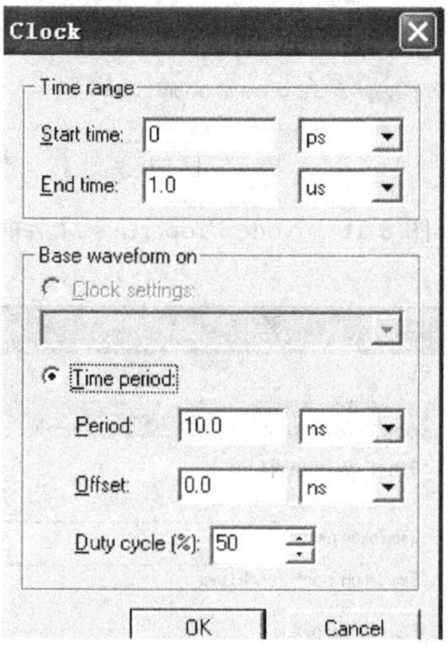

图 6-14　Clock 对话框 1

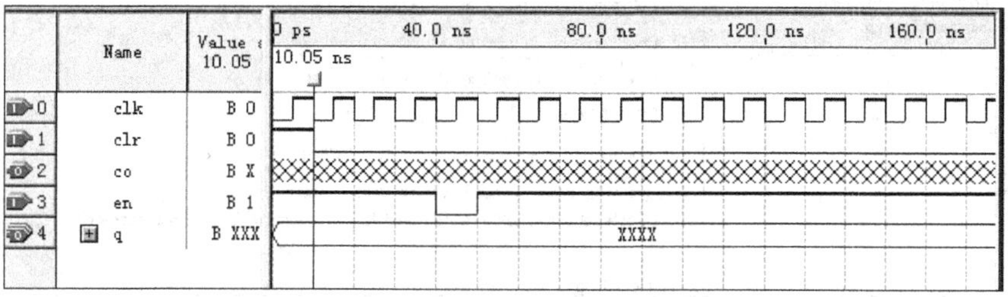

图 6-15　设置好的激励信号波形

(6) 总线数据格式设置。单击如图 6-15 所示输出信号 q 左边的"+"号,则能展开此总线的所有信号;如果双击"+"号将弹出对该信号数据格式设置的对话框,如图 6-16 所示。在该对话框的 Radix 下拉列表框中有 4 种选择,这里可选择无符号的十进制整数 Unsigned Decimal(可以根据具体需要来选择相应的数据格式)表达方式。最后对波形文件再次存盘。

(7) 仿真器参数设置。选择 Assignment|Settings 命令,在 Settings 窗口下选择 Category|Simulator Settings 命令,打开如图 6-17 所示对话框,在右侧的 Simulation mode 下拉列表框中选择时序仿真 Timing 选项,并选择仿真激励文件 cnt10. vwf。选中 Simulator coverage reporting 复选框;毛刺检测 Glitch detection 设为 1ns 宽度;选中 Run simulation until all vector stimuli are used 全程仿真等选项。

(8) 启动仿真器。现在所有设置进行完毕,选择 Processing|Start Simulation 命令,

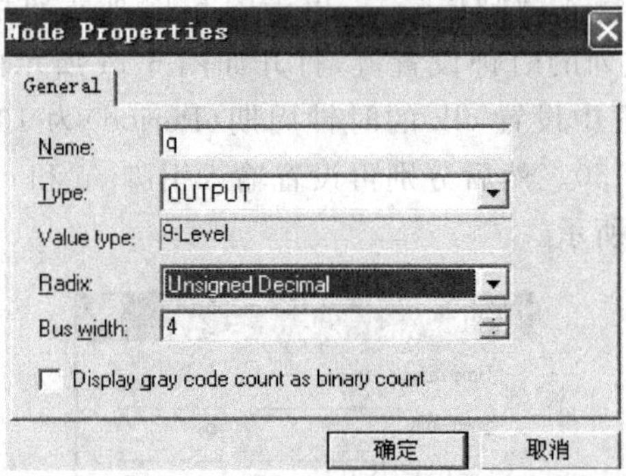

图 6-16　Node Properties 对话框

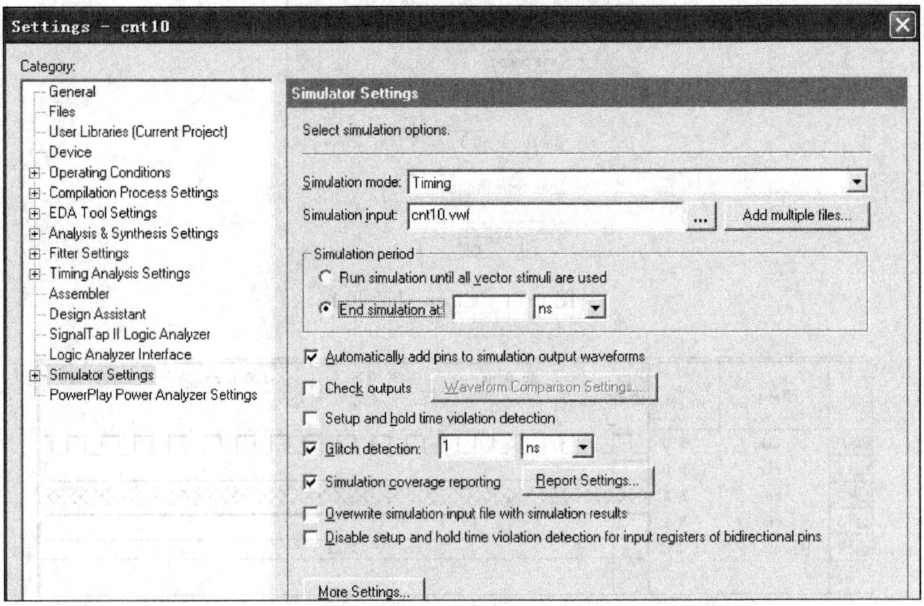

图 6-17　选择仿真控制

直到出现 Simulation was successful 对话框,仿真结束。

(9) 观察仿真结果。仿真波形文件 Simulation Report 通常会自动打开,如图 6-18 所示。注意 Quartus Ⅱ的仿真波形文件中,波形编辑文件(*.vwf)与波形仿真报告文件(Simulation Report)是分开的,而 MAX+PLUSⅡ的激励波形编辑文件与仿真报告波形文件是合二为一的。

如果在启动仿真运行(Processing|Run Simulation)后,并没有出现仿真完成后的波形图,而出现 Can't open Simulation Report Window 对话框,但报告仿真成功,则可自己选择 Processing|Simulation Report 命令,打开仿真波形报告。

如果无法展开波形显示时间轴上的所有波形图,可以右击波形编辑器中任何位置,这时再选择弹出窗口的 Zoom 项,在出现的下拉菜单中选择 Fit in Window 选项。选择 Zoom In 和 Zoom Out 选项则相当于使用放大镜和缩小镜。

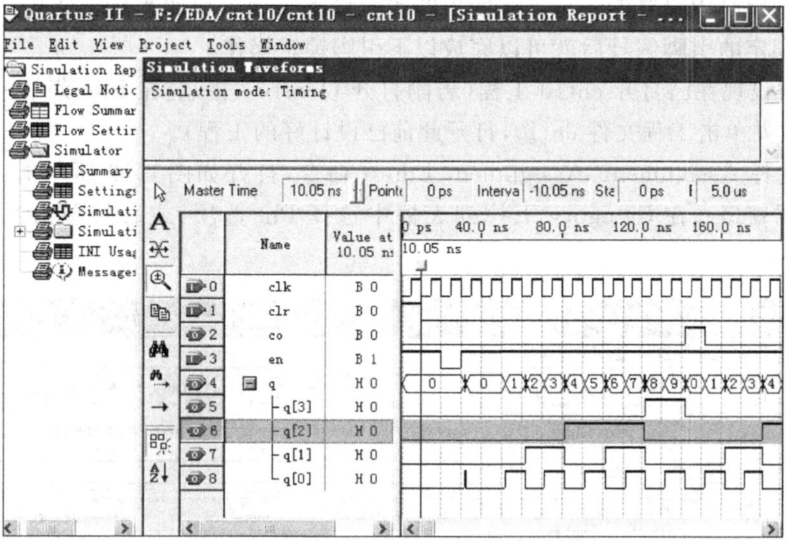

图 6-18 仿真波形输出

6.1.5 引脚锁定与下载

1. RTL 电路图观察器

Quartus Ⅱ可实现硬件描述语言或网表(VHDL、Verilog、BDF、TDF)对应的 RTL 电路图的生成,方法如下。

选择 Tools|Netlist Viewers 命令,在出现的下拉菜单中有 4 个选项:①RTL Viewer,即 HDL 的 RTL 级图形观察器;②State Machine Viewer,即 HDL 对应的状态机观察器;③Technology Map Viewer,即 HDL 对应的 FPGA 底层门级布局观察器;④Technology Map Viewer(post mapping)。选择第一项,可以打开 cnt10 工程的 RTL 电路图。双击图形中有关模块,或选择左侧各项,可逐层了解各层次的电路结构。

对于较复杂的 RTL 电路,可利用功能过滤器 Filter 简化电路。即用右击该模块,在弹出的下拉菜单中选中 Filter 项的 Sources 或 Destinations 选项,由此产生相应的简化电路。

2. 引脚锁定

为了能对计数器进行硬件测试,应将其输入输出信号锁定在芯片确定的引脚上,编译后下载。当硬件测试完成后,还必须对配置芯片进行编程,完成 FPGA 的最终开发。

下面以附录中介绍的 GW48 系列 EDA 实验开发系统(FPGA 芯片为 EP1K30TC144-1)为实验环境,不妨选择实验电路结构图 NO. 5,通过查阅附表 4,确定引脚分别为:主频时钟 clk 接 CLOCK0(第 126 引脚);清零信号 clr 用键 8(PIO7,对应于芯片的第 19 引脚)输入,计数使能 en 用键 7(PIO6,对应于芯片的第 18 引脚),进位输出 co 用发光管 D8(PIO8,对应于芯片的第 20 引脚)显示,4 位计数输出值用数码管 8(PIO44~ PIO47,依次对应于芯片的第 91、92、95、96 引脚)显示。

实际锁定时用户要参照自己所使用的实验设备及相关说明来确定正确的引脚标号。确定了要锁定的引脚编号后就可以完成以下引脚锁定操作。

(1) 假设现在已打开 cnt10 工程(若刚打开 Quartus Ⅱ,应在 File 菜单中选择 Open Project 项,并单击工程文件 cnt10,打开此前已设计好的工程)。

(2) 选择 Assignment|Assignment Editor 命令,打开如图 6-19 所示的 Assignment Editor 编辑窗口。在 Category 下拉列表框中选择 Pin 选项,或直接单击右上侧的 Pin 按钮。

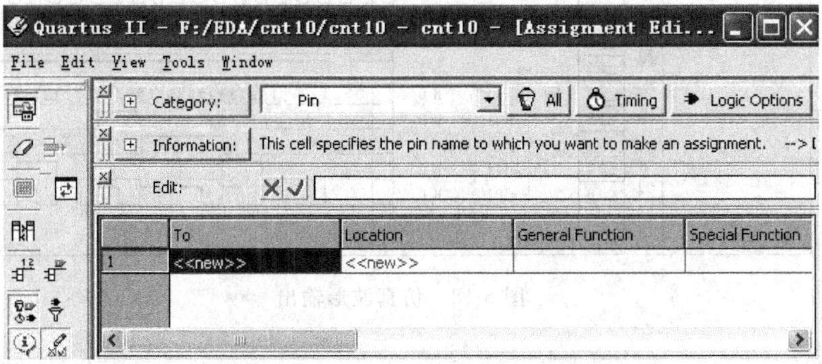

图 6-19 Assignment Editor 编辑窗口

(3) 双击 TO 栏的 new 表格,在出现的如图 6-20 所示的列表框中分别选择本工程要锁定的端口信号名;然后双击对应 Location 栏的 new 表格,在出现的列表框中选择对应端口信号名的器件引脚号。

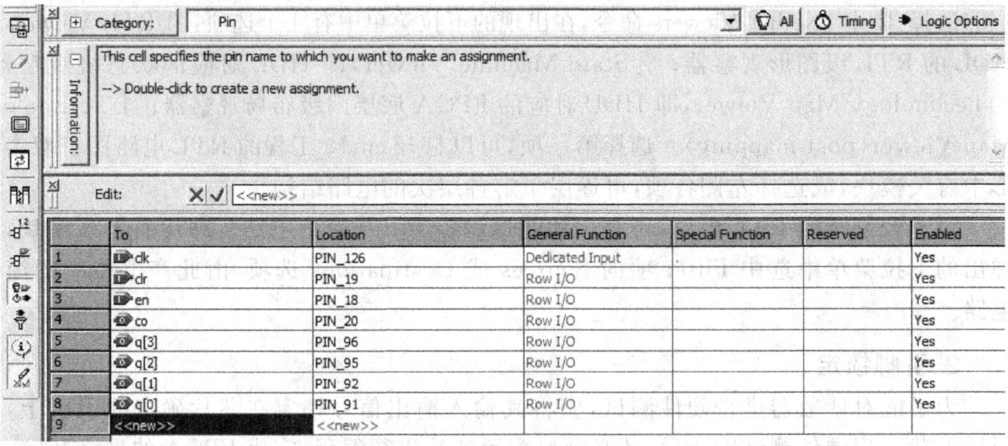

图 6-20 表格式引脚锁定对话框

Assignment Editor 窗口中还能对引脚进行进一步的设定,如在 I/O Standard 栏,配合芯片的不同 I/O Bank 上加载的 V_{CC}IO 电压,选择每一信号的 I/O 电压;在 Reserved 栏,可对某些空闲的 I/O 引脚的电气特性进行设置;而在 SignalProbe 等选择栏,可对指定的信号进行探测信号的设定。

(4) 最后存储这些引脚锁定的信息后，必须再编译(启动 Start Compilation 命令)一次，才能将引脚锁定信息编译进编程下载文件中。此后就可以准备将编译好的 SOF 文件下载到实验系统的 FPGA 中去了。

以上在引脚锁定中使用了 Assignment Editor 工具。事实上 Assignment Editor 工具还有许多其他功能，它是 Quartus Ⅱ中建立和编辑设置的界面，分别用于在设计中为逻辑指定各种选项和设置，包括位置、I/O 标准、时序、逻辑选项、参数、仿真、布线布局控制、适配优化和引脚设置等。使用 Assignment Editor 工具还可以通过 Node Finder 对话框选择要设置的特定节点和实体；显示有关特定设置的信息；添加、编辑或删除选定节点的设置；还可以向设置添加备注，或者查看设置和配置文件。使用 Assignment Editor 工具进行设置的基本流程如下。

(1) 选择 Assignment|Assignment Editor 命令，打开 Assignment Editor 窗口。

(2) 在 Category 下拉列表框中选择相应的类别设置。

(3) 在 Node Filter 栏中指定相应的节点或实体，或使用 Node Finder 对话框查找特定的节点或实体。

(4) 在显示当前设计分配的电子表格中，添加相应的设置信息。

Assignment Editor 窗口中的电子表格提供适当的下拉列表，或允许用户输入设置信息。当添加、编辑和删除分配时，信息窗口中将出现相应的 Tcl 命令。还可以将数据从 Assignment Editor 窗口导出到 Tcl 脚本(Tcl)或与电子表格兼容的文件中。

建立和编辑设置时，Quartus Ⅱ软件对适用的设置信息进行动态验证。如果设置值无效，Quartus Ⅱ不会添加或更新数值，改为转换成当前值或不接受该值。当查看所有设置分配时，Assignment Editor 窗口将显示为当前工程而建立的所有设置分配，但当分别查看各个设置分配类别时，Assignment Editor 窗口将仅显示与所选特定类别相关的设置分配。

引脚锁定还能用更直观的图形方式来完成：选择 Assignment 菜单中的 Pins 选项，将弹出目标器件的引脚图编辑窗口，如图 6-21 所示，将编辑窗口左侧的信号名逐个拖入右侧器件对应引脚即可。

注意：这种方法适合于引脚数量较少的目标器件。

3. 下载

将编译产生的 SOF 格式文件配置到 FPGA 中，进行硬件测试的步骤如下。

(1) 打开编程窗和配置文件。首先将实验系统和并口通信线连接好，打开电源。

选择 Tool|Programmer 命令，打开如图 6-22 所示的编程窗口。在 Mode 下拉列表框中有 4 种编程模式可以选择：JTAG、Passive Serial、Active Serial Programming 和 In-Socket Programming。为了直接对 FPGA 进行配置，这里选择 JTAG(默认)选项，并选中下载文件右侧的第一个小方框。

注意：要仔细核对下载文件路径与文件名。如果此文件没有出现或有错，单击左侧 Add File 按钮，手动选择配置文件 cnt10. sof。

(2) 设置编程器。若是初次安装 Quartus Ⅱ，在编程前必须进行编程器选择操作。

这里准备选择 ByteBlasterMV[LPT1]。单击 Hardware Setup 按钮可设置下载接口

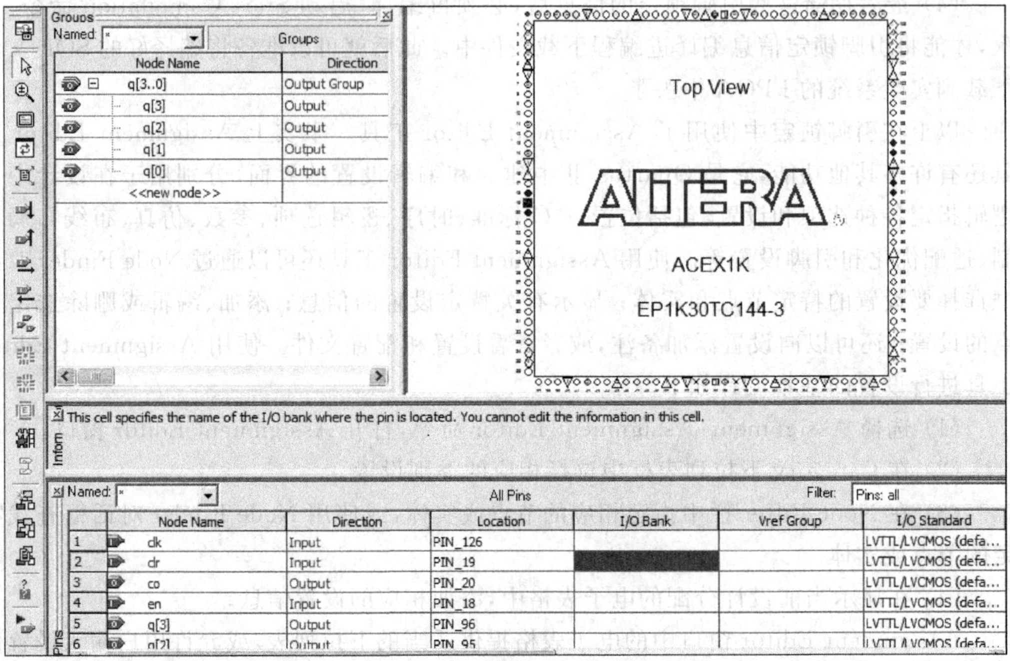

图 6-21　引脚锁定的图形方式

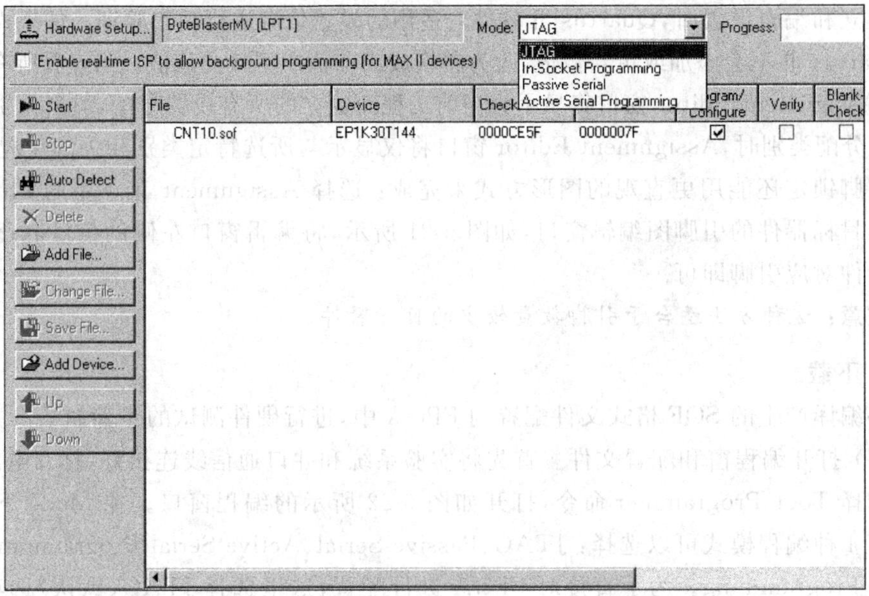

图 6-22　编程窗口

方式(图 6-22),在弹出的 Hardware Setup 对话框中,选择 Hardware Settings 选项卡,双击 ByteBlasterMV 选项,之后单击 Close 按钮,关闭对话框即可。这时应该在编程窗口右上方显示出编程方式：ByteBlasterMV[LPT1],如图 6-23 所示。

如果打开图 6-24 所示的窗口，在 Currently selected hardware 下拉列表框中显示 No Hardware 选项，则必须加入下载方式。即单击 Add Hardware 按钮，在弹出的窗口中单击 OK 按钮，再在图 6-25 所示的对话框中双击 ByteBlasterMV or ByteBlaster Ⅱ选项，使 Currently selected hardware 下拉列表框中显示 ByteBlasterMV[LPT1]选项。

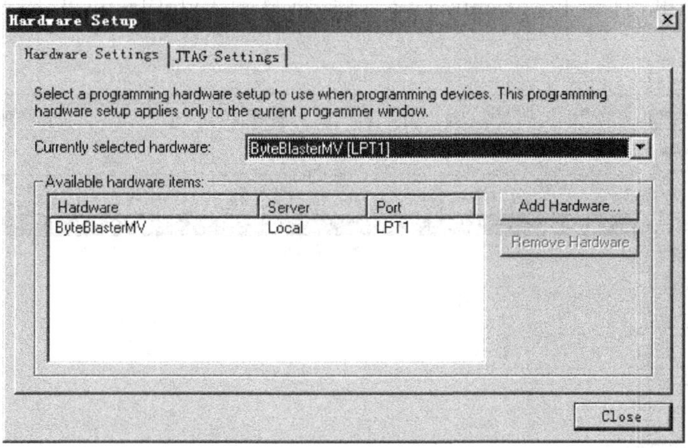

图 6-23　Hardware Setup 对话框 1

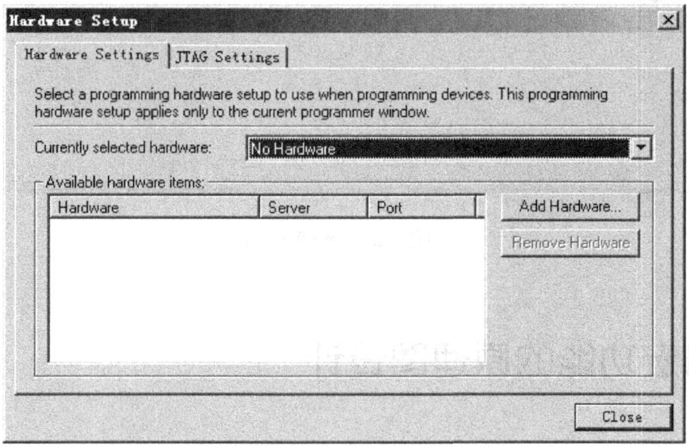

图 6-24　Hardware Setup 对话框 2

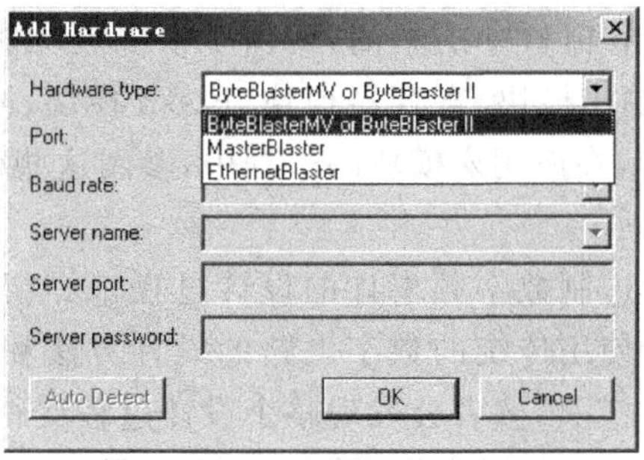

图 6-25　Add Hardware 对话框

(3) 选择编程器。究竟显示哪一种编程方式(ByteBlaster MV 或 ByteBlaster Ⅱ)取决于 Quartus Ⅱ对实验系统上的编程口的测试。以 GW48-EDA 系统为例,若对此系统左侧的 JP5 跳线选择 Others 选项,则进入 Quartus Ⅱ Tool 菜单,打开 Programmer 窗口后,将显示 ByteBlasterMV[LPT1],如图 6-22 所示,而若对 JP5 跳线选择 ByBtⅡ选项,则当进入 Tool 菜单,打开 Programmer 窗口后,将显示 ByteBlasterⅡ [LPT1],如图 6-26 所示。

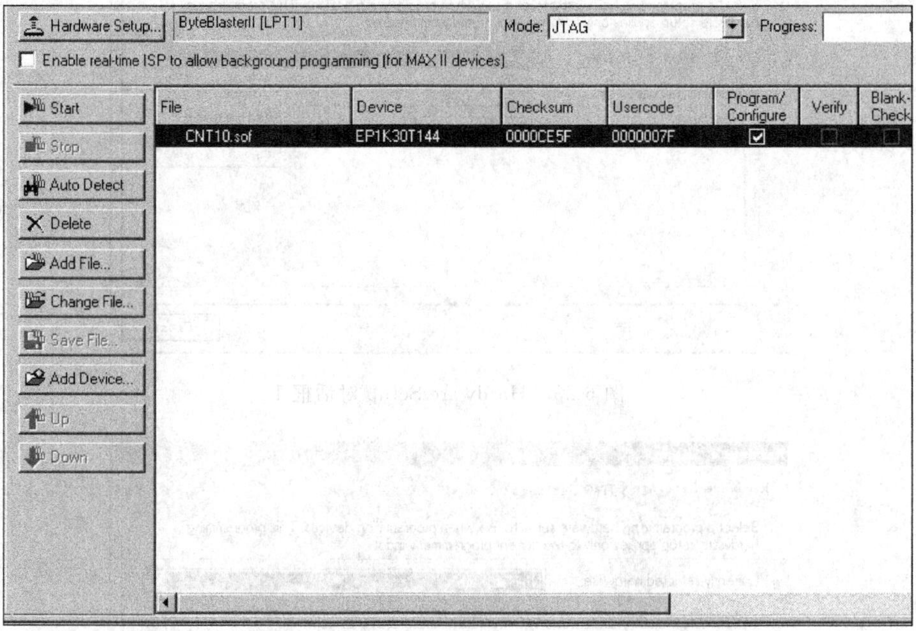

图 6-26 编程窗口

6.2 应用宏功能的原理图设计

在 Quartus Ⅱ中新增了很多宏功能模块,同时也保留了 MAX+PLUSⅡ中的老式宏模块,在 Quartus Ⅱ中查找宏功能模块的方法是:选择 Help|Megafunction/LPM 命令,在弹出的 Quartus Ⅱ Help 窗口中的右侧,列出了很多宏功能主题,包括多种常用的 74 系列逻辑功能函数、输入输出模块、寄存器模块、Flash 模块、嵌入式逻辑分析模块、存储模块和虚拟 JTAG 模块等,在应用宏模块的过程中,参阅这些模块参数,可以设计出更优秀的电路。

本节通过一个 2 位十进制数字频率计的设计过程来介绍用原理图输入法设计较复杂逻辑电路的方法。尽管使用传统的数字电路的设计方法和实验方法同样能完成本节的设计项目,但使用 EDA 工具,读者会发现整个设计过程变得十分透明、快捷和方便,特别是对于各层次电路系统的工作时序的了解和把握显得尤为准确,这一切为设计更大规模的数字系统提供了极方便的环境。以下介绍的 2 位十进制数字频率计能很容易地扩展为任意位数的频率计。

6.2.1　计数器设计

频率计设计的步骤与 3.3 节和 6.1 节介绍的流程相同，只是需要考虑频率计的测频原理，从而决定需要哪些电路模块及如何连接。下面首先设计测频用含时钟使能控制的 2 位十进制计数器。

1. 计数器电路原理图

频率计的核心元件之一是含有时钟使能及进位扩展输出的十进制计数器。为此这里拟用一个双十进制计数器 74390 和其他一些辅助元件来完成。首先按上面流程建立图形编辑环境，再于图 6-27 所示的对话框中分别键入 74390、and4、and2、not、input、output 元件名，调出这些元件，并按照图 6-28 连接好电路原理图。图 6-28 中，74390 连接成两个独立的十进制计数器，待测频率信号 clk 通过一个与门进入 74390 的计数器 1 的时钟输入端 1CLKA。与门的另一端由计数使能信号 enb 控制：当 enb='1'时允许计数；enb='0'时禁止计数。计数器 1 的 4 位输出 q[3]、q[2]、q[1]、q[0]并成总线表达方式，即 q[3..0]，由图 6-28 左下角的 OUTPUT 输出端口向外输出计数值。同时由两个反相器和一个 4 输入与门构成进位信号，进位信号进入第二个计数器的时钟输入端 2CLKA。第二个计数器的 4 位计数输出是 q[7]、q[6]、q[5]、q[4]，总线输出信号是 q[7..4]。这两个计数器的总的进位信号，可由一个 6 输入与门将第一个计数器的进位信号与第二个计数器进位逻辑相与产生，由 co 输出。clr 是计数器的清零信号。

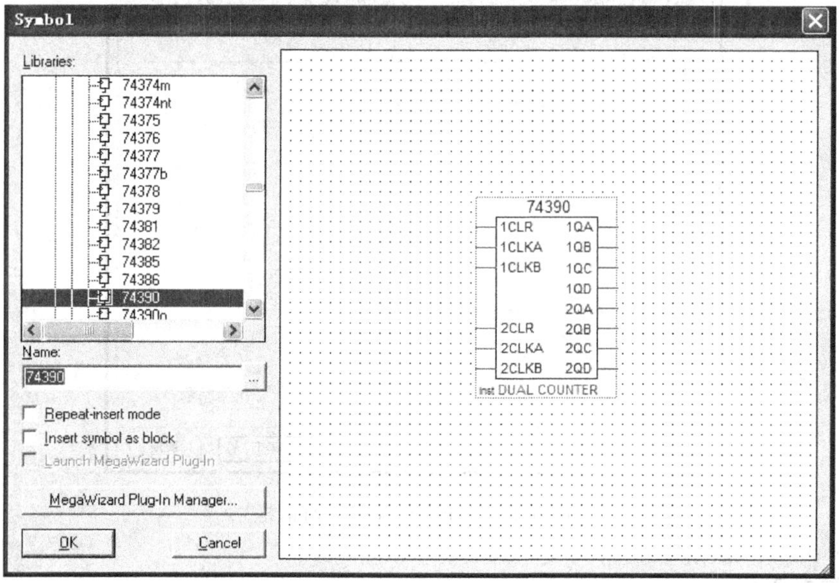

图 6-27　Symbol 对话框

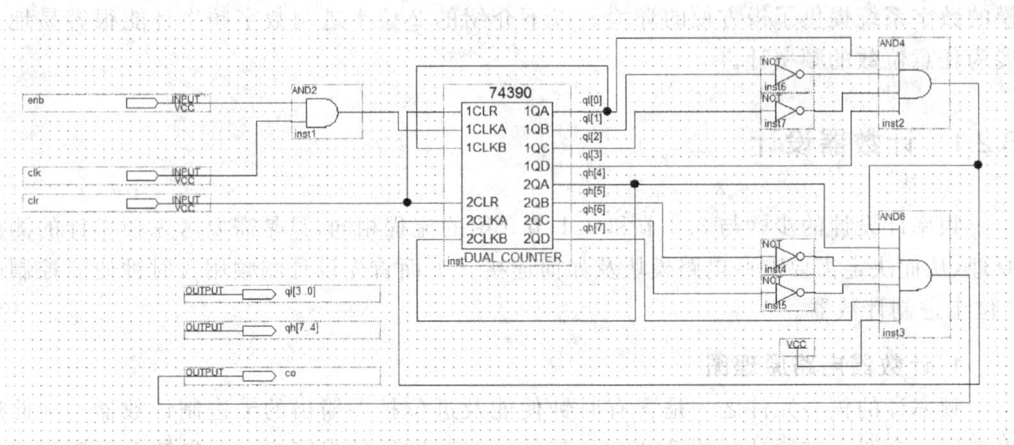

图 6-28 含有时钟使能的 2 位十进制计数器

在原理图的绘制过程中应特别注意图形设计规则中信号标号和总线(粗线条表示总线)的表达方式。

注意:在设置信号标号时,先选中欲要设置标号的线,右击,在弹出的菜单中,选择最后一项 properties(属性),打开导线属性对话框,如图 6-29 所示,在 General 选项卡的 Name 文本框中输入标号名称,也可以在另外两个选项卡中进行字体和颜色的设置。以标号方式进行的总线连接如图 6-28 所示,按照图中标号,以总线方式输出的q[3..0]将分别与 74390 的计数器 1 的 4 个输出端 1QD、1QC、1QB、1QA 相接,它们的标号可分别表示为 q[3]、q[2]、q[1]、q[0]。最后将图 6-28 电路存盘,文件名可取为 conter8. bdf。

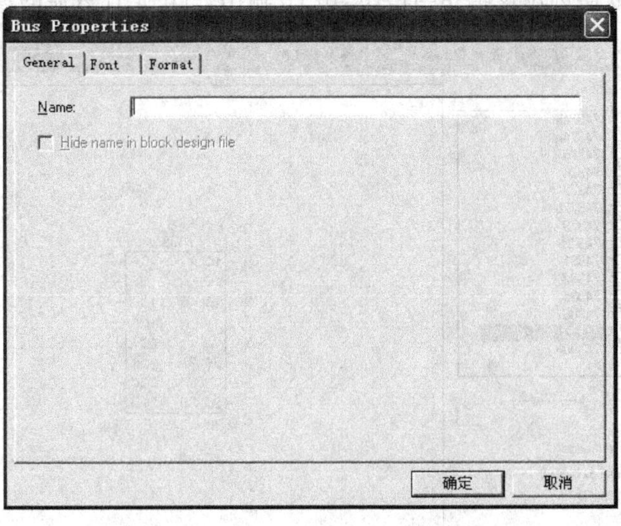

图 6-29 Bus Properties 对话框

2. 建立工程

为了测试图 6-28 电路的功能,可以将 conter8. bdf 设置成工程,工程名和顶层文件名都可取为 conter8。如果要了解 74390 内部的情况，可以双击 74390 元件符号，打开其内部电路图。

3. 编译仿真

将上述工程进行编译、排错，成功后即可对电路图的功能进行测试。图 6-30 就是其仿真波形图。

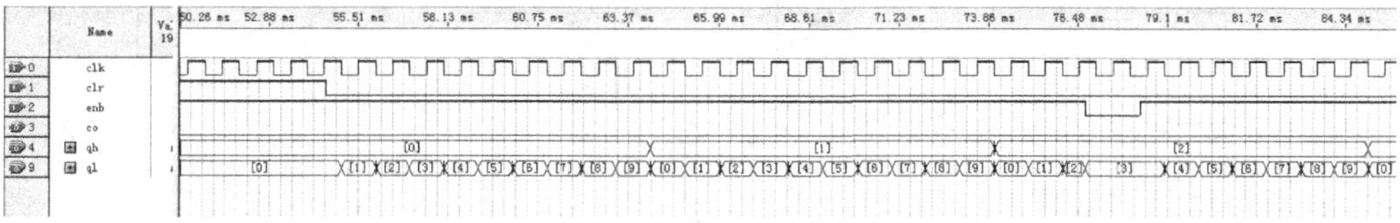

图 6-30　2 位十进制计数器工作波形

需要特别注意的是，当进行逻辑宏单元的仿真时，时钟脉冲频率一定不要太大，一般不能超过 50MHz，也就是说，在图 6-31 所示的 Clock 对话框中，Time period 部分的 Period 最好选中 μs 为单位。如果频率过大(比如 80MHz)，容易导致仿真不准确和出现报警信息。

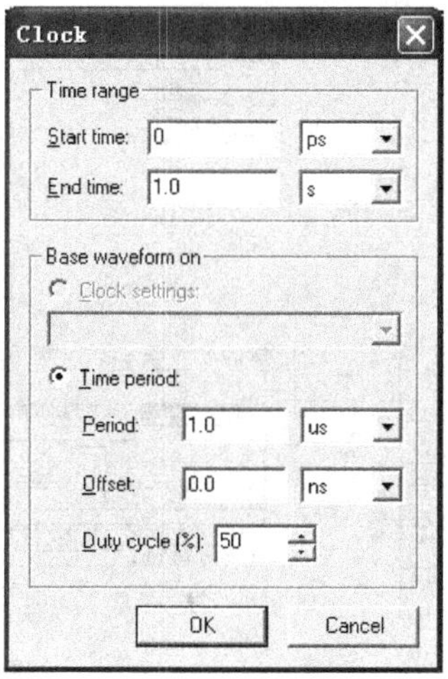

图 6-31　Clock 对话框 2

4. 生成元件符号

按照 3.3 节介绍的方法将当前文件 conter8.bdf 变成一个元件符号 conter8 后存盘，以备在高层次设计中调用。

6.2.2　频率计主体电路设计

根据频率计的测频原理，可完成如图 6-32 所示的频率计主体电路设计。为此，首先关闭原来工程，再打开一个新的原理图编辑窗口，调入图 6-32 所示的元件，连接好后以 ft_top.bdf 为名存盘。图 6-32 中，为了便于观察测频结果，将频率计数值 q[7..0]也定义成了输出信号。最后为此建立一个工程，并对该工程进行编译仿真，直至波形结果与要求相一致。

图 6-32 所示的电路中，74374 是 8 位锁存器；74248 是 7 段 BCD 译码器；conter8 是图 6-28 所示的电路构成的元件。该电路的时序仿真波形如图 6-33 所示，其中，clk 是待测频率信号，enb 是计数使能信号，高电平时计数使能，如果使能端加入 0.5Hz 基准脉冲，则在半个脉冲周期内(1s)计得的数据就是待测信号的频率。

6.2.3　时序控制电路的设计

上述电路中的输入控制信号 enb、lock 和 clr 都是人为设置的，实际应用中要使频率计能自动测频，还需增加一个测频时序控制电路，要求它能按照图 6-33 所示的时序关系，产

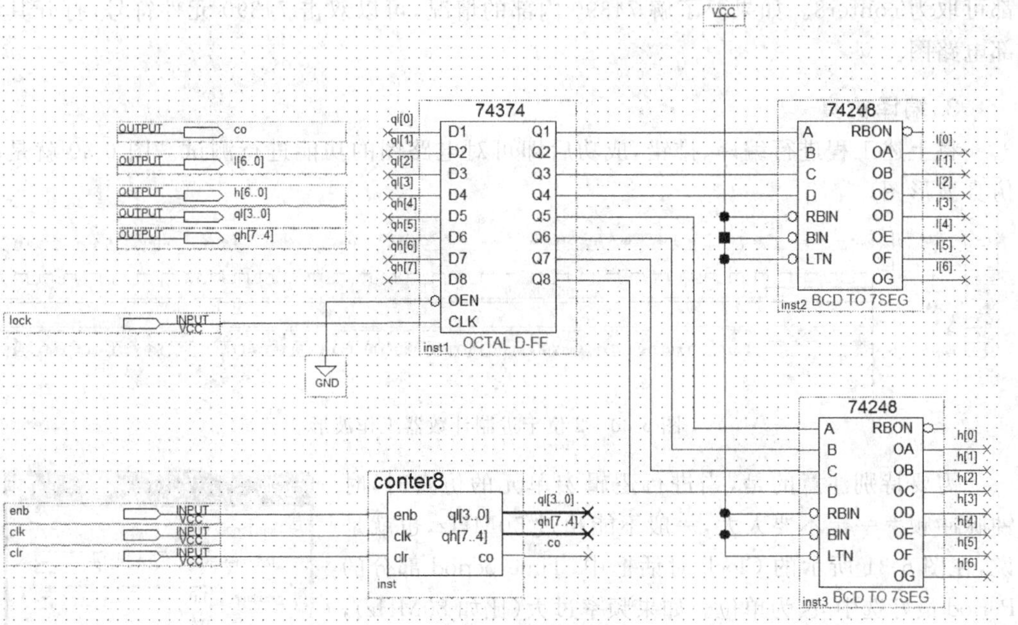

图 6-32 频率计主体电路

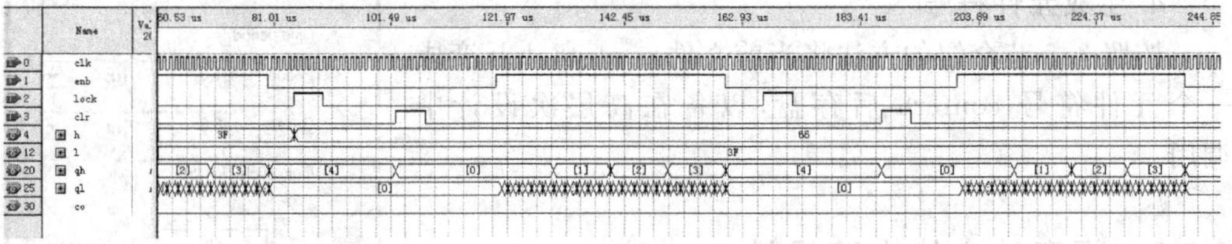

图 6-33 2 位十进制频率计测频仿真波形

生 3 个控制信号 enb、lock 和 clr,从而使频率计能自动完成计数、锁存和清零 3 个重要功能。

根据控制信号 enb、lock 和 clr 的时序要求,图 6-34 给出了相应的电路,设该电路的文件名为 tf_ctro. bdf。该电路由三部分组成: 4 位二进制计数器 7493、4-16 译码器 74154 和两个非门。

其设计流程不再赘述,对其建立起工程后即可对其功能进行仿真测试,图 6-35 即为其时序波形图,与图 6-33 比较可看出来大致相同,表示本设计方案满足要求,然后元件包装入库的符号名为 tf_ctro。通过不同频率的 clk 可得到不同的时序脉冲,读者可以自己验证一下。

6.2.4 顶层电路设计

有了上面的时序控制电路,就可以对图 6-32 所示的电路进行完善,使其成为自动测频电路,也就是真正的频率计了。完善后的电路如图 6-36 所示,包含新调入的元件 tf_ctro。电路中只有两个输入信号:待测信号 clk 和测频控制信号 JZ_clk。

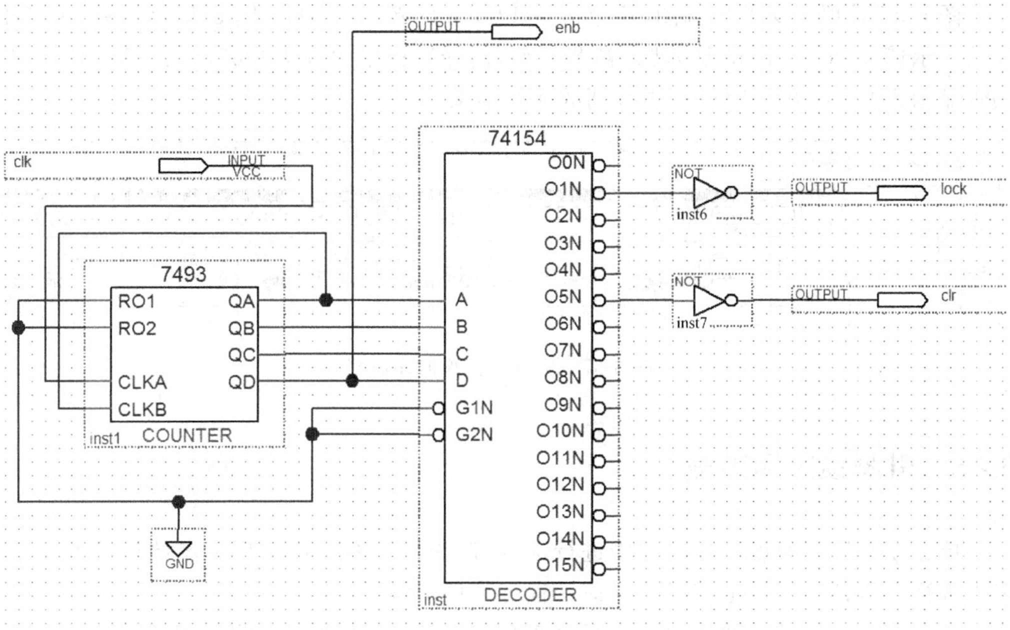

图 6-34　测频时序控制电路

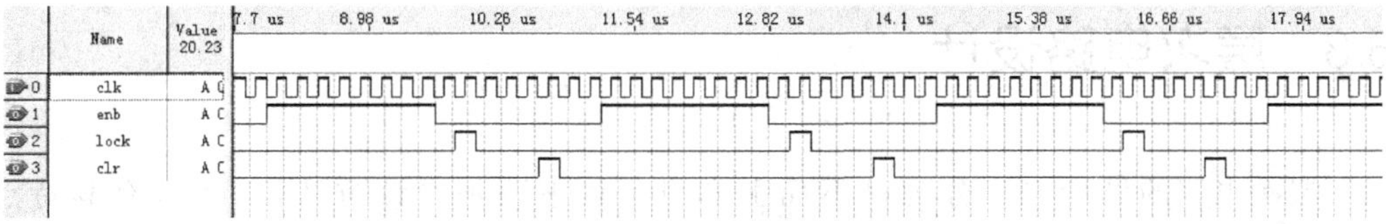

图 6-35　测频时序控制电路工作波形

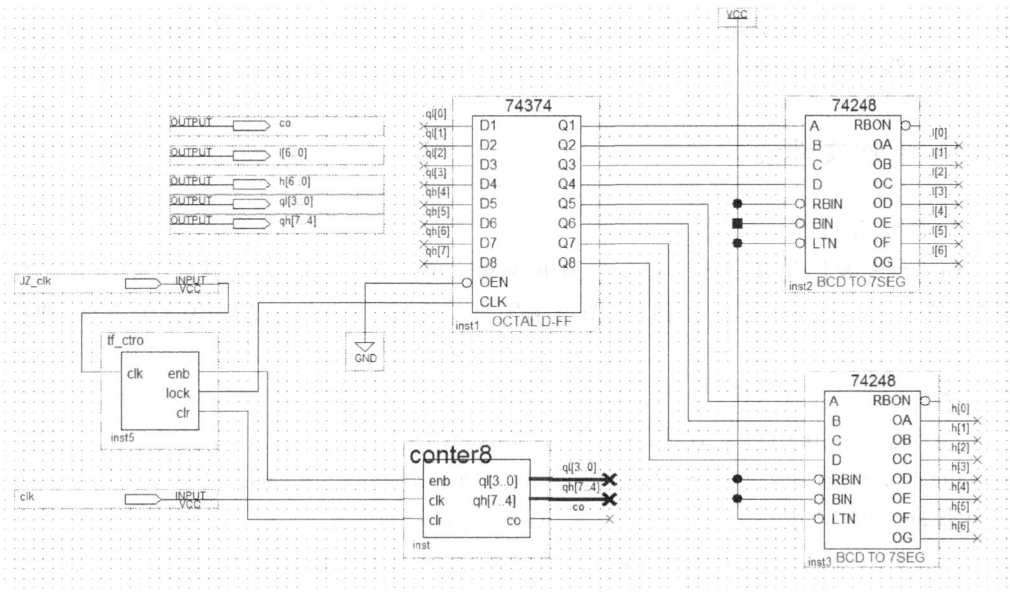

图 6-36　频率计顶层电路

图 6-37 是顶层文件仿真图,这里假设 JZ_clk 的频率为 8Hz,则 enb 的频率为0.5Hz,计数显示值 40(qh=4,ql=0)就是被测频率,而译码输出的 h 为“66”,l 为“3F”,正好被数码管显示为“4”和“0”,这正是要得到的测频结果。

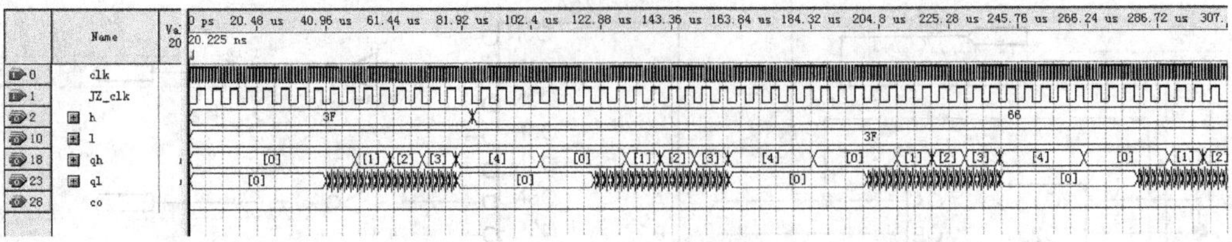

图 6-37 频率计工作时序波形

6.2.5 引脚锁定和下载

仿真正确后可对该工程的引脚进行锁定,选择对应的芯片类型后参照该芯片引脚锁定表进行引脚锁定。锁定完毕后对该工程进行再次编译。

最后对该工程进行硬件验证。观察实验结果是否与实验目的相一致。

6.3 层次电路设计

层次电路的设计方法分为自下而上和自上而下两种设计方法,二者各有其特点。Quartus Ⅱ软件对以上两种方法均支持。前面介绍的一些较复杂的设计实例,都是采用自下而上的方法进行设计的,即先进行底层模块的设计,再进行顶层电路的设计。下面以一个简单的计数译码电路的设计为例来介绍如何运用 Quartus Ⅱ软件进行自上而下的层次电路设计。

6.3.1 顶层文件设计

1. 各模块创建

(1) 首先要创建好设计工程项目 jishuyima,在已创建好的工程项目中打开原理图编辑器,单击工具栏中的模块按钮,在图形编辑工作区按下鼠标左键拖出一个方框,便可插入一个模块,如图 6-38 所示。然后在模块上右击,在弹出的快捷菜单中选择 Block Properties 命令,打开如图 6-39 所示的 Block Properties 对话框。

(2) 定义模块引脚。在 Block Properties 对话框的 General 选项卡中输入模块名 jishuqi,在 I/O 选项卡中输入模块引脚名并选择引脚类型。本例用到的计数器引脚有输入引脚 clk 和输出引脚 q[3..0]。单击 Add 按钮添加引脚,也可一次输入所有同类型引脚,中间用逗号隔开。设置完毕后单击确定按钮,生成模块,然后右击,在弹出的快捷菜单中选择 AutoFit 命令,自动调整模块尺寸,这样计数器模块的创建过程就结束了。

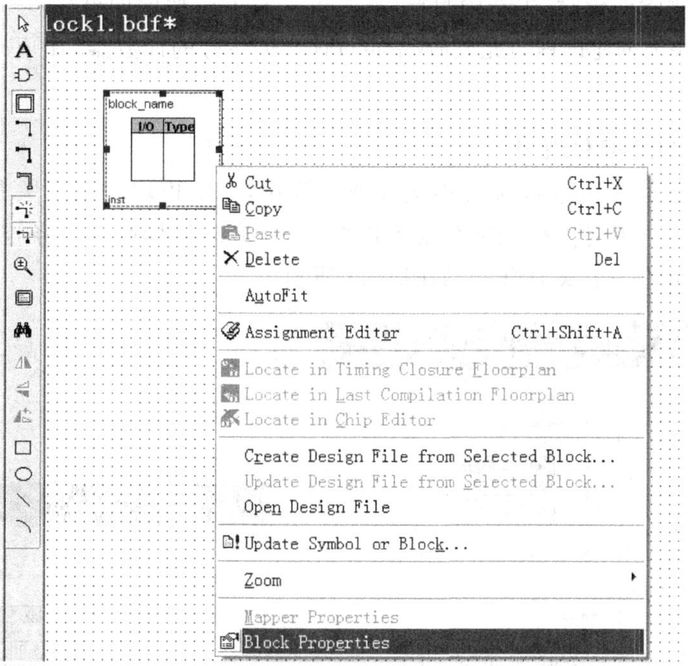

图 6-38　添加模块

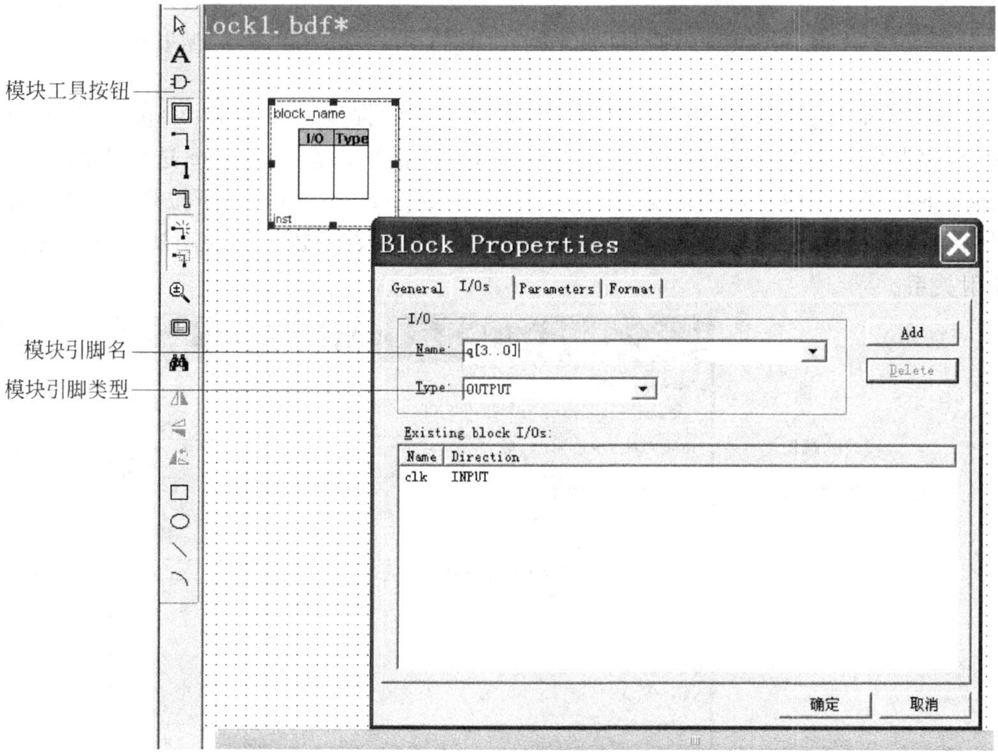

图 6-39　Block Properties 对话框

要修改或删除引脚时,先选中目标引脚,单击 Delete 按钮即可。

译码器模块的创建过程与此类似,不再重述。创建好的计数器和译码器模块如图 6-40 所示。

2. 模块间的连接和映射

下面以计数器 jishuqi 模块的连接和映射为例,介绍模块的映射关系。将鼠标移至 jishuqi 模块图形边沿时鼠标光标会变为连接状态,拖动鼠标画出一条连线,并且在模块图形上会自动出现一个映射符号,如图 6-41 所示。

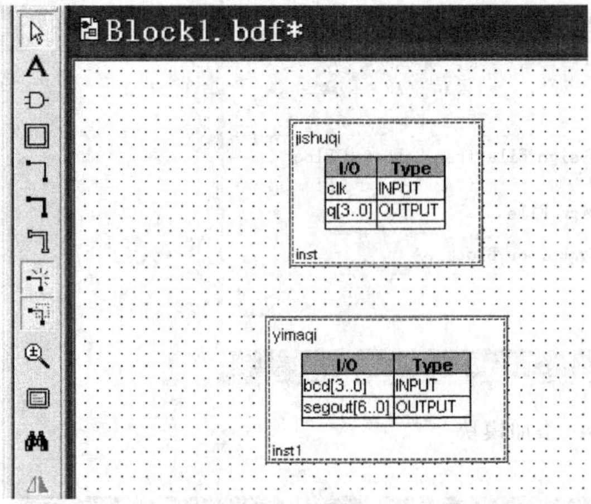

图 6-40 创建好的 jishuqi 和 yimaqi 模块

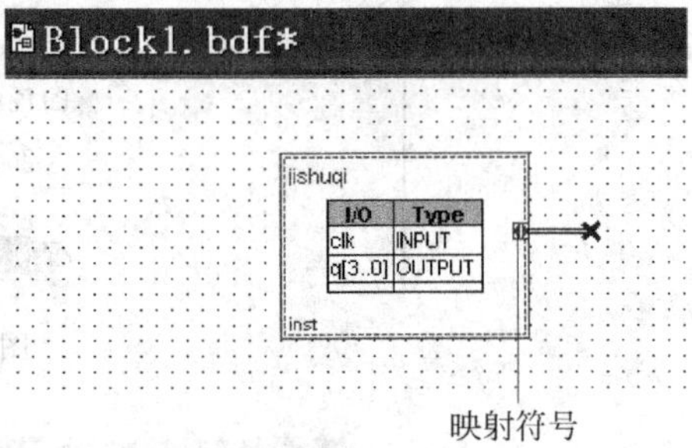

图 6-41 映射符号

双击映射符号或在映射符号上右击,在弹出的快捷菜单中选择 Mapper Properties 命令,弹出如图 6-42 所示的 Mapper Properties 对话框。在 Mapping 选项卡的 I/O on block 下拉列表框中输入模块端口名 q[3..0],在 Signals in conduit 下拉列表框中添加信号名 q[3..0],单击 Add 按钮,自动显示映射表。映射表反映了模块引脚与连线之间的映射关系。

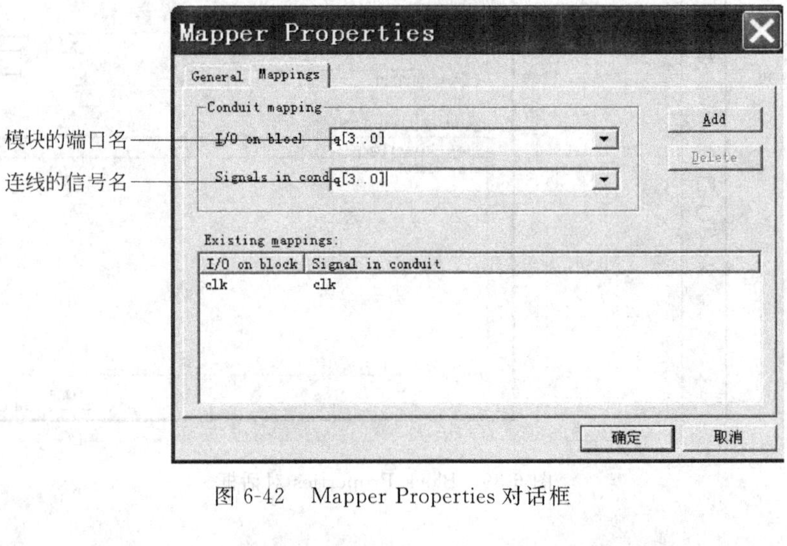

图 6-42 Mapper Properties 对话框

同理，给 yimaqi 模块也添加映射。映射后的电路如图 6-43 所示。

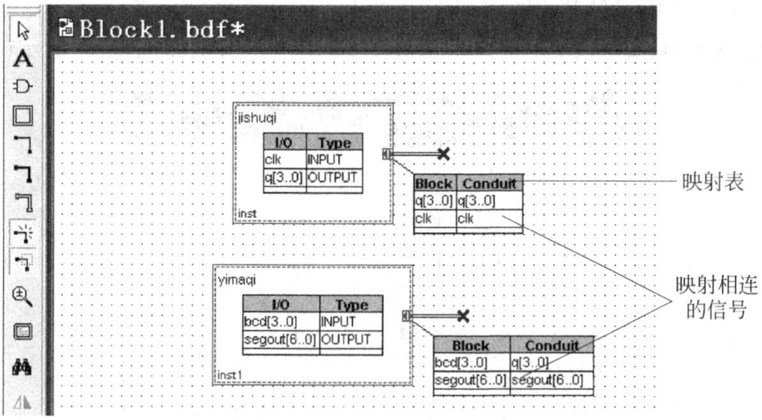

图 6-43　映射后的电路

3. 添加输入、输出引脚

模块连接完成后，最后添加输入、输出引脚，构成完整的顶层原理图文件，如图 6-44 所示。

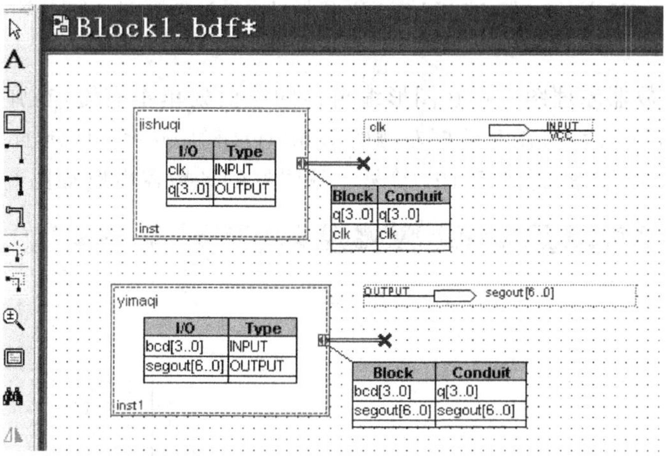

图 6-44　完整的顶层原理图文件

6.3.2　创建各模块的下层设计文件

1. 计数器电路设计

(1) 创建 jishuqi 设计文件。

将鼠标移至计数器模块的上方边框，单击鼠标右键，在弹出的对话框中有 3 个与设计文件有关的选项。

Create Design File from Selected Block：从选中的模块创建设计文件。

Update Design File from Selected Block：从选中模块更新设计文件。

Open Design File：打开设计文件。

这里选择 Create Design File from Selected Block，出现如图 6-45 所示的对话框。

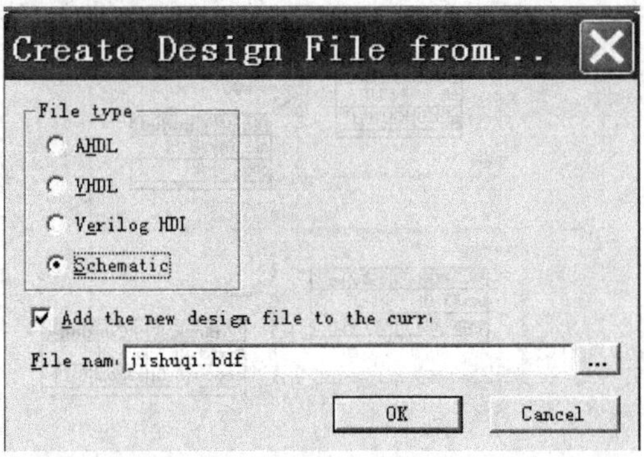

图 6-45　Create Design File from Selected Block 对话框

从选中模块创建设计文件的类型可以是多样的，既可以是文本形式，也可以是原理图形式，用户可以根据设计的需要和个人喜好进行选择。

本例中，计数器底层电路采用原理图设计，故在图 6-45 中选择文件类型为 Schematic，单击 OK 按钮，打开 jishuqi. bdf 文件。文件中自动包含了已定义的端口符号。

(2) 编辑计数器原理图时可在图形编辑器的空白处单击右键，在弹出的快捷菜单中选择 Insert|Symbol 命令，在对话框左侧的 Libraries 栏中选择 others|maxplus2 命令，选中 74192，单击 OK 按钮，得到 74192 符号。编辑好的计数器电路如图 6-46 所示。

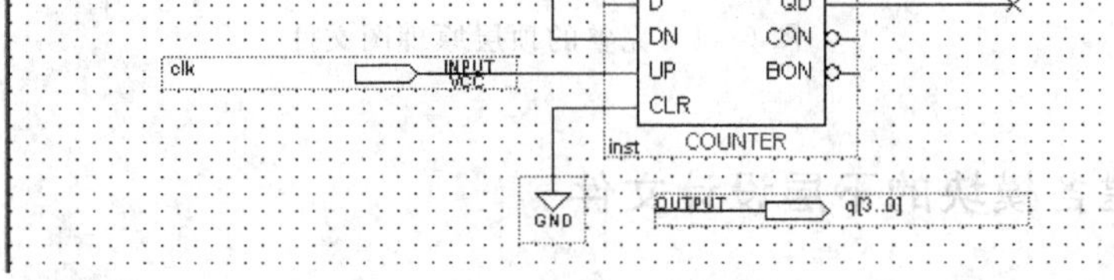

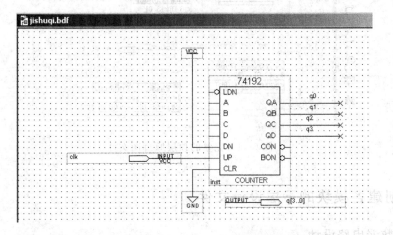

图 6-46　jishuqi 原理图

2. 译码器电路设计

译码器电路设计的设计方法与计数器相同，只不过译码器电路采用 VHDL 程序设计，因此，在创建译码器 yimaqi 设计文件时，在图中选择 VHDL 选项，单击 OK 按钮，打开 yimaqi. vhd * 文件，如图 6-47 所示。利用文本输入法对程序进行补充修改，得到译码器程序如图 6-48 所示。

```
yimaqi. vhd*

-- Generated by Quartus II Version 4.0 (Build Build 190 1/28/2004)
-- Created on Mon Nov 12 12:22:56 2007

LIBRARY ieee;
USE ieee.std_logic_1164.all;


--  Entity Declaration

ENTITY yimaqi IS
    -- {{ALTERA_IO_BEGIN}} DO NOT REMOVE THIS LINE!
    PORT
    (
        bcd : IN STD_LOGIC_VECTOR(3 downto 0);
        segout : OUT STD_LOGIC_VECTOR(6 downto 0)
    );
    -- {{ALTERA_IO_END}} DO NOT REMOVE THIS LINE!

END yimaqi;


--  Architecture Body

ARCHITECTURE yimaqi_architecture OF yimaqi IS


BEGIN

END yimaqi_architecture;
```

图 6-47　创建的译码器设计原始文件

```
yimaqi.vhd:2

LIBRARY ieee;
USE ieee.std_logic_1164.all;
ENTITY yimaqi IS
    PORT
    (
        bcd : IN STD_LOGIC_VECTOR(3 downto 0);
        segout : OUT STD_LOGIC_VECTOR(6 downto 0)
    );
END yimaqi;
ARCHITECTURE yimaqi_architecture OF yimaqi IS
BEGIN
    PROCESS (bcd)
    BEGIN
        CASE bcd (3 DOWNTO 0) IS
            WHEN "0000"  =>  segout <= "0111111" ;
            WHEN "0001"  =>  segout <= "0000110" ;
            WHEN "0010"  =>  segout <= "1011011" ;
            WHEN "0011"  =>  segout <= "1001111" ;
            WHEN "0100"  =>  segout <= "1100110" ;
            WHEN "0101"  =>  segout <= "1101101" ;
            WHEN "0110"  =>  segout <= "1111101" ;
            WHEN "0111"  =>  segout <= "0000111" ;
            WHEN "1000"  =>  segout <= "1111111" ;
            WHEN "1001"  =>  segout <= "1101111" ;
            WHEN others  =>  segout <= "0000000" ;
        END CASE;
    END PROCESS;
END yimaqi_architecture;
```

图 6-48　编辑后的译码器程序

6.3.3 设计项目的编译仿真

对设计项目的编译仿真不再详述,请读者自己完成。

6.3.4 层次显示

Quartus Ⅱ能够以一个层次树的形式显示整个项目的设计层次。项目编译成功后,在编译报告栏选择 Analysis & Synthesis 目录下的 Hierarchy 项,当前项目的层次便显示出来。层次树中的每个文件都可以通过双击文件名打开,并送到前台显示。

6.4 技能实训

6.4.1 计数译码器的文本输入层次化设计

1. 实训目的

(1) 学会简单的计数译码显示电路的设计。

(2) 学会 VHDL 的多进程及多层次设计方法。

2. 实训原理

译码显示通常采用小规模专用集成电路,如 74 或 4000 系列的器件。它们一般只能作十进制 BCD 码译码,然而数字系统中的数据处理和运算都是二进制的,所以 4 位二进制计数器是十六进制的,为了满足十六进制数的译码显示,最方便的方法就是利用译码程序在 FPGA 和 CPLD 中来实现。程序 6-2 是能够完成 4 位二进制计数和 7 段 BCD 码译码的 VHDL 源程序,输出信号 DOUT 的 7 位分别与图 6-49 所示数码管的 7 个段相接,高位在左,低位在右。例如,当 DOUT 输出为"1101101"时,数码管的 7 个段:g、f、e、d、c、b、a 分别接 1、1、0、1、1、0、1;接高电平的段发亮,于是数码管显示"5"。

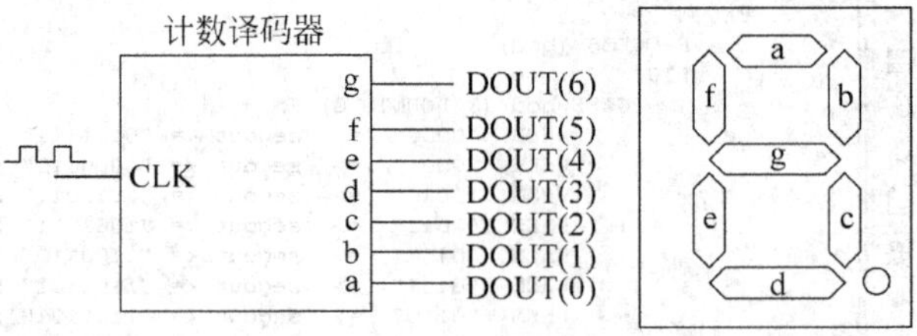

图 6-49 计数译码显示电路

3. 实训内容

(1) 必做内容。

① 说明程序 6-2 中各语句的含义以及该程序的整体功能。对程序 6-2 进行编辑、编

译、综合、适配、仿真，给出其所有信号的时序仿真波形。

提示：用输入总线的方式给出输入信号仿真数据。

② 引脚锁定及硬件测试。操作方法：选择实验电路结构图NO.6(附图10)，CLK接到clock1上，每输入一个脉冲，则由数码管8显示计数器的计数结果0～F。由实验电路结构图NO.6(附图10)可知，数码管的a、b、c、d、e、f、g七段分别与PIO40～PIO46相接。

③ 将程序6-2改成十进制7段译码器重复以上实验。

(2) 选做内容。

试用层次化设计方式重复以上实验。可用VHDL文本输入法先设计底层文件，即4位二进制计数器COUNT4B和译码器DECL7S，其源程序分别见程序6-3和程序6-4，然后用元件例化语句按图6-50的方式或用原理图方式完成顶层文件设计，并重复以上实验过程。

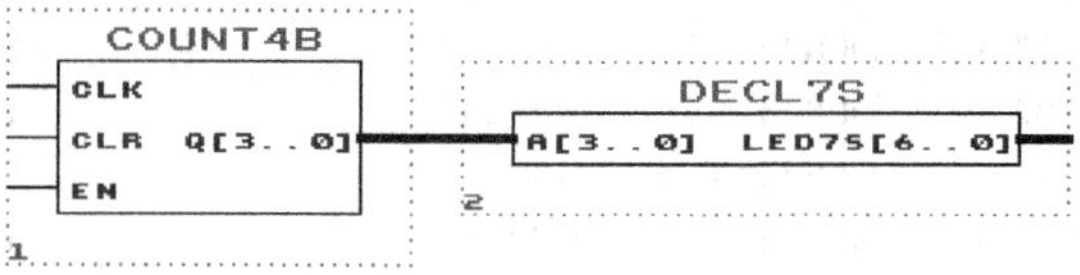

图6-50　用计数器和译码器构成顶层文件

4. 举一反三

(1) 设计一个能递增显示各种不同符号的显示器，工作方式同此示例。

(2) 设计一个二十六进制加法计数器和一个译码器，利用状态机的逻辑表达方式来设计译码器，将此加法计数器的26个输出数分别译成对应于7段数码显示的26个英语字母。

5. 实训报告

说明计数译码显示电路的工作原理；写出VHDL源程序、软件编译、仿真过程中存在的问题及解决方法，并给出仿真波形图及硬件测试和实验方法。

6. 实训参考

【程序6-2】 计数译码器顶层设计代码。

```
LIBRARY IEEE;
USE IEEE.STD_LOGIC_1164.ALL;
USE IEEE.STD_LOGIC_UNSIGNED.ALL;
ENTITY DECLED IS
  PORT (CLK: IN STD_LOGIC;
        DOUT: OUT STD_LOGIC_VECTOR(6 DOWNTO 0));    --7段输出
END DECLED;
ARCHITECTURE behav OF DECLED IS
  SIGNAL CNT4B : STD_LOGIC_VECTOR (3 DOWNTO 0);    --4位加法计数器定义
BEGIN
  PROCESS(CLK)                                    --4位二进制计数器工作进程
  BEGIN
    IF CLK'EVENT AND CLK='1' THEN
```

```
      CNT4B <= CNT4B + 1;                --当CLK上升沿到来时计数器加1,否则保持原值
    END IF;
  END PROCESS;
  PROCESS (CNT4B)
  BEGIN
    CASE CNT4B IS              --CASE…WHEN语句构成的译码输出电路功能类似于真值表
      WHEN "0000" => DOUT <= "0111111";            --显示0
      WHEN "0001" => DOUT <= "0000110";            --显示1
      WHEN "0010" => DOUT <= "1011011";            --显示2
      WHEN "0011" => DOUT <= "1001111";            --显示3
      WHEN "0100" => DOUT <= "1100110";            --显示4
      WHEN "0101" => DOUT <= "1101101";            --显示5
      WHEN "0110" => DOUT <= "1111101";            --显示6
      WHEN "0111" => DOUT <= "0000111";            --显示7
      WHEN "1000" => DOUT <= "1111111";            --显示8
      WHEN "1001" => DOUT <= "1101111";            --显示9
      WHEN "1010" => DOUT <= "1110111";            --显示A
      WHEN "1011" => DOUT <= "1111100";            --显示B
      WHEN "1100" => DOUT <= "0111001";            --显示C
      WHEN "1101" => DOUT <= "1011110";            --显示D
      WHEN "1110" => DOUT <= "1111001";            --显示E
      WHEN "1111" => DOUT <= "1110001";            --显示F
      WHEN OTHERS => DOUT <= "0000000";            --必须有此项
    END CASE;
  END PROCESS;
END behav;
```

【程序 6-3】 4位二进制计数器代码。

```
LIBRARY IEEE;
USE IEEE.STD_LOGIC_1164.ALL;
USE IEEE.STD_LOGIC_UNSIGNED.ALL;
ENTITY count4b IS
  PORT (clk: IN STD_LOGIC;
      clr, en: IN STD_LOGIC;
          q: BUFFER STD_LOGIC_VECTOR(3 DOWNTO 0));
END count4b;
ARCHITECTURE behav OF count4b IS
BEGIN
  PROCESS (clk, clr, en)
  BEGIN
     IF clk'EVENT AND clk = '1' THEN
       IF en='1' then
         IF clr = '1' THEN
           q<="0000";
         ELSE
           q<=q+1;
         END IF;
       END IF;
     END IF;
```

```
  END PROCESS;
END behav;
```

【程序 6-4】 显示译码器代码。

```
LIBRARY IEEE;
USE IEEE.STD_LOGIC_1164.ALL;
USE IEEE.STD_LOGIC_UNSIGNED.ALL;
ENTITY Decl7s IS
  PORT (a: IN STD_LOGIC_VECTOR (3 DOWNTO 0);
        led7s: OUT STD_LOGIC_VECTOR(6 DOWNTO 0)); --7 段输出
END Decl7s;
ARCHITECTURE behav OF Decl7s IS
BEGIN
  PROCESS (a)
  BEGIN
    CASE a IS                    --CASE…WHEN 语句构成的译码输出电路功能类似于真值表
      WHEN "0000" => led7s <= "0111111";          --显示 0
      WHEN "0001" => led7s <= "0000110";          --显示 1
      WHEN "0010" => led7s <= "1011011";          --显示 2
      WHEN "0011" => led7s <= "1001111";          --显示 3
      WHEN "0100" => led7s <= "1100110";          --显示 4
      WHEN "0101" => led7s <= "1101101";          --显示 5
      WHEN "0110" => led7s <= "1111101";          --显示 6
      WHEN "0111" => led7s <= "0000111";          --显示 7
      WHEN "1000" => led7s <= "1111111";          --显示 8
      WHEN "1001" => led7s <= "1101111";          --显示 9
      WHEN "1010" => led7s <= "1110111";          --显示 A
      WHEN "1011" => led7s <= "1111100";          --显示 B
      WHEN "1100" => led7s <= "0111001";          --显示 C
      WHEN "1101" => led7s <= "1011110";          --显示 D
      WHEN "1110" => led7s <= "1111001";          --显示 E
      WHEN "1111" => led7s <= "1110001";          --显示 F
      WHEN OTHERS => led7s <= "0000000";          --必须有此项
     END CASE;
  END PROCESS;
END behav;
```

6.4.2 2位十进制计数译码器的宏函数调用设计

1. 实训目的

熟悉原理图输入法中74系列宏功能元件的使用方法，完成4位十进制计数译码器的设计，学会利用实验系统上的FPGA/CPLD验证设计项目的方法。

2. 实训原理

利用6.2节介绍的宏功能块的调用方法，设计一个2位十进制的计数译码器，其中计数器选用74192，7段显示译码器选用74248，构成的原理图可参考图6-51。

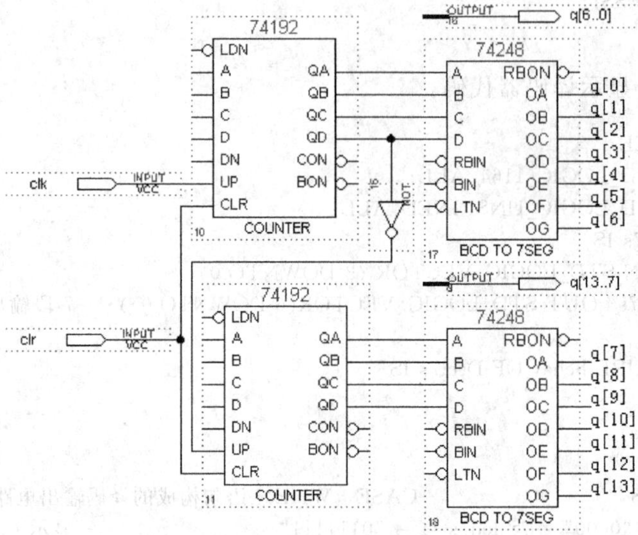

图6-51 2位十进制计数译码器原理图

3. 实训内容

(1) 按照6.2节介绍的方法与流程,完成2位计数译码器的设计,包括原理图输入、编译、综合、仿真、硬件测试等。

(2) 用层次化设计方法利用已完成的2位计数译码器设计一个4位的计数译码器。

4. 实训报告

详细给出各层次的原理图、工作原理、电路的仿真波形图和波形分析,详述硬件实验过程和实验结果。

6.4.3 2位十进制频率计的宏函数调用与层次设计综合实训

1. 实训目的

熟悉原理图输入法中74系列宏功能元件的使用方法,掌握更复杂的原理图层次化设计技术和数字系统设计方法,学会利用实验系统上的FPGA/CPLD验证较复杂设计项目的方法。

2. 实训原理

最简单的频率测量方法就是在1s内对待测信号进行计数。为此,2位十进制频率计可由测频控制模块cfkz、有时钟使能的2位十进制计数器counter8和锁存译码电路组成。测频控制模块用来产生一个1s时间的计数使能脉冲、一个计数值锁存信号和一个计数器清零信号。其顶层设计原理图可以参考图6-52。

3. 实训内容

(1) 按照图6-53所示的测频控制要求,完成测频控制模块cfkz.gdf的设计,图6-54给出的是一个参考电路原理图,读者也可以自行设计。计数使能信号CNT_EN是一个

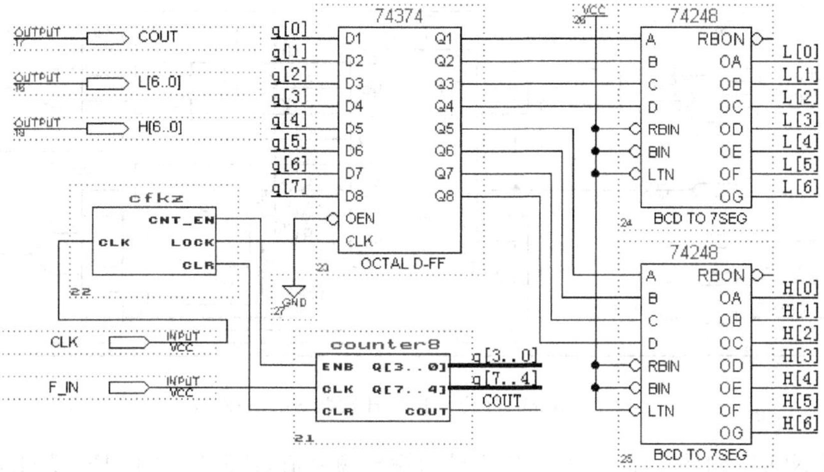

图 6-52　2 位十进制频率计的顶层设计原理图

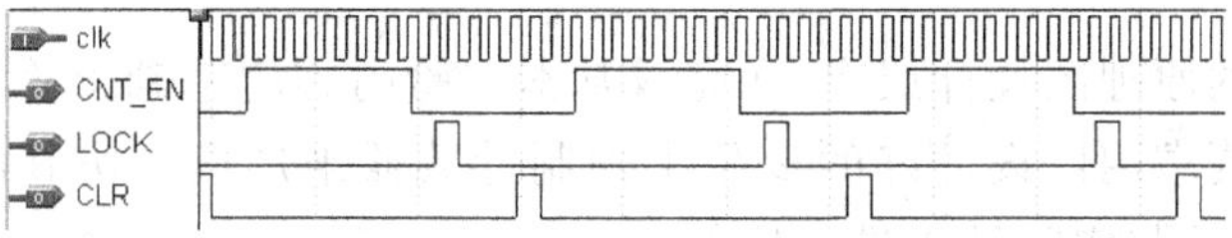

图 6-53　测频控制模块的时序要求

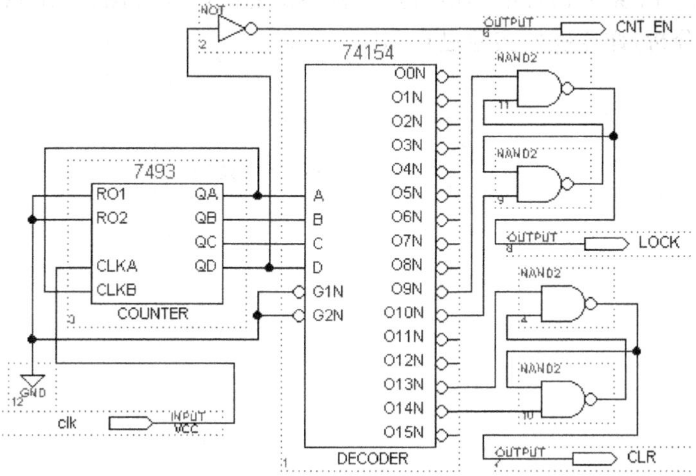

图 6-54　测频控制模块 cfkz. gdf

脉宽为 1s、频率为 0.5Hz 的脉冲，锁存信号 LOCK 和清零信号 CLR 相继出现在停止计数以后。

(2) 按照 6.2 节介绍的方法与流程，完成一个有时钟使能的 2 位十进制计数器 counter8。图 6-55 是参考电路原理图，读者也可自行设计。

(3) 完成顶层电路原理图的设计，并进行编译、仿真、硬件测试等。建议选择实验电

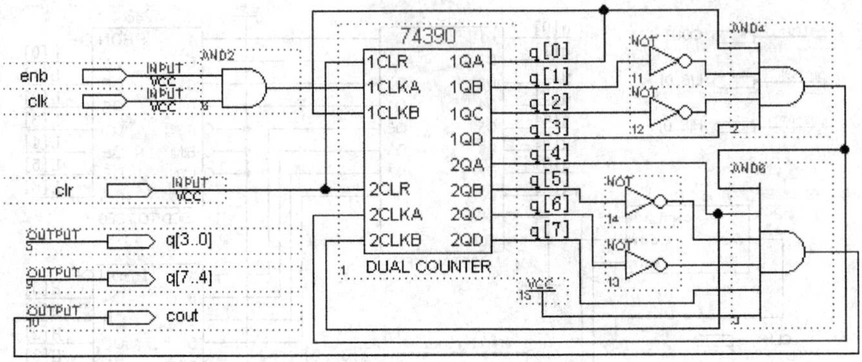

图 6-55　2位十进制计数器 counter8

路结构图 NO.2(附图 6)。数码 6 和 5 显示输出频率值,待测频率 F_IN 接 clock0；测频控制时钟 CLK 接 clock2,若选择 clock2=8Hz,门控信号 CNT_EN 的脉宽恰好为 1s。

4. 选做内容

建立一个新的原理图设计层次,在完成基本实验内容的基础上将其扩展成为 4 位频率计。计数部分要求用已设计好的 2 位十进制计数器来形成。仿真测试该频率计待测信号的最高频率,并与实际结果进行比较。

5. 实训报告

给出选用的 74 系列器件的功能特点和各层次的电路原理图、工作原理、电路的仿真波形图和波形分析,详述硬件实验过程和实验结果。

模块四

常用电路的 VHDL设计实例

通过前面的学习，已经了解了 VHDL 程序的基本结构、语言要素及语法规则。本模块用一个任务驱动，主要学习常用数字电路的 VHDL 描述方法。

Task 7

任务 7

学习常用电路的 VHDL 描述方法

常用简单电路的 VHDL 设计，包括组合逻辑电路、时序逻辑电路、状态机、存储器和一些特色实用电路的 VHDL 程序，通过这些电路程序的学习，旨在进一步掌握前面所学的基本知识，并用于简单典型电路的设计。这些基本典型电路的 VHDL 描述，往往是组成更复杂数字系统的模块，可作为 VHDL 工程设计的基础。

7.1 组合逻辑电路设计

7.1.1 任务引入与分析

组合逻辑电路(Combinational Logic Circuit)的输出只与当前的输入有关，而与历史输入无关，即组合逻辑电路没有记忆功能。通常，组合逻辑电路可由基本的门电路构成。在组合逻辑电路的 VHDL 描述过程中，要注意 IF 语句必须完整，即要有 ELSE 部分。如果使用不完整的 IF 语句，在进行电路综合时将引入锁存器，从而形成时序逻辑。

7.1.2 任务实施

1. 2输入与非门

```
LIBRARY IEEE;
USE IEEE.std_logic_1164.ALL;
ENTITY nand2 IS
  PORT (a, b : IN STD_LOGIC;
          y: OUT STD_LOGIC);                    --定义输入、输出信号
END nand2;
ARCHITECTURE nand2behv1 OF nand2 IS
BEGIN
        y<=a NAND b;                            --直接用逻辑运算符号进行描述
END nand2behv1;
```

2. 三态反相器

```
LIBRARY IEEE;
USE IEEE.STD_LOGIC_1164.ALL;
ENTITY tri_gate IS
```

```
   PORT (din, en: IN STD_LOGIC;
        dout: OUT STD_LOGIC);                                   --定义输入、输出信号
END tri_gate;
ARCHITECTURE zas OF tri_gate IS
BEGIN
tri_gatel :PROCESS( din, en)                                    --IF语句必须包含在进程内
   BEGIN
     IF (en='1') THEN
        dout<=NOT din;                                          --en='1'时输入反相后输出
     ELSE
        dout<='Z';                                              --否则输出高组态
     END IF;
   END PROCESS;
END zas;
```

3. 单向总线缓冲器

```
LIBRARY IEEE;
USE IEEE.STD_LOGIC_1164.ALL;
ENTITY tri_buf8 IS
    PORT (din: IN STD_LOGIC_VECTOR (7 DOWNTO 0);
          dout: OUT STD_LOGIC_VECTOR(7 DOWNTO 0);
            en: IN STD_LOGIC);                                  --输入、输出信号为总线形式
END tri_buf8;
ARCHITECTURE zas OF tri_buf8 IS
BEGIN
tri_buff: PROCESS(en, din)
   BEGIN
     IF (en='1') THEN
        dout<=din;                                              --en='1'时输入反相后输出
     ELSE
        dout<="ZZZZZZZZ";                                       --否则输出高组态
     END IF;
   END PROCESS;
END zas;
```

4. 双向总线缓冲器

```
LIBRARY IEEE;
USE IEEE.STD_LOGIC_1164.ALL;
ENTITY tri_bigate IS
   PORT (a, b: INOUT STD_LOGIC_VECTOR (7 DOWNTO 0);  --输入与输出可逆
          en: IN STD_LOGIC;                                     --传输使能控制信号
          dr: IN STD_LOGIC);                                    --传输方向控制信号
END tri_bigate;
ARCHITECTURE rt OF tri_bigate IS
   SIGNAL aout, bout: STD_LOGIC_VECTOR (7 DOWNTO 0);  --内部信号定义
BEGIN
   P1:PROCESS (a, dr, en)                                       --a为输入时
```

```
  BEGIN
    IF ((en='0') AND (dr='1')) THEN                --en='0'时将 a 送到 b
       bout <=a;
    ELSE
       bout <="ZZZZZZZZ";                          --否则输出高组态
    END IF;
       b<=bout;
  END PROCESS p1;
  P2:PROCESS (b, dr, en)                           --b 为输入时
  BEGIN
    IF ((en='0') AND (dr='0')) THEN                --en='0'时将 b 送到 a
       aout<=b;
    ELSE
       aout<="ZZZZZZZZ";                           --否则输出高组态
    END IF;
       a<=aout;
  END PROCESS p2;
END rt;
```

5. 3-8 译码器

```
LIBRARY IEEE;
USE IEEE.STD_LOGIC_1164.ALL;
ENTITY decoder3_8 IS
   PORT (a, b, c: IN STD_LOGIC;                    --a、b、c 为 3 个译码输入信号
    g1, g2a, g2b: IN STD_LOGIC;                    --g1、g2a、g2b 为使能控制输入信号
          y: OUT STD_LOGIC_VECTOR(7 DOWNTO 0));           --y 为 8 位输出信号
END decoder3_8;
ARCHITECTURE behv1 OF decoder3_8 IS
  SIGNAL indata: STD_LOGIC_VECTOR (2 DOWNTO 0);
BEGIN
   indata<=c&b&a;
  PROCESS (indata, g1, g2a, g2b)
  BEGIN
    IF (g1='1'AND g2a='0' AND g2b='0') THEN        --g1、g2a、g2b 为使能控制输入端
      CASE indata IS
        WHEN "000"=>y<="11111110";                 --译码器输出为低电平有效方式
        WHEN "001"=>y<="11111101";
        WHEN "010"=>y<="11111011";
        WHEN "011"=>y<="11110111";
        WHEN "100"=>y<="11101111";
        WHEN "101"=>y<="11011111";
        WHEN "110"=>y<="10111111";
        WHEN "111"=>y<="01111111";
        WHEN OTHERS=>y<="XXXXXXXX";
      END CASE;
    ELSE
       y<="11111111";                              --使能控制输入条件不满足时，输出全 1
    END IF;
```

```
  END PROCESS;
END behv1;
```

6. 8-3 线优先编码器(用两种方法进行结构体描述)

```
LIBRARY IEEE;
USE IEEE.STD_LOGIC_1164.ALL;
USE IEEE.STD_LOGIC_ARITH.ALL;
ENTITY priorityencoder IS
   PORT (input: IN STD_LOGIC_VECTOR (7 DOWNTO 0);
            y: OUT STD_LOGIC_VECTOR(2 DOWNTO 0));
END priorityencoder;
--(1)使用 IF 语句
ARCHITECTURE behv1 OF priorityencoder IS
BEGIN
  PROCESS (input)
  BEGIN
    IF (input(0)='0') THEN y<="111";                    --输入为低电平有效,输出采用反码
    ELSIF (input(1)='0') THEN y<="110";
    ELSIF (input(2)='0') THEN y<="101";
    ELSIF (input(3)='0') THEN y<="100";
    ELSIF (input(4)='0') THEN y<="011";
    ELSIF (input(5)='0') THEN y<="010";
    ELSIF (input(6)='0') THEN y<="001";
    ELSIF (input(7)='0') THEN y<="000";
    ELSE y<="XXX";
    END IF;
  END PROCESS;
END behv1;
--(2)使用条件赋值语句
ARCHITECTURE behv2 OF priorityencoder IS
BEGIN
    y<="111" WHEN (input(0)='0') ELSE
       "110" WHEN (input(1)='0') ELSE
       "101" WHEN (input(2)='0') ELSE
       "100" WHEN (input(3)='0') ELSE
       "011" WHEN (input(4)='0') ELSE
       "010" WHEN (input(5)='0') ELSE
       "001" WHEN (input(6)='0') ELSE
       "000" WHEN (input(7)='0') ELSE
       "XXX";
  END behv2;
```

7. 4 选 1 数据选择器

```
LIBRARY IEEE;
USE IEEE.STD_LOGIC_1164.ALL;
ENTITY mux4 IS
   PORT (input: IN STD_LOGIC_VECTOR (3 DOWNTO 0);       --4 路输入
```

```
          a,b: IN STD_LOGIC;                    --选择控制信号
           y: OUT STD_LOGIC);
END mux4;
ARCHITECTURE rt OF mux4 IS
  SIGNAL sel: STD_LOGIC_VECTOR (1 DOWNTO 0);
BEGIN
  sel<=b&a;
  PROCESS (input, sel)
  BEGIN
    IF sel="00" THEN y<= input (0);             --ba="00"时选择 input (0)输出
    ELSIF sel="01" THEN y<= input (1);          --ba="01"时选择 input (1)输出
    ELSIF sel="10" THEN y<= input (2);          --ba="10"时选择 input (2)输出
    ELSE y<= input (3);                         --ba="11"时选择 input (3)输出
    END IF;
  END PROCESS;
END rt;
```

7.1.3 拓展与训练

1. 补码器

试用 VHDL 设计一个补码器,完成对 8 位二进制数的补码运算。参考程序如下：

```
LIBRARY IEEE;
USE IEEE.STD_LOGIC_1164.ALL;
USE IEEE.STD_LOGIC_UNSIGNED.ALL;
ENTITY patch IS
   PORT (a: IN STD_LOGIC_VECTOR (7 DOWNTO 0);
         b: OUT STD_LOGIC_VECTOR (7 DOWNTO 0));
END patch;
ARCHITECTURE rtl OF patch IS
BEGIN
   b<=NOT a+'1';                                --反码加 1 就是补码
END rtl;
```

2. 奇偶校验器

用 VHDL 设计一个奇偶校验器,能对并行输入的 4 位二进制代码中 1 的个数进行奇偶校验,即当 4 位二进制代码中 1 的个数为奇数个时输出为高电平。参考程序如下：

```
LIBRARY IEEE;
USE IEEE.STD_LOGIC_1164.ALL;
ENTITY parity_check IS
  PORT (a: IN STD_LOGIC_VECTOR (3 DOWNTO 0);
        y: OUT STD_LOGIC);
END parity_check;
ARCHITECTURE behv1 OF parity_check IS
  SIGNAL s: STD_LOGIC_VECTOR (3 DOWNTO 0);
BEGIN
```

```
    PROCESS (a)
    BEGIN
        s (0)<=a(0);
    FOR i IN 0 TO 2 LOOP
        s ( i+1)<=s( i ) XOR a ( i+1);
      END LOOP;
        y<=s(3);                          --y 为 1 时,说明 a 中有奇数个 1,否则 a 中有偶数个 1
    END PROCESS;
  END behv1;
```

7.2 时序电路逻辑设计

时序逻辑电路(Sequential Logic Circuit)的输出和当前的输入以及历史状态都有关系,即时序电路具有“记忆”功能,而记忆功能是由触发器构成的。本节主要介绍时序逻辑电路中的触发器、寄存器和计数器。

7.2.1 任务引入与分析

触发器中最常用的是 D 触发器,其他类型的触发器都可由 D 触发器外加组合逻辑电路转换而成。因而几乎所有的数字逻辑电路都可由 D 触发器和组合逻辑电路构成。用 VHDL 描述数字逻辑电路,VHDL 综合器通常将带时钟的触发器都描述成 D 触发器或 D 触发器外加组合逻辑电路。

在一个时序电路系统中,复位信号、时钟信号是两个重要的信号。复位信号保证了系统初始状态的确定性,时钟信号则是时序系统工作的必要条件。时序电路系统通常在复位信号到来的时候,恢复到初始状态;每个时钟到来的时候,内部状态则发生变化。

另外,时序电路也总是以时钟进程的形式来描述的,其描述方式一般有两种。

(1) 进程的敏感信号是时钟信号。

这种情况下,时钟信号就作为敏感信号出现在 PROCESS 语句后的括号中。信号边沿的到来作为时序电路语句执行的条件。

(2) 用进程中的 WAIT 语句等待时钟。

这种情况下,描述时序电路的进程将没有敏感信号,而是用 WAIT 语句来控制进程的执行。进程通常停在 WAIT ON 语句上,只有在时钟信号到来,且满足边沿条件时,其余的语句才能执行。WAIT ON 语句只能放在进程的最前面或最后面。

在对时钟边沿进行说明时,一定要指定是上升沿还是下降沿,或者说是前沿还是后沿,只说明是边沿是不行的。当时钟信号作进程的敏感信号时,在敏感信号表中不能同时出现两个或多个时钟信号。除时钟信号以外,复位信号等可以和时钟信号一起出现在敏感表中。

检测时钟上升沿最常用的语句是

```
IF clk 'EVENT AND clk='1' THEN
```

意思是当 clk 的值发生变化且变化后 clk 的值为高电平时(即为一个上升沿)。其中 clk 是时钟信号名,也可以更换为其他名字。检测下降沿的语句是

```
IF clk 'EVENT AND clk='0' THEN
```

含义为当 clk 的值发生变化且 clk 的值为低电平时(即为一个下降沿)。

另外,触发器的初始状态应由复位信号来设置,触发器复位操作可以分为同步复位和异步复位两种。同步复位是当复位信号有效且在给定的时钟边沿到来时触发器才被复位;异步复位则是一旦复位信号有效,触发器就被复位。在实际应用中,同步复位实际上是当复位信号有效时,用一个时钟将 0 锁进触发器;异步复位则是将复位信号直接连接到触发器的复位端。这里所谓的"同步"或"异步"是相对于时钟信号而言的,是指与时钟信号"同步"或"异步"。

7.2.2 任务实施

1. 触发器设计

(1) D 触发器

```
LIBRARY IEEE;
USE IEEE.STD_LOGIC_1164.ALL;
ENTITY dff IS
  PORT (d: IN STD_LOGIC;
        clk: IN STD_LOGIC;
        clr: IN STD_LOGIC;
         q: OUT STD_LOGIC);
END dff;
--异步清零 D 触发器
ARCHITECTURE behav1 OF dff IS
BEGIN
  PROCESS (clk, clr, d)
  BEGIN
    IF clr ='1' THEN                          --先判断清零信号是否有效
       q<='0';
    ELSIF clk 'EVENT AND clk= '1' THEN
       q<=d;
    END IF;                                   --注意这里的 IF 语句是不完整的
  END PROCESS;
END behav1;
--同步清零 D 触发器
ARCHITECTURE behav2 OF dff IS
BEGIN
PROCESS (clk)
BEGIN
  IF clk 'EVENT AND clk='1' THEN              --先判断时钟信号是否有效
    IF clr ='1' THEN
```

```
        q<='0';
      ELSE
        q<=d;
      END IF;
    END IF;
  END PROCESS;
END behav2;
```

(2) RS触发器

```
LIBRARY IEEE;
USE IEEE.STD_LOGIC_1164.ALL;
ENTITY rsff IS
  PORT ( r, s: IN STD_LOGIC;
      q, qb: OUT STD_LOGIC);
END rsff;
ARCHITECTURE behav1 OF rsff IS
  SIGNAL q_temp, qb_temp: STD_LOGIC;
BEGIN
  PROCESS (r,s)
  BEGIN
    IF s='1'AND r='0' THEN
      q_temp<='0';
      qb_temp<='1';
    ELSIF s='0'AND r='1' THEN
      q_temp<='1';
      qb_temp<='0';
    ELSE
      q_temp<=q_temp;
      qb_temp<=qb_temp;
    END IF;
  END PROCESS;
      q <= q_temp;
      qb<=qb_temp;
END behav1;
```

2. 移位寄存器设计

(1) 8位串行输入、串行输出移位寄存器

```
LIBRARY IEEE;
USE IEEE.STD_LOGIC_1164.ALL;
ENTITY shift8 IS
    PORT (a, clk: IN STD_LOGIC;
                b: OUT STD_LOGIC);
END shift8;
ARCHITECTURE sample OF shift8 IS
   COMPONENT dff                                   --元件说明
      PORT (d,clk: IN STD_LOGIC;
                q: OUT STD_LOGIC);
   END COMPONENT;
```

```
  SIGNAL z: STD_LOGIC_VECTOR (0 TO 8);            --定义信号
BEGIN
    z(0)<=a;
  gl: FOR i IN 0 TO 7 GENERATE                    --利用生成语句进行元件例化
  dffx: dff PORT MAP(z(i), clk, z(i+1));          --用8个触发器级联构成移位寄存器
  END GENERATE;
    b<=z(8);
END sample;
```

(2) 移位寄存器的另一种描述方式

```
LIBRARY IEEE;
USE IEEE.STD_LOGIC_1164.ALL;
ENTITY shift8 IS
  PORT (a, clk: IN STD_LOGIC;
           b: OUT STD_LOGIC);
END shift8;
ARCHITECTURE rtl OF shift8 IS
  SIGNAL dfo_1, dfo_2, dfo_3, dfo_4, dfo_5, dfo_6, dfo_7: STD_LOGIC;
BEGIN
  PROCESS (clk)
  BEGIN
    IF clk 'EVENT AND clk='1' THEN
      dfo_1<=a;
      dfo_2<=dfo_1;
      dfo_3<=dfo_2;
      dfo_4<=dfo_3;
      dfo_5<=dfo_4;
      dfo_6<=dfo_5;
      dfo_7<=dfo_6;
          b<=dfo_7;
    END IF;
  END PROCESS;
END rtl;
```

3. 计数器设计

(1) 具有清零端的4位二进制计数器

```
LIBRARY IEEE;
USE IEEE.STD_LOGIC_1164.ALL;
USE IEEE.STD_LOGIC_UNSIGNED.ALL;
ENTITY cnt4 IS
   PORT (clk: IN STD_LOGIC;
         clr: IN STD_LOGIC;
          q: BUFFER STD_LOGIC_VECTOR (3 DOWNTO 0));
END cnt4;
ARCHITECTURE behav OF cnt4 IS
BEGIN
  PROCESS (clk, clr)
  BEGIN
```

```
    IF clr ='1' THEN
      q<="0000";                                   --异步清零
    ELSIF clk 'EVENT AND clk ='1' THEN
      q<=q+1;                                      --时钟上沿到来时计数值加 1
    END IF;
  END PROCESS;
END behav;
```

(2) 8 位异步复位的可预置加减计数器

```
LIBRARY IEEE;
USE IEEE.STD_LOGIC_1164.ALL;
ENTITY counter8 IS
  PORT ( clk: IN STD_LOGIC;
        reset: IN STD_LOGIC;
    ce, load, dir: IN STD_LOGIC;
          din: IN INTEGER RANGE 0 TO 255;
        count: OUT INTEGER RANGE 0 TO 255);
END counter8;
ARCHITECTURE counter8_arch OF counter8 IS
BEGIN
PROCESS (clk, reset)
  VARIABLE counter: INTEGER RANGE 0 TO 255;
BEGIN
  IF reset ='1' THEN counter:=0;                   --异步复位
  ELSIF clk 'EVENT AND clk='1' THEN
    IF load='1' THEN                               --load='1'时,预置计数初值
        counter:=din;
    ELSE
      IF ce='1' THEN                               --计数器工作时
        IF dir='1' THEN                            --如果是加法计数
          IF counter=255 THEN                      --当计数值达到最大时清零
            counter:=0;
          ELSE                                     --否则加 1 计数
            counter:= counter+1;
          END IF;
        ELSE                                       --如果是减法计数
          IF counter=0 THEN                        --当计数到最小值 0 时
            counter:=255;                          --计数值重新设为最大值
          ELSE                                     --否则减 1 计数
            counter:= counter-1;
          END IF;
        END IF;
      END IF;
    END IF;
  END IF;
  count<=counter;
END PROCESS;
END counter8_arch;
```

7.2.3　拓展与训练

1. 用VHDL描述主从JK触发器

```
LIBRARY IEEE;
USE IEEE.STD_LOGIC_1164.ALL;
ENTITY jkff IS
  PORT ( j, k, cp, r, s: IN STD_LOGIC;                --r、s为直接复位和置位端
              q, qb: OUT STD_LOGIC);
END jkff;
ARCHITECTURE behav1 OF jkff IS
  SIGNAL q_temp, qb_temp: STD_LOGIC;
BEGIN
  PROCESS (j, k, cp)
  BEGIN
    IF s='1' AND r='0' THEN                           --s='1'、r='0'时触发器直接复位
      q_temp<='0';
      qb_temp<='1';
    ELSIF s='0' AND r='1' THEN                        --s='0'、r='1'时触发器直接置位
      q_temp<='1';
      qb_temp<='0';
    ELSIF s='1' AND r='1' THEN                        --s='1'、r='1'时触发器状态不变
      q_temp<=q_temp;
      qb_temp<=qb_temp;
    ELSIF cp'EVENT AND cp='0'THEN                     --当时钟下降沿到来时
      IF j='0' AND k='1' THEN                         --如果j='0'、k='1'
          q_temp<='0';                                --触发器状态为0
          qb_temp<='1';
      ELSIF j='1' AND k='0' THEN                      --如果j='1'、k='0'
          q_temp<='1';                                --触发器状态为1
        qb_temp<='0';
      ELSIF j='0' AND k='0' THEN                      --如果j='0'、k='0'
        q_temp<=q_temp;                               --触发器状态不变
        qb_temp<=qb_temp;
      ELSIF j='1' AND k='1' THEN                      --如果j='1'、k='1'
        q_temp<=NOT q_temp;                           --触发器状态翻转
        qb_temp<=NOT qb_temp;
      END IF;
    END IF;
  END PROCESS;
    q <= q_temp;
    qb<=qb_temp;
END behav1;
```

2. 用VHDL描述一个可预加载的8位循环移位寄存器

```
LIBRARY IEEE;
```

```
USE IEEE.STD_LOGIC_1164.ALL;
ENTITY rosft8 IS
  PORT (clk: IN STD_LOGIC;
       load: IN STD_LOGIC;
          d: IN STD_LOGIC_VECTOR(7 DOWNTO 0);
          q: BUFFER STD_LOGIC_VECTOR(7 DOWNTO 0);
          qs: BUFFER STD_LOGIC);
END rosft8;
ARCHITECTURE behav OF rosft8 IS
BEGIN
  PROCESS (clk, d, load)
  BEGIN
    IF clk 'EVENT AND clk='1' THEN
      IF load='1' THEN                          --如果load='1',加载数据
        q<=d;
        qs<='0';
      ELSE                                      --否则数据右移1位
        qs<=q(0);
        q(6 DOWNTO 0)<=q(7 DOWNTO 1);
        q(7)<=qs;
      END IF;
    END IF;
  END PROCESS;
END behav;
```

3. 4位移位寄存器型扭环计数器

```
LIBRARY IEEE;
USE IEEE.STD_LOGIC_1164.ALL;
ENTITY shift_cnt4 IS                      --采用高位取反后移至低位的循环码编码方式
   PORT (clr, clk: IN STD_LOGIC;
            y: OUT STD_LOGIC_VECTOR(3 DOWNTO 0));
END shift_cnt4;
ARCHITECTURE behav OF shift_cnt4 IS
  SIGNAL q: STD_LOGIC_VECTOR (3 DOWNTO 0);
  SIGNAL d0: STD_LOGIC;               --描述最低位的输入信号,扭环计数器的设计关键所在
BEGIN
  PROCESS (clk, clr)
  BEGIN
    IF clr ='1' THEN
       q<="1111";                                          --置计数器的初始状态
    ELSIF clk 'EVENT AND clk ='1' THEN
      q(0)<=d0; q(3 DOWNTO 1)<=q(2 DOWNTO 0);              --时钟上沿到来时移位
    END IF;
    IF (q="1111" OR q="1110" OR q="1100" OR q="1000" OR
     q="0000" OR q="0001" OR q="0011" OR q="0111")THEN
        d0<=NOT q(3);                          --计数器处于有效状态时将高位取反送至d0
    ELSE
     IF q="1010" OR q="0101" THEN              --如果进入非法状态,使电路能够自启动
```

```
          d0<=NOT q(3);
        ELSE
          d0<=q(3);
        END IF;
      END IF;
    END PROCESS;
      y<=q;
END behav;
```

上述 VHDL 设计所描述的 4 位移位寄存器型扭环计数器的状态转换如图 7-1 所示。

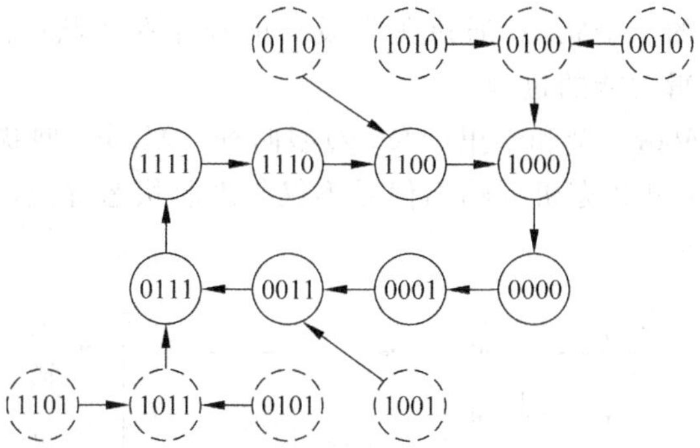

图 7-1　4 位移位寄存器型扭环计数器的状态转换

4. 顺序脉冲发生器

```
LIBRARY IEEE;
USE IEEE.STD_LOGIC_1164.ALL;
ENTITY s_pulse IS
  PORT (clk: IN STD_LOGIC;
          y: OUT STD_LOGIC_VECTOR (3 DOWNTO 0));
END s_pulse;
ARCHITECTURE behav OF s_pulse IS
  SIGNAL q: STD_LOGIC_VECTOR (3 DOWNTO 0);
BEGIN
  PROCESS (clk)
  BEGIN
      IF clk 'EVENT AND clk ='1' THEN
        IF (q="1000" OR q="0100" OR q="0010" OR q="0001") THEN
          q<=q(0)&q(3 DOWNTO 1);
          ELSE
            q<="1000";
          END IF;
      END IF;
  END PROCESS;
    y<=q;
END behav;
```

7.3 状态机设计

7.3.1 任务引入与分析

状态机(State Machine)是一类很重要的时序电路,是很多数字电路的核心部件,是大型电子设计的基础。状态机相当于一个控制器,它将一项功能的完成分解为若干步,每一步对应于二进制的一个状态,通过预先设计的顺序在各状态之间进行转换,状态转换的过程就是实现逻辑功能的过程。

状态机有摩尔(Moore)型和米里(Mealy)型两种。Moore型状态机的输出信号只与当前状态有关;Mealy型状态机的输出信号不仅与当前状态有关,还与输入信号有关,如图7-2所示。

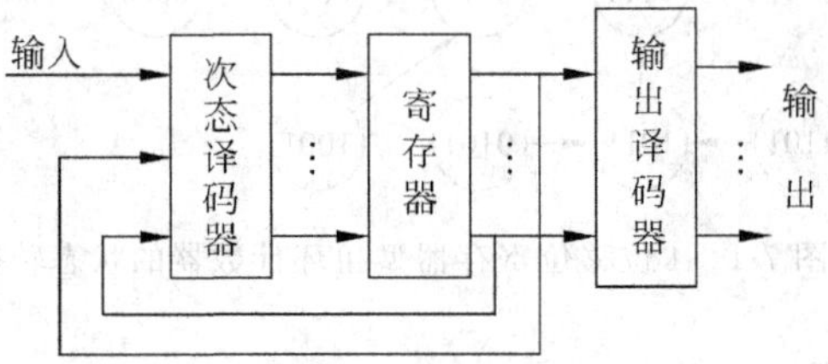

(a) Moore型状态机

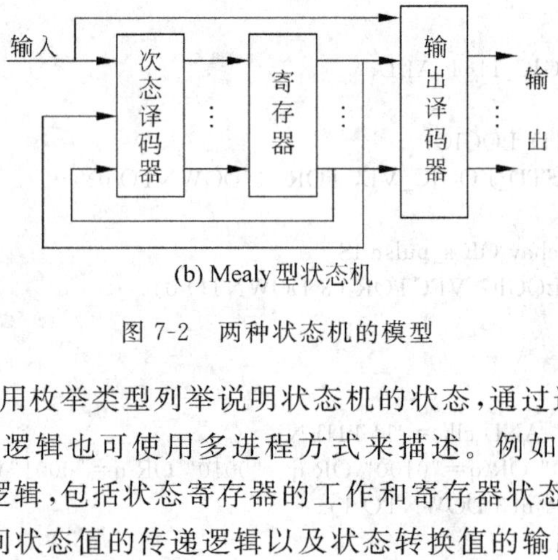

(b) Mealy型状态机

图7-2 两种状态机的模型

状态机设计时一般用枚举类型列举说明状态机的状态,通过进程来描述状态的转移和输出。状态机的内部逻辑也可使用多进程方式来描述。例如,可使用两个进程来描述,一个进程描述时序逻辑,包括状态寄存器的工作和寄存器状态的输出,另一个进程描述组合逻辑,包括进程间状态值的传递逻辑以及状态转换值的输出。必要时还可以引入第三个进程完成其他的逻辑功能。

7.3.2 任务实施

下面通过两个实例说明Moore型状态机的设计方法。

1. 空调控制器

空调控制器状态机的状态转换如图 7-3 所示。控制器有两个输入，分别与温度传感器相连，用于检测室内温度。如果温度适宜（如 18℃～25℃），则两个输入 temp_high 和 temp_low 均为低；如果室内温度超过上限（25℃），则输入 temp_high 为高；如果室内温度低于下限（18℃），则输入 temp_low 为高。设控制器的输出为"heat"和"cool"，当两者之一为高时，空调器就制热或制冷。

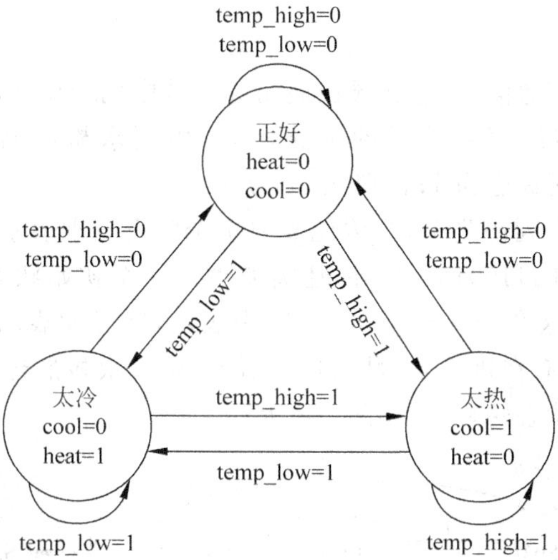

图 7-3　空调控制器状态转换

该控制器的 VHDL 描述如下：

```
LIBRARY IEEE;
USE IEEE.STD_LOGIC_1164.ALL;
ENTITY air_cont IS
  PORT(clk: IN STD_LOGIC;
      temp_high: IN STD_LOGIC;
       temp_low: IN STD_LOGIC;
            heat: OUT STD_LOGIC;
            cool: OUT STD_LOGIC);
END air_cont;
ARCHITECTURE arc1 OF air_cont IS
  TYPE state_type IS(just_right, too_cold, too_hot);     --状态类型,枚举 3 种状态
  SIGNAL stvar: state_type;                              --状态变量
BEGIN
   PROCESS
   BEGIN
    WAIT ON clk UNTIL RISING_EDGE(clk);                  --等待 clk 上升沿
      IF temp_low='1' THEN stvar<=too_cold;              --次态逻辑
      ELSIF temp_high='1' THEN
        stvar<=too_hot;
      ELSE stvar<=just_right;
      END IF;
```

```
      CASE stvar IS                                          --输出逻辑
       WHEN just_right=>heat<='0';cool<='0';    --正好,不制冷,也不制热
       WHEN too_cold=>heat<='1';cool<='0';      --太冷,制热
       WHEN too_hot=>heat<='0';cool<='1';       --太热,制冷
      END CASE;
   END PROCESS;
END arc1;
```

注意：状态变量的判断必须用 CASE 语句，不能用 IF 语句。

2. 序列检测器

序列检测器在数字通信、雷达和遥控遥测等领域中用于检测同步识别标识。它是一种用来检测一组或多组序列信号的电路，本例中要求检测器连续收到一组串行码(1110010)后，输出检测标志为1；否则，输出为0。

这里要求检测的序列码是7位，因此需要7个状态分别表示连续收到了1、11、111、1110、11100、111001和1110010。另外，还需要增加一个初始状态，表示"未收到一个有效位"，共8个状态。这8个状态用S0～S7来表示，序号就表示已收到有效位的个数。显然，输出检测标志只有在进入S7状态时才输出为1，很显然这是一个摩尔(Moore)型状态机。下面先画出状态转移图，如图7-4所示。

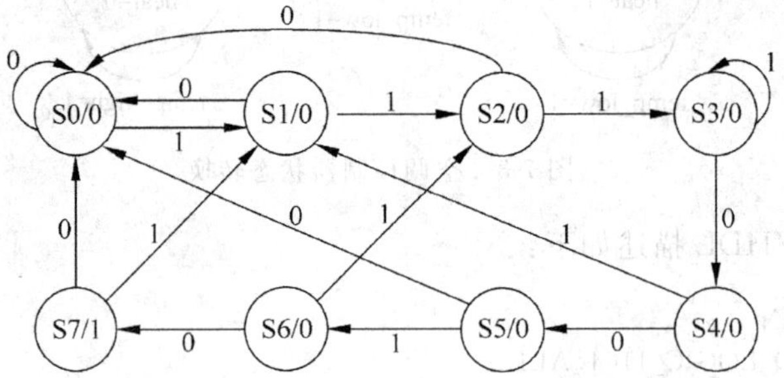

图7-4　序列检测器的状态转移图

8个状态根据编码原则，可以用3位二进制数来表示，即：S0=000、S1=001、S2=010、S3=011、S4=100、S5=101、S6=110、S7=111。下面给出VHDL的源文件：

```
LIBRARY IEEE;
USE IEEE.STD_LOGIC_1164.ALL;
ENTITY jcq IS
PORT (clk, xi: IN STD_LOGIC;
          z: OUT STD_LOGIC);
END jcq;
ARCHITECTURE archjcq OF jcq IS
  TYPE state_type IS (S0, S1, S2, S3, S4, S5, S6, S7);
  SIGNAL present_state, next_state: state_type ;
BEGIN
  state_comb: PROCESS (present_state, xi)
  BEGIN
    CASE present_state IS
```

```
      WHEN S0=> z<='0';
        IF xi='1' THEN next_state<=S1; ELSE next_state<=S0; END IF;
      WHEN S1=> z<='0';
        IF xi ='1' THEN next_state<=S2; ELSE next_state<=S0; END IF;
      WHEN S2=> z<='0';
        IF xi='1' THEN next_state<=S3; ELSE next_state<=S0; END IF;
      WHEN S3=> z<='0';
        IF xi='1' THEN next_state<=S3; ELSE next_state<=S4; END IF;
      WHEN S4=> z<='0';
        IF xi='1' THEN next_state<=S1; ELSE next_state<=S5; END IF;
      WHEN S5=> z<='0';
        IF xi='1' THEN next_state<=S6; ELSE next_state<=S0; END IF;
      WHEN S6=> z<='0';
        IF xi='1' THEN next_state<=S2; ELSE next_state<=S7; END IF;
      WHEN S7=> z<='1';
        IF xi='1' THEN next_state<=S1; ELSE next_state<=S0; END IF;
    END CASE;
  END PROCESS state_comb;
  state_clk: PROCESS(clk)
  BEGIN
    IF clk'EVENT AND clk='1' THEN
       present_state<=next_state;
    END IF;
  END PROCESS state_clk;
END archjcq;
```

序列检测器的 VHDL 源文件中，有两个进程：第一个进程，说明次态的取值由现态及输入决定，但并没有指出它在什么时候成为现态；第二个进程，可以看到该赋值过程与时钟的上升沿同步。因为序列检测器使用了两个进程来定义有限状态机，故而称之为双进程的有限状态机描述方式。

7.3.3　拓展与训练

1. 试用 VHDL 设计一个简单的内存控制器

简单的内存控制器能够根据微处理器的读或写周期，分别对存储器输出写使能 we 和读使能 oe 信号。该控制器的输入为微处理器的就绪 ready 及读写 read_write 信号。当 ready 有效或上电复位后，控制器开始工作，并在下一个时钟周期判断本次处理是读操作还是写操作。如果 read_write 为有效(高)电平，则为读操作；否则为写操作。在读写操作完成后，处理机输出 ready 有效信号标志本次处理完成，并使控制器恢复到初始状态。控制器的输出信号 we 在写操作中有效，而 oe 则在读操作中有效。

根据以上功能描述，可绘制出简单的内存控制器的状态图，如图 7-5 所示。

从图中可见，一个完整的读写周期是从空闲 idle 开始的，在 ready 信号有效之后的下一个时钟周期转移到判断状态 decision，然后根据 read_write 信号再转移到 read 或 write 状态。接着，当 ready 有效时，本次处理完成，下一个时钟周期将返回空闲状态；当其无效

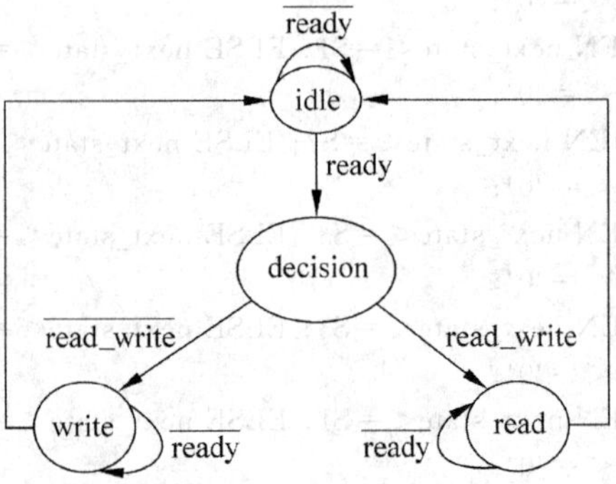

图 7-5 简单的内存控制器状态图

时,则维持当前的读或写状态不变。

下面是用 VHDL 语言描述的状态机示例:

```
LIBRARY IEEE;
USE IEEE.STD_LOGIC_1164.ALL;
ENTITY memory_controller IS
  PORT (read_write, ready, clk: IN BIT;
                    oe, we: OUT BIT);
END memory_controller;
ARCHITECTURE model OF memory_controller IS
  TYPE state_type IS (idle, decision, read, write);
  SIGNAL state: state_type;
BEGIN
  state_comb: PROCESS (clk , state, read_write, ready)
  BEGIN
    IF clk'EVENT AND clk='1' THEN
      CASE state IS
        WHEN idle=> oe<='0';we<='0';
          IF ready='1' THEN
             state<=decision;
          ELSE
             state<=idle;
          END IF;
        WHEN decision=> oe<='0';we<='0';
          IF (read_write='1') THEN
             state<=read;
          ELSE
             state<=write;
          END IF;
        WHEN read=> oe<='1';we<='0';
          IF (ready='1')THEN
             state<=idle;
          ELSE
             state<=read;
          END IF;
        WHEN write=> oe<='0';we<='1';
```

```
        IF (ready='1')THEN
            state<=idle;
        ELSE
            state<=write;
        END IF;
    END CASE;
  END IF;
END PROCESS state_comb;
END model;
```

简单的内存控制器的VHDL源文件中，只有一个进程，由于它使用一个进程来描述状态的转移和对时钟的同步，故称之为单进程的有限状态机的描述方式。

2. 米里型状态机的设计

米里型状态机的输出逻辑不仅与当前状态有关，还与当前的输入变量有关，因此，一个基本的米里型状态机应具有以下端口信号。

时钟输入端：clk

输入变量：input1

输出变量：output1

状态复位端：reset

下面给出的是米里型状态机的典型电路的VHDL描述，对于更复杂的数字系统的程序设计，可查阅有关资料，通过一定的练习逐步掌握。

```
LIBRARY IEEE;
USE IEEE.STD_LOGIC_1164.ALL;
ENTITY statmach4 IS
  PORT(clk: IN BIT;
       input1: IN BIT;
        reset: IN BIT;
       output1: OUT INTEGER RANGE 0 TO 4);
END statmach4;
ARCHITECTURE a OF statmach4 IS
  TYPE state_type IS (s0, s1, s2, s3);
  SIGNAL state: state_type;
BEGIN
  PROCESS (clk)
  BEGIN
    IF reset='1'THEN
        state<=s0;
    ELSIF (clk 'EVENT AND clk='1') THEN
      CASE state IS
        WHEN s0=>
          state<=s1;
        WHEN s1=>
          IF input1='1' THEN
            state <=s2;
          ELSE
            state<=s1;
          END IF;
```

```
            WHEN s2=>
              IF input1='1' THEN
                state<=s3;
              ELSE
                state<=s2;
              END IF;
            WHEN s3=>
                state<=s0;
          END CASE;
        END IF;
      END PROCESS;
      PROCESS (state, input1)
      BEGIN
        CASE state IS
          WHEN s0=>
            IF input1='1' THEN
              output1<=0;
            ELSE
                output1<=4;
            END IF;
          WHEN s1=>
            IF input1='1' THEN
                output1<=1;
            ELSE
                output1<=4;
            END IF;
          WHEN s2=>
            IF input1='1' THEN
                output1<=2;
            ELSE
                output1<=4;
            END IF;
          WHEN s3=>
            IF input1='1' THEN
                output1<=3;
            ELSE
                output1<=4;
            END IF;
        END CASE;
      END PROCESS;
    END a;
```

7.4 存储器设计

7.4.1 任务引入与分析

存储器是数字系统中的常用部件。根据其不同功能，存储器可分为只读存储器 ROM、随机存取的存储器 RAM 和先入后出的堆栈等不同类型。

7.4.2　任务实施

1. 只读存储器 ROM

```
LIBRARY IEEE;
USE IEEE.STD_LOGIC_1164.ALL;
ENTITY rom32 IS
  PORT (clk, rd: IN STD_LOGIC;                          --时钟和读允许信号
          addr: IN STD_LOGIC_VECTOR(4 DOWNTO 0);           --5位地址信号
          dout: OUT STD_LOGIC_VECTOR(7 DOWNTO 0));         --8位数据输出
END rom32;
ARCHITECTURE a OF rom32 IS
  SIGNAL data: STD_LOGIC_VECTOR (7 DOWNTO 0);
BEGIN
  p1: PROCESS (clk)                                    --该进程描述存储器各单元存储的数据
    BEGIN
    IF clk'EVENT AND clk='1' THEN
      CASE addr IS
        WHEN "00000"=>data<="00000000";
        WHEN "00001"=>data<="00010001";
        WHEN "00010"=>data<="00100010";
        WHEN "00011"=>data<="00110011";
        WHEN "00100"=>data<="01000100";
        WHEN "00101"=>data<="01010101";
        WHEN "00110"=>data<="01100110";
        WHEN "00111"=>data<="01110111";
        WHEN "01000"=>data<="10001000";
        WHEN "01001"=>data<="10011001";
        WHEN "01010"=>data<="00110000";
        WHEN "01011"=>data<="00110001";
        WHEN "01100"=>data<="00110010";
        WHEN "01101"=>data<="00110011";
        WHEN "01110"=>data<="00110100";
        WHEN "01111"=>data<="00110101";
        WHEN "10000"=>data<="00110110";
        WHEN "10001"=>data<="00110111";
        WHEN "10010"=>data<="00111000";
        WHEN "10011"=>data<="00111001";
        WHEN "10100"=>data<="01000000";
        WHEN "10101"=>data<="01000001";
        WHEN "10110"=>data<="01000010";
        WHEN "10111"=>data<="01000011";
        WHEN "11000"=>data<="01000100";
        WHEN "11001"=>data<="01000101";
        WHEN "11010"=>data<="01000110";
        WHEN "11011"=>data<="01000111";
        WHEN "11100"=>data<="01001000";
```

```
        WHEN "11101"=>data<="01001001";
        WHEN "11110"=>data<="01010000";
        WHEN "11111"=>data<="01010001";
        WHEN OTHERS =>NULL;
      END CASE;
    END IF;
  END PROCESS p1;
  p2: PROCESS (data, rd)                          --该进程用于数据读出
  BEGIN
    IF rd='1' THEN
      dout<=data;
    ELSE
      dout<="ZZZZZZZZ";
    END IF;
  END PROCESS p2;
END a;
```

2. 静态随机存储器 SRAM

```
LIBRARY IEEE;
USE IEEE.STD_LOGIC_1164.ALL;
USE IEEE.STD_LOGIC_UNSIGNED.ALL;
ENTITY sram32b IS
  PORT (we, re: IN STD_LOGIC;                 --写允许和读允许
        addr: IN STD_LOGIC_VECTOR (4 DOWNTO 0);       --5 位地址线
        data: INOUT STD_LOGIC_VECTOR (3 DOWNTO 0));    --4 位数据
END sram32b;
ARCHITECTURE a OF sram32b IS
  TYPE memory IS ARRAY (0 TO 31) OF STD_LOGIC_VECTOR (3 DOWNTO 0);
          --定义 memory 是一个包含 32 个单元的数组,每个单元是 4 位宽的地址
BEGIN
  PROCESS (we, re, addr)
    VARIABLE mem: memory;
  BEGIN
    IF we='0' AND re='1' THEN
      data<="ZZZZ";
      mem (conv_integer (addr)):=data;          --用函数 conv_integer 将矢量转换为整数
    ELSIF we='1' AND re='0' THEN
      data<=mem(conv_integer(addr));
    END IF;
  END PROCESS;
END a;
```

7.4.3 拓展与训练

设计一个先入后出的堆栈。

```
LIBRARY IEEE;
```

```
USE IEEE.STD_LOGIC_1164.ALL;
ENTITY filo_stack IS
  PORT (res, push, pop, clk: IN STD_LOGIC;
                    din: IN STD_LOGIC_VECTOR(7 DOWNTO 0);
                empty, full: OUT STD_LOGIC;
                    dout: OUT STD_LOGIC_VECTOR(7 DOWNTO 0));
END filo_stack;
ARCHITECTURE a OF filo_stack IS
  TYPE stock IS ARRAY (0 TO 16) OF STD_LOGIC_VECTOR (7 DOWNTO 0);
            --定义 stock 是一个包含 17 个单元的数组,每个单元是 8 位宽的数据
BEGIN
  PROCESS (clk, res)
    VARIABLE s: stock;
    VARIABLE cnt: INTEGER RANGE 0 TO 16;
  BEGIN
    IF res='0' THEN
      dout<="00000000";
      full<='0';
      cnt:=0;
    ELSIF clk 'EVENT AND clk='1'THEN
      IF push='1' AND pop='0'AND cnt /=16 THEN
          empty<='0';
          s(cnt):=din;
          cnt:=cnt+1;
      ELSIF push='0' AND pop='1' AND cnt /=0 THEN
        full<='0';
          dout<=s(cnt);
          cnt:=cnt-1;
      ELSIF cnt=0 THEN
          empty<='1';
      ELSIF cnt=16 THEN
          full<='1';
      END IF;
    END IF;
  END PROCESS;
END a;
```

7.5　特色实用电路设计

7.5.1　任务引入与分析

在数字电路设计中经常用到按键,按键大多数是机械开关,在开关动作瞬间往往会出现来回弹跳的现象,虽然只是按键一次,然后放开,而实际产生的按键信号却不只弹跳一次,因此必须加上消除抖动的电路。消除抖动可采用硬件和软件两种方式,下面介绍的 VHDL 程序是一种计数器型防抖动电路。

7.5.2 任务实施

```
LIBRARY IEEE;
USE IEEE.STD_LOGIC_1164.ALL;
USE IEEE.STD_LOGIC_UNSIGNED.ALL;
ENTITY fangdou IS
    PORT (clk: IN STD_LOGIC;                --时钟信号
          keyin:IN STD_LOGIC;               --开关输入信号
           keyout:OUT STD_LOGIC);           --开关输出信号
END fangdou;
ARCHITECTURE c OF fangdou IS
    SIGNAL cp:STD_LOGIC;
    SIGNAL count:INTEGER RANGE 0 TO 6;
    BEGIN
    PROCESS(clk)
    BEGIN
        IF(clk'EVENT AND clk='1')THEN
            IF(keyin='1')THEN               --开关状态为 1 时进行计数
                IF count=6 THEN
                    count<=count;           --达到有效按键要求值 6 之后计数值保持
                ELSE
                    count<=count+1;         --未达到时计数值加 1
                END IF;
                IF count=5 THEN cp<='1';    --计数到 5 时,开关输出状态为 1
                ELSE cp<='0';               --否则为 0
                END IF;
            ELSE
                count<=0; cP<='0';
            END IF;
        END IF;
    END PROCESS;
        keyout<=cp;
END c;
```

从图 7-6 所示的防抖动电路仿真波形可以看出,只有按键持续时间大于 6 个时钟周期,计数器输出才可能产生有效正跳变,输出一个单脉冲。只要选择时钟周期大于机械开关抖动产生的毛刺宽度,那么毛刺作用就不可能使计数器有输出,防抖动目的就可以实现。

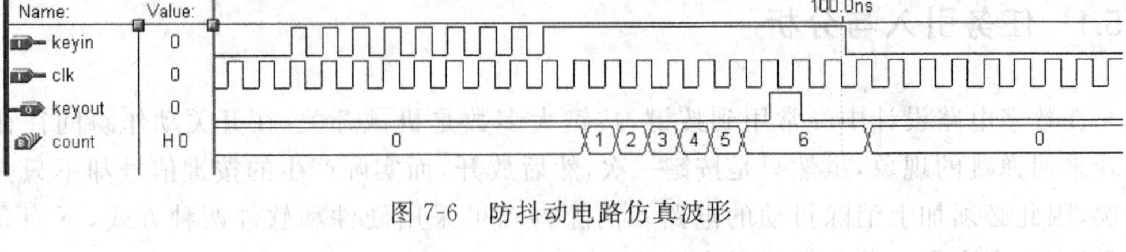

图 7-6 防抖动电路仿真波形

7.5.3　拓展与训练

积分分频器电路设计。

分频器有两类，一类是脉冲波形均匀分布的分频器，即常规分频器；另一类是脉冲波形不均匀分布的分频器，即积分分频器。下面通过设计一个电路介绍积分分频器的概念。

设输入频率为 10kHz 的信号，要求分频得到 3kHz 的信号，且不允许有计算误差，要求用 VHDL 设计一个电路来实现。

```
LIBRARY IEEE;
USE IEEE.STD_LOGIC_1164.ALL;
USE IEEE.STD_LOGIC_UNSIGNED.ALL;
ENTITY jffpq IS
    PORT (clk: IN STD_LOGIC;
            f:OUT STD_LOGIC);
END;
ARCHITECTURE c OF jffpq IS
    SIGNAL q:STD_LOGIC_VECTOR(3 DOWNTO 0);
    SIGNAL d: STD_LOGIC_VECTOR(9 DOWNTO 0) ;
    BEGIN
    p1:PROCESS(clk)                              --描述选择器的地址计数器
    BEGIN
        IF(clk'EVENT AND clk='1')THEN
            IF q="1001" THEN
                q<="0000";
            ELSE
                q<=q+1;
            END IF;
        END IF;
    END PROCESS;
    P2:PROCESS(q)                                --描述 10 选 1 选择器
    BEGIN
        IF    q="0000" THEN f<=d(0);
        ELSIF q="0001" THEN f<=d(1);
        ELSIF q="0010" THEN f<=d(2);
        ELSIF q="0011" THEN f<=d(3);
        ELSIF q="0100" THEN f<=d(4);
        ELSIF q="0101" THEN f<=d(5);
        ELSIF q="0110" THEN f<=d(6);
        ELSIF q="0111" THEN f<=d(7);
        ELSIF q="1000" THEN f<=d(8);
        ELSIF q="1001" THEN f<=d(9);
        END IF;
```

```
END PROCESS;
                --设置规定的0、1脉冲串
    d(0) <= '0';
    d(1) <= '0';
    d(2) <= '0';
    d(3) <= '0';
    d(4) <= '0';
    d(5) <= '1';
    d(6) <= '0';
    d(7) <= '1';
    d(8) <= '0';
    d(9) <= '1';
END c;
```

本例的仿真波形如图7-7所示。不难看出,该设计完成了从10kHz到3kHz的分频任务。但分频器输出信号f的波形分布是不均匀的。

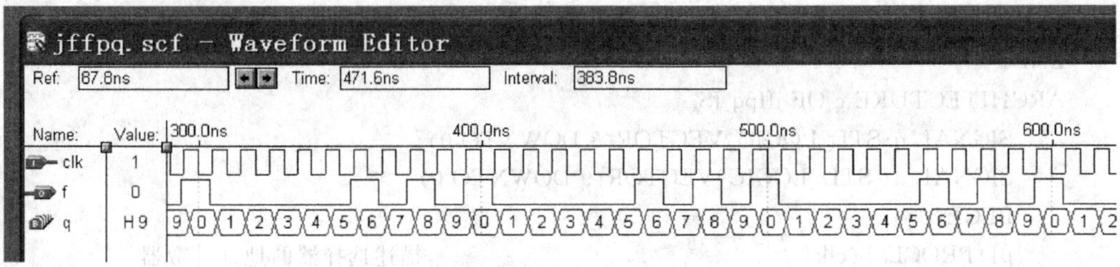

图7-7 积分分频器仿真波形

7.6 小结

本模块给出了常用数字电路的VHDL描述,主要包括组合逻辑电路、时序逻辑电路、状态机、存储器和一些特色实用电路的VHDL源程序。

组合电路的VHDL源程序有各种基本逻辑门电路、优先级编码器、3-8译码器、4选1多路选择器、一位半加器、求补器、三态门、单向和双向总线缓冲器等。

时序逻辑电路有D触发器、串入串出移位寄存器、可预加载循环移位寄存器、同步计数器等。

状态机分为Moore型和Mealy型两种,本章列举的3个实例:空调控制器、序列检测器和简单的内存控制器均是Moore型状态机,对于Mealy型状态机也给出了它的典型程序结构。

存储器有多种类型,本章给出了只读存储器ROM、静态随机存储器SRAM和先入后出型堆栈的VHDL描述。

特色实用电路主要给出了防抖动电路和积分分频器的设计。

7.7 思考题

7-1　设计一个多位数值比较器,使其满足表 7-1 的要求。

表 7-1　多位数值比较器的真值表

输　入	输　出		
A　B	Y1	Y2	Y3
若 A>B	1	0	0
若 A=B	0	1	0
若 A<B	0	0	1

7-2　用组合逻辑设计一个 4 位二进制数乘法电路。

7-3　设计一个 16 位加法器,要求由 4 个并行进位的 4 位加法器串接而成。

7-4　利用移位相加的原理,设计一个 8 位乘法器。

7-5　设计一个带同步预置功能的 16 位加减计数器。

7-6　设计一个带有异步清零端和异步置位端的十进制可逆计数器。

7-7　设计 4 位加/减法可控计数器。令该计数器的输出信号 q0～q3 表示当前计数值,q3 是最高位；输出信号 cao 是进位或借位输出；clk 是输入时钟；clr 为清零信号,低电平时清零；dir 是控制信号,高电平时为加法计数器,低电平时为减法计数器；ena 是使能信号,低电平时输出允许。

7-8　设计 5 位可变模数计数器。设计要求：令输入信号 M1 和 M0 控制计数模,即令(M1,M0)=(0,0)时为模 19 加法计数器,(M1,M0)=(0,1)时为模 4 计数器,(M1,M0)=(1,0)时为模 10 计数器,(M1,M0)=(1,1)时为模 6 计数器。

7-9　设计序列检测器。序列检测器是用来检测一组或多组序列信号的电路,要求当检测器连续收到一组串行码(如 1011011)后,输出为 1,否则输出为 0。序列检测器的 I/O 口定义为：xi 是串行输入端,zo 是输出,当 xi 连续输入 1011011 时 zo 输出 1。

7.8 技能实训

7.8.1 计数器的设计

1. 实训目的

(1) 学会各种计数器的 VHDL 描述方法及多进程设计方法。

(2) 进一步熟悉 EDA 软件的设计方法。

2. 实训原理

程序 7-1 描述的是一个含计数使能、异步复位和计数值并行预置功能的 8 位并行预置加法计数器。其中,d(7 DOWNTO 0)为 8 位并行预置输入值;ld、ce、clk 和 rst 分别是计数器的并行预置输入的使能信号、计数时钟使能信号、计数时钟信号和复位信号。需要注意的是,由程序 7-1 可见,在加载信号 ld 为高电平的时间内必须至少含有一个时钟上升沿。

3. 实训步骤

(1) 将程序 7-1 取名为 counter.vhd 存入自己设定的目录,在 Quartus Ⅱ上进行编译直到通过,然后选择目标器件为 EPF10K10LC84,再进行一次编译,这一步对各个实验都一样,故以后不再重复。

(2) 选实验电路结构图为 NO.0(附图 4),分别锁定引脚为:d(7 DOWNTO 0)依次接 PIO15~PIO8;q(7 DOWNTO 0) 依次接 PIO47~PIO40;ce 接 PIO7;ld 接 PIO6;rst 接 PIO5;clk 接 CLOCK0。

(3) 参考附表 3,查出 PIO 口对应于 10K10 器件的引脚号,并输入到 Quartus Ⅱ的相应文件中,详细方法可参阅 3.3 节或 6.1 节。

(4) 下载文件后,在 GW48-CK 实验箱上,将 CLOCK0 设为 1Hz,此时键 8 控制计数使能信号 ce;键 7 控制加载信号 ld;键 6 控制清零信号 rst;数码 8 和 7 为十六进制计数显示;键 2/键 1 预置 8 位计数输入值,并在发光管 D8~D1 上显示。

4. 选做内容

(1) 修改程序 7-1,使计数器变为以时钟下降沿触发,并作减法计数。

(2) 程序 7-2 描述的计数器对程序 7-1 作了扩展,它扩展了加减计数可控功能,且程序的计数位宽可通过类属 GENERIC 设置。试将程序 7-2 设置成 8 位计数器,并在 GW48 系统上测试其功能(选实验电路结构图 NO.0(附图 4))。

5. 实训报告

(1) 在 Quartus Ⅱ中完成程序 7-1 的完整仿真时序波形,并给出波形分析报告。

(2) 写出硬件测试和实验过程。

(3) 在 Quartus Ⅱ中完成程序 7-2 的完整仿真时序波形,并给出波形分析报告。

6. 参考程序

【程序 7-1】 文件名:counter.vhd

```
LIBRARY IEEE;
USE IEEE.STD_LOGIC_1164.ALL;
USE IEEE.STD_LOGIC_UNSIGNED.ALL;
ENTITY counter IS
  PORT (ld, ce, clk, rst: IN STD_LOGIC;
        d : IN STD_LOGIC_VECTOR(7 DOWNTO 0);      --8 位预置值定义
          q : OUT STD_LOGIC_VECTOR (7 DOWNTO 0));
END counter;
ARCHITECTURE behave OF counter IS
  SIGNAL count: STD_LOGIC_VECTOR (7 DOWNTO 0);
BEGIN
  PROCESS (clk, rst)
```

```
  BEGIN
    IF rst='1' THEN count<=(OTHERS=>'0'); --复位有效,计数置 0
    ELSIF RISING_EDGE(clk) THEN           --有脉冲上升沿,则
      IF ld='1' THEN count<= d;           --预置信号为 1 时,进行加载操作
      ELSIF ce='1' THEN                   --否则,在计数使能信号为高电平时
        count<= count +1;                 --进行一次加 1 操作
      END IF;
    END IF;
  END PROCESS;
    q <= count;                           --将计数器中的值向端口输出
END behave;
```

【程序 7-2】 文件名：counter1. vhd

```
LIBRARY IEEE;
USE IEEE.STD_LOGIC_1164.ALL;
USE IEEE.STD_LOGIC_UNSIGNED.ALL;
ENTITY counter1 IS
  GENERIC (width : INTEGER:=4);           --设置计数器位宽为 4
  PORT (clk, rst: IN STD_LOGIC;
   p, down, load: IN STD_LOGIC;
            data: IN STD_LOGIC_VECTOR(width-1 DOWNTO 0);
              q: BUFFER STD_LOGIC_VECTOR(width-1 DOWNTO 0));
END counter1;
ARCHITECTURE behave OF counter1 IS
BEGIN
  PROCESS (clk, rst)
    VARIABLE count: STD_LOGIC_VECTOR (width-1 DOWNTO 0);
  BEGIN
    IF rst = '1' THEN
      count:= (OTHERS =>'0');
    ELSIF RISING_EDGE (clk) THEN
      IF (load='1') THEN
         count:=data;
      ELSIF (up='1' OR down='1') THEN
        IF (up='1') THEN
          count:= count+1;
        ELSE count:= count-1;
        END IF;
      END IF;
    END IF;
      q <= count;
  END PROCESS;
END behave;
```

7.8.2 简易彩灯控制器设计

1. 实训目的

(1) 学会用状态机结构设计循环彩灯控制器。

(2) 进一步掌握状态机的 VHDL 描述方法。

2. 实训原理

假设有红、绿、黄 3 只发光二极管，工作时要求红发光管亮 2 秒，绿发光管亮 3 秒，黄发光管亮 1 秒，3 只发光管循环点亮；另设一个控制端，能使 3 只发光管均不亮。试设计一个控制器完成该控制功能。

可考虑用状态机结构设计循环彩灯控制器。如果控制器的时钟信号采用 1Hz 的秒脉冲，可用 S0、S1、S2、S3、S4 和 S5 这 6 个状态作为状态机的状态，这样各状态随时钟循环一遍正好是 6 秒，可让红发光管 LEDR 伴随 2 个状态点亮，绿发光管 LEDG 伴随 3 个状态点亮，黄发光管 LEDY 伴随 1 个状态点亮。可参考程序 7-3。

3. 实训内容

(1) 在 Quartus Ⅱ 中用 VHDL 语言输入控制器的源程序，然后进行编译、仿真，以保证控制器功能的正确性。

(2) 引脚锁定及硬件测试。操作方法：选择实验电路结构图 NO. 1(附图 5)，CLK 接到 CLOCK0 上，设定为 1Hz，clr 接到键 8 上，LEDR、LEDG、LEDY 分别接到 D8、D7、D6 上。

4. 选做内容

请读者自己设计一种彩灯循环方案，然后用 VHDL 语言编程，并在 Quartus Ⅱ 中用 VHDL 进行编译、仿真，最后进行硬件测试。

5. 实训报告

详细给出循环彩灯控制器的工作原理、延时情况分析、电路的仿真波形图和波形分析，最后给出硬件测试流程和结果。

6. 参考程序

【程序 7-3】 文件名：jycd_control. vhd

```
LIBRARY IEEE;
USE IEEE.STD_LOGIC_1164.ALL;
ENTITY jycd IS
  PORT (clk, clr: IN STD_LOGIC;
       ledr, ledg, ledy: OUT STD_LOGIC);
END;
ARCHITECTURE a OF jycd IS
  TYPE states IS (S0, S1, S2, S3, S4, S5);
  SIGNAL present_state, next_state: states;
BEGIN
  p1: PROCESS (present_state, clk)
  BEGIN
    IF clk'EVENT AND clk='1' THEN
       CASE present_state IS
         WHEN s0 => ledr<='1';ledg<='0';ledy<='0';next_state<=s1;
         WHEN s1 => ledr<='1';ledg<='0';ledy<='0';next_state<=s2;
         WHEN s2 => ledr<='0';ledg<='1';ledy<='0';next_state<=s3;
         WHEN s3 => ledr<='0';ledg<='1';ledy<='0';next_state<=s4;
```

```
          WHEN s4 => ledr<='0';ledg<='1';ledy<='0';next_state<=s5;
          WHEN s5 => ledr<='0';ledg<='0';ledy<='1';next_state<=s0;
        END CASE;
      END IF;
  END PROCESS P1;
  P2: PROCESS (clk, clr)
  BEGIN
    IF clr='1' THEN
        present_state<=s0;
    ELSIF clk'EVENT AND clk='1' THEN
      present_state<=next_state;
    END IF;
  END PROCESS P2;
END a;
```

模块五

EDA设计综合训练

本模块在前面几个模块的基础上，介绍几个数字系统的设计实例，旨在提高EDA技术的综合设计能力。

Task 8

任务8

EDA技能综合提高

这部分通过数字钟的设计、智力竞赛抢答器的设计、交通灯控制器的设计、8路彩灯控制器的设计、简易数字频率计和“梁祝”乐曲演奏电路的设计等子任务，使读者初步掌握数字系统的EDA设计方法，进一步了解VHDL语言在数字系统设计中的用法，为复杂系统的设计打下坚实的基础。

8.1 数字钟的设计

8.1.1 任务引入与分析——数字钟的设计要求

数字钟的设计是数字电路的一个典型应用，其设计方法很多，这里要介绍的是用VHDL语言在FPGA/CPLD上来实现它的功能。通过本项设计，读者可以掌握各类计数器的设计方法；掌握多个数码管显示的原理与方法；掌握VHDL语言的设计思想；掌握EDA技术的层次化设计方法；对整个系统的设计有一个初步了解。

数字钟的设计要求如下。

(1) 具有正确的时、分、秒计时功能。

(2) 计时结果要用6个数码管分别显示时、分、秒的十位和个位。

(3) 有校时功能，当sb键按下时，分计数器以秒脉冲的速度递增，并按60min循环，即计数到59min后再回00。当sa键按下时，时计数器以秒脉冲的速度递增，并按24h循环，即计数到23h后再回00。

(4) 利用扬声器整点报时；当计时到达59'50"时开始报时，在59'50"、59'52"、59'54"、59'56"、59'58"时鸣叫，鸣叫声频为500Hz；到达59'60"时为最后一声整点报时，频率为1kHz。

8.1.2 任务实施方案

明确了数字钟的功能要求，就可以对数字钟按照功能进行模块划分，图8-1是它的顶层电路原理图。图中一个CLKK和3个FEN10共同构成分频器模块。CLKK模块产生1kHz和500Hz两种频率信号，1kHz的信号再经3个FEN10模块分频成为1Hz的方波信号。1Hz信号作为秒脉冲送入六十进制计数器CNT60进行秒计时，满六十秒产生一个进位信号co,它和1Hz信号经过2选1数据选择器21mux由sb键控制选择其一送入分计数器进行计数。即按下sb键时,将1Hz秒脉冲信号选送到分计数器,从而实现快速校分功能;正常状态下,sb键弹起,则将满60秒产生的进位信号co作为时钟计数,实现正常计时功能。当分计数器计满60分时,将其进位信号送至时计数器。同样,时计数器的时钟信号也是通过21mux选取60分进位信号或1Hz秒脉冲信号,以实现正常计时或校时两种不同功能。

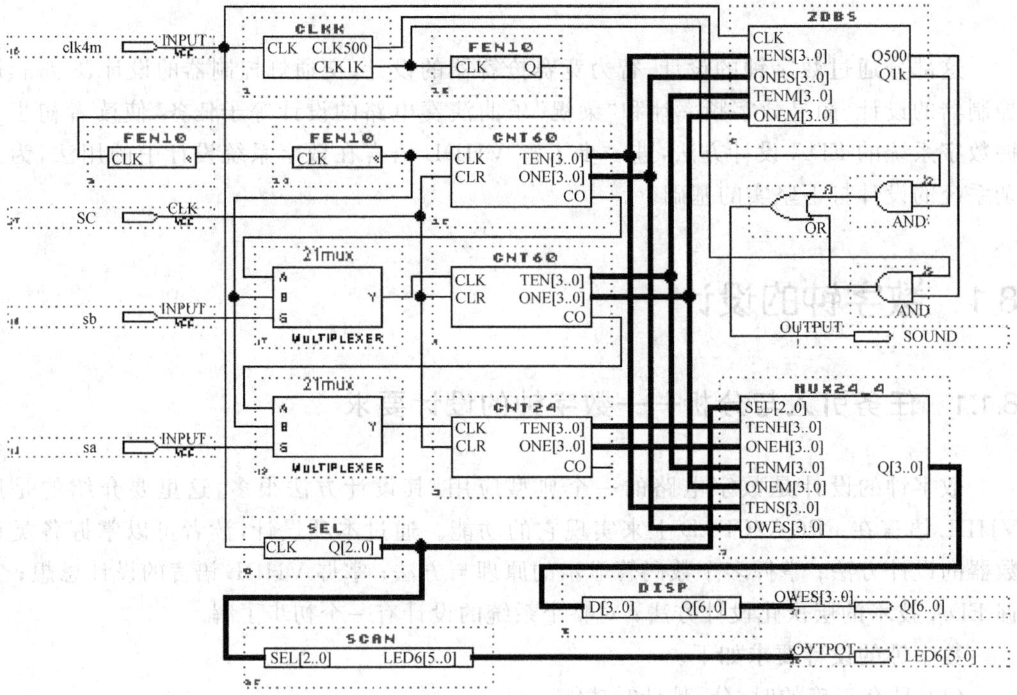

图8-1 数字钟的顶层电路原理图

时、分、秒计数器的输出均是十位和个位分开的8421BCD码,将这6组BCD码通过一个24选4数据选择器MUX24_4选出一组BCD码,由六进制计数器SEL的输出作为MUX24_4的选择控制信号。然后再将选出的一组BCD码送至BCD/7段LED译码器进行译码,译码输出结果同时送至6个LED数码管的a、b、c、d、e、f、g 7个段,至于哪个数码管能显示,取决于扫描控制模块SCAN的输出结果,即SCAN选通哪个数码管,哪个数码管就点亮。

用多个(如6个)数码管显示数据时有并行显示和动态扫描显示两种方式。所谓并行显示,是6个数码管同时被驱动,它需要同时对6组BCD码数据进行译码,并输出6组LED7段驱动信号去驱动6个数码管的7个显示段,共需要42个I/O管脚,另外还需要6个BCD/7段译码器。

本设计采用动态扫描显示,每次仅仅点亮一个数码管,各个数码管轮流被扫描点亮,如果扫描的速度足够快,由于人眼存在视觉暂留现象,就看不出闪烁。开始工作时,先从6组BCD数据中选出一组,通过BCD/7段译码器DISP译码后输出,然后再选出下一组数据译码输出。数据选择的时序和顺序由六进制计数器 SEL 控制，与此同时，3/6 译码器 SCAN 产生位选通信号。这种显示方式需要的资源少，而且节能。

模块 ZDBS 为整点报时提供控制信号，当分为 59，秒为 50、52、54、56、58 时，Q500 输出“1”，分和秒都为 00 时，Q1k 输出“1”。这两个信号与两个不同频率的时钟信号分别经过与门作用后，再通过或门输出，控制扬声器实现整点报时。

8.1.3 数字钟各模块的 VHDL 源程序设计

以下是数字钟各模块的 VHDL 源程序及部分主要模块的仿真波形。

1. 六十进制 BCD 码计数器的源程序

```
LIBRARY IEEE;
USE IEEE.STD_LOGIC_1164.ALL;
USE IEEE.STD_LOGIC_UNSIGNED.ALL;
ENTITY cnt60 IS
  PORT (clk, clr: IN STD_LOGIC;
     ten, one: OUT STD_LOGIC_VECTOR(3 DOWNTO 0);
                                              --计数的十位、个位输出均为 BCD 码
         co: OUT STD_LOGIC);
END cnt60;
ARCHITECTURE arc OF cnt60 IS
  SIGNAL cin: STD_LOGIC;
BEGIN
  PROCESS (clk, clr)                          --该进程用于描述个位的计数
    VARIABLE cnt0: STD_LOGIC_VECTOR (3 DOWNTO 0);
  BEGIN
    IF clr='1' THEN
       cnt0:="0000";                          --异步复位
    ELSIF clk 'EVENT AND clk='1' THEN         --如果时钟上升沿到来
     IF cnt0="1000" THEN                      --如果个位计数值已是 8,则
        cnt0:=cnt0+1;cin<='1';                --个位加 1 并产生进位信号
    ELSIF cnt0="1001"THEN
      cin<='0'; cnt0:="0000";
    ELSE cnt0:=cnt0+1; cin<='0';
    END IF;
  END IF;
  one<=cnt0;
END PROCESS;
PROCESS (clk, clr, cin)                       --该进程用于描述十位的计数
  VARIABLE cnt1: STD_LOGIC_VECTOR (3 DOWNTO 0);
BEGIN
  IF clr='1' THEN
    cnt1:="0000";                             --异步复位
   ELSIF clk 'EVENT AND clk='1'THEN           --如果时钟上升沿到来
    IF cin='1' THEN                           --且个位有进位时,
        IF cnt1="0101" THEN                   --如果十位计数值已是 5,则
```

```
              cnt1:="0000"; co<='1';        --十位计数值变0,并有六十进位脉冲输出
            ELSE cnt1:=cnt1+1; co<='0';     --否则,十位计数加1,无进位输出
          END IF;
        END IF;
      ELSE cnt1:=cnt1;                      --个位无进位时,十位不计数
      END IF;
      ten<=cnt1;
    END PROCESS;
END arc;
```

六十进制计数器的仿真波形如图 8-2 和图 8-3 所示,不难看出它的正确性。

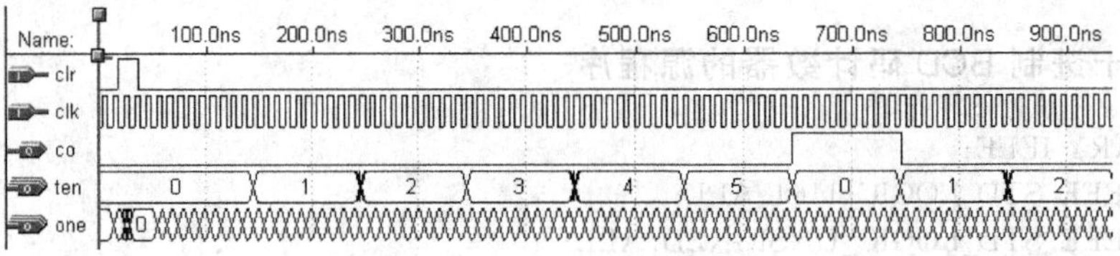

图 8-2 CNT60 的仿真波形

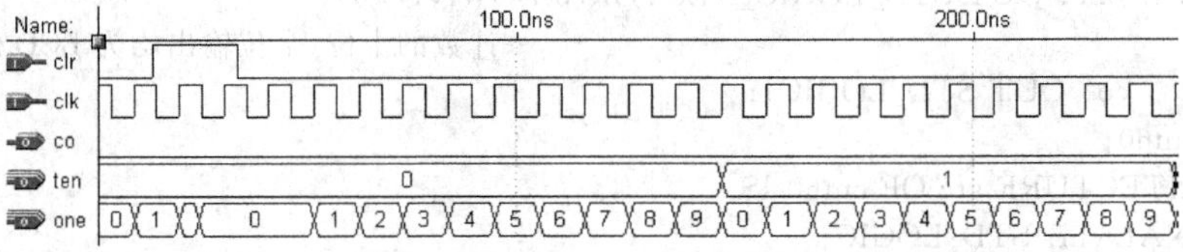

图 8-3 CNT60 的局部放大仿真波

2. 二十四进制计数器的 VHDL 源程序

```
LIBRARY IEEE;
USE IEEE.STD_LOGIC_1164.ALL;
USE IEEE.STD_LOGIC_ARITH.ALL;
USE IEEE.STD_LOGIC_UNSIGNED.ALL;
ENTITY cnt24 IS
  PORT (clk, clr: IN STD_LOGIC;
        ten, one: OUT STD_LOGIC_VECTOR (3 DOWNTO 0);
            co: OUT STD_LOGIC);
END cnt24;
ARCHITECTURE arc OF cnt24 IS
  SIGNAL t10: STD_LOGIC_VECTOR (3 DOWNTO 0);
  SIGNAL o1: STD_LOGIC_VECTOR (3 DOWNTO 0);
  SIGNAL cin: STD_LOGIC;
BEGIN
    ten<=t10;
    one<=o1;
  p1: PROCESS (clk, clr)                    --该进程用于描述个位的计数
  BEGIN
    IF clr='1' THEN
      o1<="0000";                           --异步清零
```

```
    ELSIF clk 'EVENT AND clk='1' THEN   --时钟上升沿到来时
      IF ( o1="1001") OR (t10="0010" AND o1="0011") THEN   --如果已计数到 9 或 23
        o1<="0000"; cin<='0';           --将个位清零,无进位输出;
      ELSIF o1="1000" THEN              --如果个位已计数到 8,则
        o1<=o1+1; cin<='1';             --个位加 1 并向十位进位
      ELSE o1<=o1+1; cin<='0';          --否则,个位加 1,不进位
      END IF;
  END IF;
END PROCESS p1;
p2: PROCESS (cin, clk, clr)             --该进程用于描述十位的计数
BEGIN
  IF clr='1'THEN
    t10<="0000";                        --异步清零
  ELSIF clk 'EVENT AND clk='1' THEN     --时钟上升沿到来时
    IF (t10="0010" AND o1="0011") THEN  --如果计数值已是 23,则
       t10<="0000"; co<='1';            --十位清零,并产生二十四进位输出
    ELSE co<='0';
    END IF;
    IF cin='1' THEN
      t10<=t10+1;                       --时钟到来且有个位进位时,十位加 1
    END IF;
   END IF;
  END PROCESS P2;
END arc;
```

二十四进制计数器的仿真波形如图 8-4 所示,不难看出它的正确性。

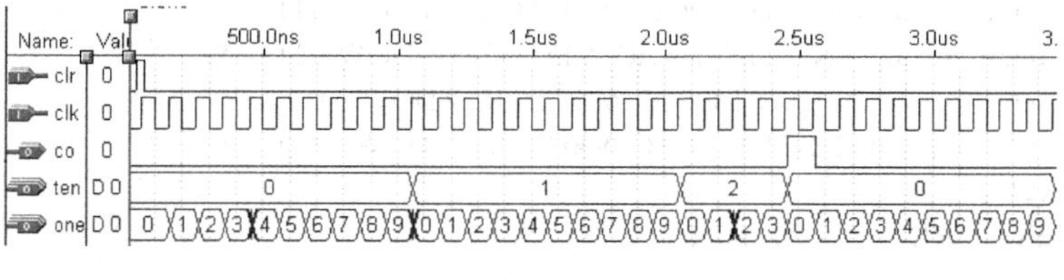

图 8-4 CNT24 的仿真波形

3. 整点报时模块 ZDBS 的 VHDL 源程序

模块 ZDBS 为整点报时提供控制信号,当分为 59,秒为 50、52、54、56、58 时,Q500 输出"1",分和秒都为 00 时,Q1k 输出"1"。这两个信号分别与两个不同的时钟经过与门作用后控制扬声器实现报时。

```
LIBRARY IEEE;
USE IEEE.STD_LOGIC_1164.ALL;
ENTITY zdbs IS
PORT (clk: IN STD_LOGIC;
      tenm, onem, tens, ones: IN STD_LOGIC_VECTOR(3 DOWNTO 0);
                  q500, q1k: OUT STD_LOGIC);
END zdbs;
ARCHITECTURE behav OF zdbs IS
BEGIN
```

```
PROCESS (clk)
BEGIN
    IF clk 'EVENT AND clk='1' THEN
      IF tenm="0101" AND onem="1001" AND tens="0101" THEN --若分是 59,秒十位是 5
        IF ones ="0000" OR ones ="0010" OR ones ="0100" OR
           ones="0110" OR ones ="1000" THEN                --且秒个位是 0、2、4、6、8 时
            q500<='1';                              --500Hz 报警输出
        ELSE
            q500<='0';
       END IF;
     END IF;
     IF tenm="0000" AND onem="0000" AND tens="0000" AND ones="0000" THEN
       q1k<='1';                                    --整点时 1kHz 报警输出
     ELSE
       q1k<='0';
     END IF;
  END IF;
 END PROCESS;
END behav;
```

4. MUX24_4 模块的源程序

选择显示数据的模块 MUX24_4 可根据不同的片选信号送出不同的要显示的数据。

```
LIBRARY IEEE;
USE IEEE.STD_LOGIC_1164.ALL;
ENTITY mux24_4 IS
   PORT ( sel: IN STD_LOGIC_VECTOR(2 DOWNTO 0);
         tenh, oneh: IN STD_LOGIC_VECTOR(3 DOWNTO 0);
         tenm, onem: IN STD_LOGIC_VECTOR(3 DOWNTO 0);
         tens, ones: IN STD_LOGIC_VECTOR(3 DOWNTO 0);
                  q: OUT STD_LOGIC_VECTOR(3 DOWNTO 0));
END mux24_4;
ARCHITECTURE behav OF mux24_4 IS
BEGIN
  PROCESS (sel)
  BEGIN
        CASE sel IS
        WHEN "000"=>q<=ones;
        WHEN "001"=>q<=tens;
        WHEN "011"=>q<=onem;
        WHEN "100"=>q<=tenm;
        WHEN "110"=>q<=oneh;
        WHEN "111"=>q<=tenh;
        WHEN OTHERS =>q<="1111";
      END CASE;
  END PROCESS;
END behav
```

5. 片选信号 SEL 模块的源程序

SEL 模块是一个 3 位二进制计数器,用来控制数码管的片选信号。

```
LIBRARY IEEE;
USE IEEE.STD_LOGIC_1164.ALL;
USE IEEE.STD_LOGIC_UNSIGNED.ALL;
ENTITY sel IS
  PORT (clk: IN STD_LOGIC;
          q: OUT STD_LOGIC_VECTOR(2 DOWNTO 0));
END sel;
ARCHITECTURE arc OF sel IS
BEGIN
  PROCESS (clk)
    VARIABLE cnt: STD_LOGIC_VECTOR (2 DOWNTO 0);
  BEGIN
    IF clk'EVENT AND clk='1'THEN
          cnt:=cnt+1;
    END IF;
        q<=cnt;
  END PROCESS;
END arc;
```

6. 十分频模块 FEN10 的源程序

FEN10 模块可实现十分频，为提供 1Hz 的秒脉冲信号做好准备。

```
LIBRARY IEEE;
USE IEEE.STD_LOGIC_1164.ALL;
  ENTITY fen10 IS
    PORT (clk: IN STD_LOGIC;
            q: OUT STD_LOGIC);
  END fen10;
  ARCHITECTURE arc OF fen10 IS
  BEGIN
    PROCESS (clk)
    VARIABLE cnt: INTEGER RANGE 0 TO 9;
    BEGIN
        IF clk'EVENT AND clk='1'THEN
          IF cnt<9 THEN
          cnt:=cnt+1;
              q<='0';
          ELSE cnt:=0;
              q<='1';
        END IF;
      END IF;
  END PROCESS;
END arc;
```

7. 分频器 CLKK 模块的 VHDL 源程序

CLKK 模块的输入为 4MHz 的方波，输出为 500Hz 和 1kHz 的方波，用于报时频率。

```
LIBRARY IEEE;
USE IEEE.STD_LOGIC_1164.ALL;
```

```
ENTITY clkk IS
  PORT ( clk: IN STD_LOGIC;
        clk500, clk1k: OUT STD_LOGIC);
END clkk;
ARCHITECTURE behav OF clkk IS
  SIGNAL x: STD_LOGIC;
BEGIN
  PROCESS (clk)
    VARIABLE cnt: INTEGER RANGE 0 TO 1999;
  BEGIN
      IF clk'EVENT AND clk='1'THEN
        IF cnt<1999 THEN
            cnt:=cnt+1;
        ELSE cnt:=0;
            x<=NOT x;
        END IF;
      END IF;
          clk1k<=x;
  END PROCESS;
  PROCESS (x)
    VARIABLE y: STD_LOGIC;
  BEGIN
      IF x' EVENT AND x='1' THEN
        y:= NOT y;
      END IF;
        clk500<=y;
  END PROCESS;
END behav;
```

8. BCD/7段LED译码器的VHDL源程序

DISP模块是BCD/7段LED译码器,完成BCD向7段显示码的变换作用。

```
LIBRARY IEEE;
USE IEEE.STD_LOGIC_1164.ALL;
ENTITY disp IS
  PORT (d: IN STD_LOGIC_VECTOR (3 DOWNTO 0);
        q: OUT STD_LOGIC_VECTOR (6 DOWNTO 0));
END disp;
ARCHITECTURE behav OF disp IS
BEGIN
  PROCESS (d)
  BEGIN
      CASE d IS
        WHEN "0000"=>q<="0111111";
        WHEN "0001"=>q<="0000110";
        WHEN "0010"=>q<="1011011";
        WHEN "0011"=>q<="1001111";
        WHEN "0100"=>q<="1100110";
        WHEN "0101"=>q<="1101101";
```

```
            WHEN "0110"=>q<="1111101";
            WHEN "0111"=>q<="0100111";
            WHEN "1000"=>q<="1111111";
            WHEN "1001"=>q<="1101111";
            WHEN OTHERS =>q<="0000000";
          END CASE;
    END PROCESS;
END behav;
```

9. 扫描控制SCAN模块的VHDL源程序

SCAN模块完成对6个LED数码管的扫描控制功能。其源程序如下：

```
LIBRARY IEEE;
USE IEEE.STD_LOGIC_1164.ALL;
ENTITY scan IS
  PORT (sel: IN STD_LOGIC_VECTOR (2 DOWNTO 0);
        led6: OUT STD_LOGIC_VECTOR (5 DOWNTO 0));
END scan;
ARCHITECTURE behav OF scan IS
BEGIN
  PROCESS (sel)
  BEGIN
        CASE sel IS
        WHEN "000"=>led6<="111110";
        WHEN "001"=>led6<="111101";
        WHEN "011"=>led6<="111011";
        WHEN "100"=>led6<="110111";
        WHEN "110"=>led6<="101111";
        WHEN "111"=>led6<="011111";
        WHEN OTHERS=>led6<="111111";
      END CASE;
  END PROCESS;
END behav;
```

8.2 智力竞赛抢答器

8.2.1 任务引入与分析——抢答器的设计要求

智力竞赛是一种生动活泼的教育形式和方法，它通过抢答和必答等方式引起参赛者和观众的兴趣，并能在短时间内，增加人们的科学知识和生活知识。进行智力竞赛时，一般分为若干组，主持人对各组提出问题，有必答题和抢答题两种。答题有时间限制，若在规定时间内未能回答完问题，则发出超时警告。对抢答题，要准确判断哪组优先，并予以指示和鸣叫(如响铃等)。回答问题正确与否，由主持人判别并进行加分或减分，成绩结果通过电子装置显示。

本例要求设计一个4组(人)参加的智力竞赛抢答计时器,它具有4路抢答输入,能够识别最先抢答的信号,并显示该组序号;对回答问题所用的时间进行计时、显示、超时报警;可以预置回答问题的时间,具有复位功能、倒计时启动功能。

进行抢答时,主持人按下复位键,系统复位后进入抢答状态,计时显示器显示初始值(以秒为单位)。若某参赛小组首先按下了抢答键,该路抢答信号则将其余各路抢答信号封锁,同时扬声器响起,该参赛小组的序号在显示器中显示。主持人对抢答结果进行确认,随后给出倒计时计数允许信号,开始回答问题。计时显示器则从初始值开始以秒为单位倒计时,计数至0时,停止计数,扬声器发出超时报警信号,以中止未回答完问题者继续答题。当主持人给出倒计时计数禁止信号时,扬声器停止鸣叫。如果参赛者在规定时间内回答完问题,主持人可给出倒计时计数禁止信号,以免扬声器鸣叫。按下复位键,又可开始新一轮的抢答。

8.2.2 任务实施方案

依据以上对抢答器的功能要求,把要设计的数字系统划分为5个功能模块:抢答信号判别电路、最先抢答的台号显示控制电路、分频电路、倒计时及时间显示控制电路、扬声器控制电路,如图8-5所示,图中给出了各功能模块间的接口关系。

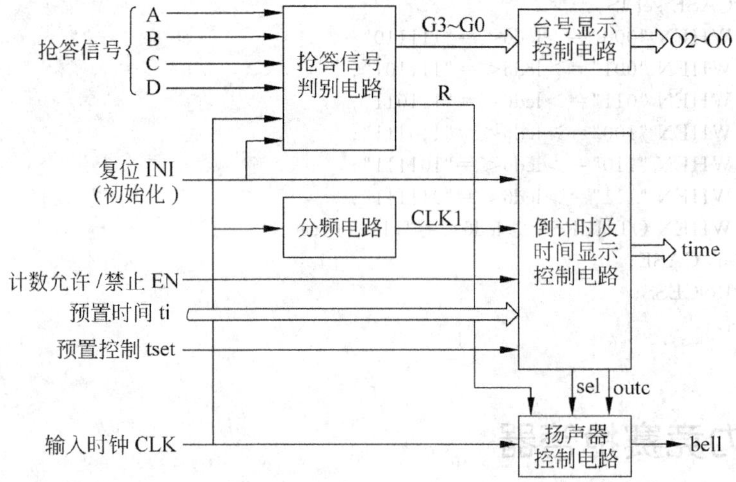

图8-5 抢答器的结构图

抢答器的输入信号为A、B、C、D,高电平有效(按下抢答键时为高电平)。复位信号INI,高电平有效,当INI有效时,抢答信号判别电路清零,为判别优先抢答信号做好准备;倒计时电路则置入预置的时间初始值,以8421BCD码的形式送出显示驱动信号。倒计时计数允许/禁止信号EN为高电平时,允许计数。预置时间信号ti以8421码的形式输入倒计时的时间初值。预置控制信号tset也是高电平有效,当tset为高电平时,将ti的值锁存到倒计时电路。输入时钟CLK一方面作为扬声器电路的输入信号,另一方面作为抢答信号判别电路中锁存器的时钟,为使扬声器音调悦耳,且使抢答判别电路有较高准确度(对信号判别的最大误差为一个时钟周期),CLK 信号频率高低应当适中,可取 500～1000Hz;同时 CLK 信号经分频后向倒计时电路提供秒信号。

抢答器的输出信号为:台号显示驱动信号 O2～O0,为 BCD 码形式;系统复位时为"000",进行抢答时,显示优先抢答者的序号。time 为 8421BCD 码形式的时间显示驱动信号,用来显示倒计时计数器的当前值。bell 为扬声器驱动信号,它是输入时钟经选通后产生的输出。

抢答信号判别电路在系统复位后,对 A、B、C、D 四路抢答信号进行判别,输出端 G3～G0 与 A～D 一一对应,优先者对应的 G 为"1",其余的 G 为"0",且将结果锁存。完成抢答判别的同时,输出端 R 输出有效信号,对扬声器进行选通。

分频电路 CB 模块用于产生倒计时电路所需的周期为 1s 的时钟脉冲,分频系数视输入时钟 CLK 的频率而定。如输入时钟频率为 512Hz,则应 512 分频。

台号显示控制电路 DECODER 实际上是一个码制转换电路,可将按下 A、B、C、D 键时产生的输入信号 G3～G0 转换为 BCD 码的 1、2、3、4,以便驱动数码管显示台号。

倒计时及时间显示控制电路 COUNT 通过 ti、tset 信号预置答题时间的初值,由复位(初始化)信号 INI 将答题时间作为初始值赋给倒计时计数器,由计数器允许信号 EN 启动计数,输出信号为 time、sel 与 outc,其中 sel 与 outc 为扬声器选通控制信号。

扬声器控制电路使系统只在两种情况下输出驱动扬声器的脉冲信号:一种是倒计时计数器在禁止状态下已完成初始化,开始对抢答信号进行判别时,如果某参赛组抢先按下按键,系统在输出该组台号信息的同时,输出脉冲信号;一种是确认优先抢答的参赛组后,启动倒计时计数器计数(EN 有效),当计数到"0"时,输出脉冲信号。

8.2.3 抢答器的 VHDL 源程序设计

本例采用单个 VHDL 实体对抢答器进行描述,用若干进程分别对各功能模块进行描述,外部端口引脚信号在实体中定义,各模块间的接口信号作为内部节点在结构体中用 SIGNAL 定义。抢答器模块如图 8-6 所示。其 VHDL 源文件在下面给出。

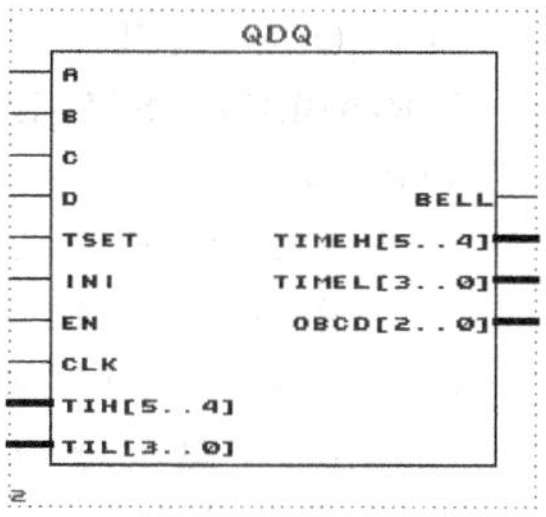

图 8-6 抢答器模块 QDQ

```
LIBRARY IEEE;
USE IEEE.STD_LOGIC_1164.ALL;
USE IEEE.STD_LOGIC_UNSIGNED.ALL;
ENTITY qdq IS
  PORT (A, B, C, D, tset, INI, EN, CLK: IN STD_LOGIC;
        tih: IN STD_LOGIC_VECTOR (5 DOWNTO 4 );
        til: IN STD_LOGIC_VECTOR (3 DOWNTO 0 );
        bell: OUT STD_LOGIC;
        timeh: BUFFER STD_LOGIC_VECTOR (5 DOWNTO 4 );
        timel: BUFFER STD_LOGIC_VECTOR (3 DOWNTO 0 );
        obcd: OUT STD_LOGIC_VECTOR (2 DOWNTO 0 ));
END;
```

```
ARCHITECTURE one OF qdq IS
  SIGNAL G: STD_LOGIC_VECTOR(3 DOWNTO 0 );                          --内部接口信号说明
  SIGNAL R: STD_LOGIC;
  SIGNAL CLK1: STD_LOGIC;
  SIGNAL sel, outc: STD_LOGIC;
  SIGNAL tah: STD_LOGIC_VECTOR (5 DOWNTO 4);
  SIGNAL tal: STD_LOGIC_VECTOR (3 DOWNTO 0);
BEGIN
  LOCK: PROCESS (A, B, C, D, G, INI, CLK)          --此进程描述 LOCK 模块
  BEGIN
    IF (INI='1') THEN
      R<='0';
      G<="0000";
    ELSIF rising_edge (CLK) THEN
      IF(A='1' OR G(3)='1')AND NOT(G(0)='1' OR G(1)='1' OR G(2)='1') THEN
        G(3)<='1';
    END IF;
    IF (B='1'OR G(2)='1') AND NOT(G(0)='1' OR G(1)='1' OR G(3)='1') THEN
        G(2)<='1';
    END IF;
    IF (C='1' OR G(1)='1') AND NOT(G(0)='1' OR G(2)='1' OR G(3)='1') THEN
        G(1)<='1';
    END IF;
    IF(D='1'OR G(0)='1')AND NOT(G(1)='1'OR G(2)='1'OR G(3)='1') THEN
        G(0)<='1';
    END IF;
    R<=A OR B OR C OR D;
  END IF;
END PROCESS;

CB:PROCESS (CLK)                          --此进程描述 CB 模块
VARIABLE Q: STD_LOGIC_VECTOR (8 DOWNTO 0);
BEGIN
    IF CLK'EVENT AND CLK='1' THEN
      IF (Q="111111111") THEN
         Q:="000000000";
      ELSE Q:=Q+1;
      END IF;
    END IF;
      CLK1<=Q(8);
END PROCESS;

COUNT: PROCESS (tih, til, tset, timeh, timel, INI, EN, CLK1) --此进程描述 COUNT 模块
BEGIN
    IF rising_edge (CLK1) THEN
      IF tset='1' THEN
```

```
      tah<=tih;
      tal<=til;
    END IF;
    IF INI='1' THEN
      timeh<=tah;
      timel<=tal;
    ELSIF (EN='0') THEN
      timeh<= timeh;
      timel<= timel;
    ELSIF (timeh=0 AND timel=0) THEN
      timeh<= timeh;
      timel<= timel;
    ELSIF (timel=0) THEN
      timel<="1001";
      timeh<= timeh-1;
    ELSE
      timel<= timel-1;
      timeh<= timeh;
    END IF;
  END IF;
END PROCESS;

obcd<= "001" WHEN G="1000" ELSE      --用并行语句描述 DECODER 模块
      "010" WHEN G="0100" ELSE
      "011" WHEN G="0010" ELSE
      "100" WHEN G="0001" ELSE
      "000";

sel<='1' WHEN (timeh=tah AND timel=tal) ELSE '0';      --用并行语句描述 BELL 模块
outc<='1' WHEN((timeh=0)AND(timel=0)AND(EN='0') AND (INI='0')) ELSE '0';
bell<=((R AND sel) OR outc ) AND CLK ;
END one;
```

8.3 交通灯的控制器设计

8.3.1 任务引入与分析——交通灯控制器的设计要求

在十字路口，每条道路各有一组红、黄、绿灯和倒计时显示器，用以指挥车辆和行人有序地通行。其中，红灯亮表示该道路禁止通行；黄灯亮表示停车；绿灯亮表示可以通行；倒计时显示器是用来显示允许通行或禁止通行的时间。交通灯控制器就是用于自动控制十字路口的交通灯和计时器，指挥各种车辆和行人安全通过。

本例假设东西和南北方向的车流量大致相同，因此红、黄、绿灯的时间也相同，定为红灯45秒，黄灯5秒，绿灯40秒，同时用数码管指示当前状态（红、黄、绿灯）剩余时间。

另外，设计一个特殊状态，当特殊状态出现时，两个方向都禁止通行，指示红灯，计时器不显示时间。特殊状态解除后，重新计数并指示时间。

8.3.2 任务实施方案

交通灯控制器是状态机的一个典型应用，除了计数器是状态机外，还有东西、南北方向的不同状态组合(红绿、红黄、绿红、黄红 4 个状态)，如表 8-1 所示。可以简单地将其看成两个(东西、南北)减 1 计数的计数器，通过检测两个方向的计数值，可以检测红、黄、绿灯组合的跳变。这样一个较复杂的状态机设计就变成了一个较简单的计数器设计。

表 8-1 交通灯的 4 种可能亮灯状态

状　态	东西方向	南北方向
	红 黄 绿	绿 黄 红
1	1 0 0	1 0 0
2	1 0 0	0 1 0
3	0 0 1	0 0 1
4	0 1 0	0 0 1

本例假设东西方向和南北方向的黄灯时间均为 5 秒，在设计交通灯控制器时，可在简单计数器的基础上增加一些状态检测，即通过检测两个方向的计数值判断交通灯应处于 4 种状态中的哪个状态。

表 8-2 列出了需检测的状态跳变点，从表中可以看出，有两种情况出现了东西方向和南北方向计数值均为 1 的情况，因此在检测跳变点时还应同时判断当前是处于状态 2 还是状态 4，这样可以决定次状态是状态 3 还是状态 1。

表 8-2 交通灯设计中的状态跳变点

交通灯现状态	计数器计数值		交通灯次状态	计数器计数值	
	东西方向计数值	南北方向计数值		东西方向计数值	南北方向计数值
1	6	1	2	5	5
2	1	1	3	40	45
3	1	6	4	5	5
4	1	1	1	45	40

对于特殊情况，只需要设计一个异步时序电路即可解决。

程序中还应防止出现非法状态，即程序运行后应判断东西方向和南北方向的计数值是否超出范围。此电路仅在电路启动运行时有效，因为一旦两个方向的计数值正确后，就不可能再计数到非法状态。

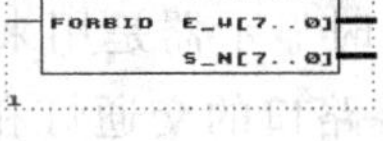

图 8-7 交通灯控制器外部接口

本交通灯控制器外部接口如图 8-7 所示。

8.3.3 交通灯控制器的 VHDL 源程序设计

交通灯控制器 VHDL 程序如下：

```
LIBRARY IEEE;
USE IEEE.STD_LOGIC_1164.ALL;
USE IEEE.STD_LOGIC_UNSIGNED.ALL;

ENTITY jtd IS
  PORT (clk, forbid: IN STD_LOGIC;
            Led: BUFFER STD_LOGIC_VECTOR (5 DOWNTO 0);
      E_W, S_N: BUFFER STD_LOGIC_VECTOR (7 DOWNTO 0));
END jtd;

ARCHITECTURE behav OF jtd IS
BEGIN
  PROCESS (clk)
  BEGIN
    IF forbid = '0' THEN
      Led<="100001";
      E_W<="00000000";
      S_N<="00000000";
    ELSIF clk 'EVENT AND clk='1' THEN
      IF E_W >"01000110" OR S_N>"01000110" THEN
        E_W <="01000101";                    --若是非法状态,则进入状态 1
        S_N <="01000000";
        Led<="100100";
      ELSIF E_W ="00000110" AND S_N ="00000001" THEN
        E_W<="00000101";                     --若是状态 1 的跳变点,则转入状态 2
        S_N<="00000101";
        Led<="100010";
      ELSIF E_W="00000001" AND S_N="00000001"AND Led="100010" THEN
      E_W<="01000000";                       --若是状态 2 的跳变点,则转入状态 3
      S_N<="01000101";
          Led<="001001";
      ELSIF E_W ="00000001" AND S_N ="00000110" THEN
      E_W<="00000101";                       --若是状态 3 的跳变点,则转入状态 4
      S_N<="00000101";
          Led<="010001";
      ELSIF E_W ="00000001" AND S_N ="00000001" AND Led="010001" THEN
    E_W<="01000101";                         --若是状态 4 的跳变点,则转入状态 1
    S_N<="01000000";
          Led<="100100";
        ELSIF E_W (3 DOWNTO 0)="0000" THEN
            E_W<=E_W-7;                      --作 BCD 码调整
            S_N<=S_N-1;
        ELSIF S_N (3 DOWNTO 0)="0000" THEN
          E_W<=E_W-1;
```

```
        S_N<=S_N-7;
      ELSE
        E_W<=E_W-1;
        S_N<=S_N-1;
      END IF;
    END IF;
  END PROCESS;
END behav;
```

8.3.4 调试仿真与验证

交通灯控制器的仿真波形如图 8-8 所示,图 8-9 是它的局部放大图。在图 8-8 中,可见禁止通行时,Led5 和 Led0 均为高电平,即东西和南北两个方向均是红灯亮。禁行结束后,依次进入红绿、红黄、绿红、黄红 4 种状态,并依次循环。从图 8-9 可见计时显示器工作的正确性。

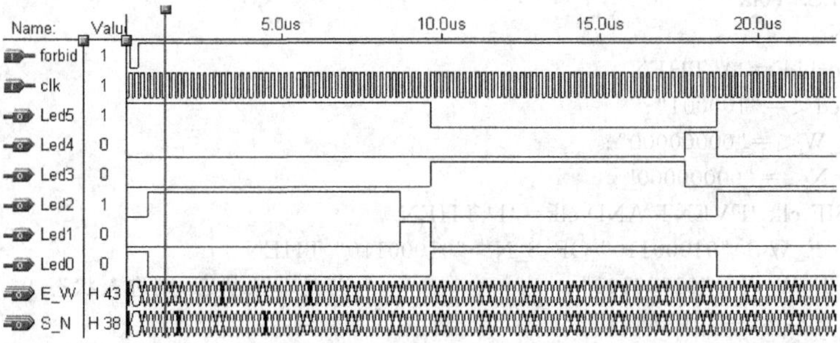

图 8-8 交通灯控制器的仿真波形

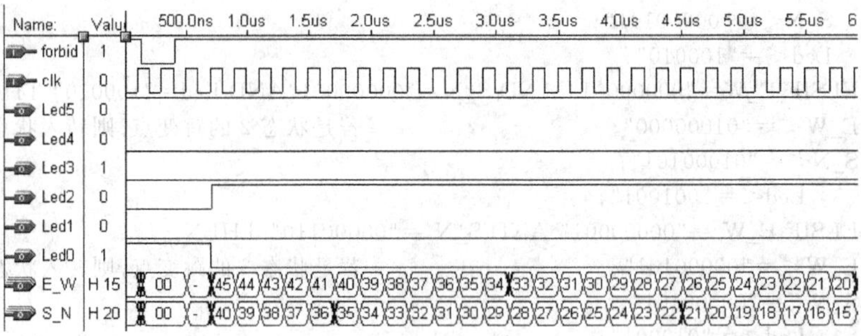

图 8-9 交通灯控制器的局部放大仿真波形

本例可采用实验电路结构图 NO. 0(附图 4)来进行验证,锁定引脚时 clk 接 CLK1,Led 接 6 个发光二极管,E_W、S_N 分别接一个数码管。综合适配后将配置数据下载到 EDA 实验平台的 FPGA 中。开启电源后,交通灯即可正常运行,不需要人工设置初始状态。

8.4　8路彩灯控制器设计

8.4.1　任务引入与分析——8路彩灯控制器的设计要求

本例要求设计一个8路彩灯控制器，能控制8路彩灯按照两种节拍、3种花型循环变化。两种节拍分别为0.25s和0.5s。3种花型分别如下。

(1) 8路彩灯从左至右按次序渐亮，全亮后逆次序渐灭。

(2) 从中间到两边对称地渐亮，全亮后仍由中间向两边逐次渐灭。

(3) 8路彩灯分成两半，从左至右顺次渐亮，全亮后则全灭。

8.4.2　任务实施方案

根据功能要求，可把8路彩灯控制器的输出按花型循环要求列成表格，如表8-3所示。其中，Q7～Q0是控制器输出的8路彩灯的控制信号，高电平时彩灯亮。状态标志flag是为了便于有规律地给8路输出赋值而设立的不同花型的检测信号。

表8-3　8路彩灯控制器的工作状态表

序号	Q7	Q6	Q5	Q4	Q3	Q2	Q1	Q0	状态标志 flag	说　明
0	0	0	0	0	0	0	0	0	000	第一种花型，顺序
1	1	0	0	0	0	0	0	0		
2	1	1	0	0	0	0	0	0		
3	1	1	1	0	0	0	0	0		
4	1	1	1	1	0	0	0	0		
5	1	1	1	1	1	0	0	0		
6	1	1	1	1	1	1	0	0		
7	1	1	1	1	1	1	1	0		
8	1	1	1	1	1	1	1	1		
9	1	1	1	1	1	1	1	0	001	第一种花型，逆序
10	1	1	1	1	1	1	0	0		
11	1	1	1	1	1	0	0	0		
12	1	1	1	1	0	0	0	0		
13	1	1	1	0	0	0	0	0		
14	1	1	0	0	0	0	0	0		
15	1	0	0	0	0	0	0	0		
16	0	0	0	0	0	0	0	0		

续表

序号	Q7	Q6	Q5	Q4	Q3	Q2	Q1	Q0	状态标志 flag	说　明
17	0	0	0	1	1	0	0	0	010	第二种花型
18	0	0	1	1	1	1	0	0		
19	0	1	1	1	1	1	1	0		
20	1	1	1	1	1	1	1	1		
21	1	1	1	0	0	1	1	1	011	
22	1	1	0	0	0	0	1	1		
23	1	0	0	0	0	0	0	1		
24	0	0	0	0	0	0	0	0		
25	1	0	0	0	1	0	0	0	101	第三种花型
26	1	1	0	0	1	1	0	0		
27	1	1	1	0	1	1	1	0		
28	1	1	1	1	1	1	1	1		

另外，设计时可把主要精力放在如何使 3 种花型正确循环上，而两种节拍的交替只需要把 4Hz 的时钟脉冲二分频，得到一个 2Hz 的时钟脉冲，让这两种时钟脉冲交替来控制花型循环即可。这种设计思想就体现在图 8-10 所示的顶层原理图中。图中，FEN2 是二分频器，MUX21 是二选一多路选择器，CD 是 8 路彩灯的 3 种花型控制器。

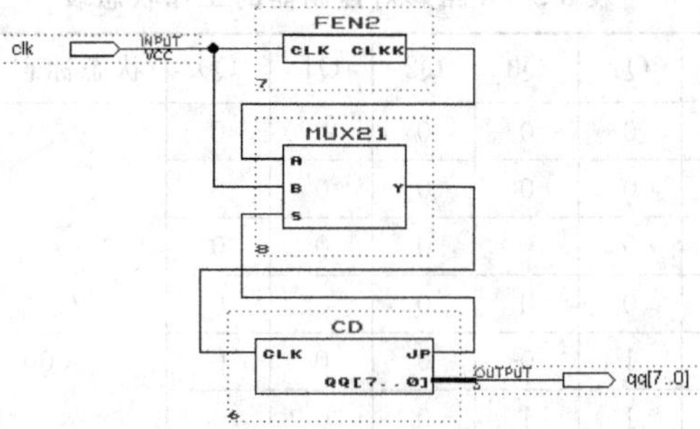

图 8-10　8 路彩灯控制器的顶层原理图

8.4.3　各模块的 VHDL 源程序设计

8 路彩灯控制器各模块的 VHDL 源程序分别如下。

1. 8 路彩灯的 3 种花型控制模块 CD

```
LIBRARY IEEE;
USE IEEE.STD_LOGIC_ARITH.ALL;
USE IEEE.STD_LOGIC_1164.ALL;
USE IEEE.STD_LOGIC_UNSIGNED.ALL;
ENTITY cd IS
  PORT (clk: IN STD_LOGIC;
        jp: OUT STD_LOGIC;
```

```
        qq: OUT STD_LOGIC_VECTOR(7 DOWNTO 0));
END cd;
ARCHITECTURE behav OF cd IS
  CONSTANT w: INTEGER:= 7;
  SIGNAL q: STD_LOGIC_VECTOR (7 DOWNTO 0);
BEGIN
  PROCESS (clk)
    VARIABLE flag: BIT_VECTOR (2 DOWNTO 0):="000";
    VARIABLE jp1: STD_LOGIC:='0';
  BEGIN
    IF clk'EVENT AND clk='1' THEN
       IF flag="000" THEN                    --第一种花型,顺序
          q<='1'&q(w DOWNTO 1);
        IF q(1)='1' THEN
          flag:="001";                       --彩灯全亮后,将 flag 赋值为 001
        END IF;
        ELSIF flag="001" THEN                --第一种花型,逆序
          q<=q(w-1 DOWNTO 0)&'0';
        IF q(6)='0' THEN
          flag:="010";                       --彩灯全灭后,将 flag 赋值为 010
        END IF;
        ELSIF flag="010" THEN                --第二种花型,渐亮
          q(w DOWNTO 4)<=q(w-1 DOWNTO 4)&'1';
          q(w-4 DOWNTO 0)<='1'&q(w-4 DOWNTO 1);
        IF q(1)='1' THEN
          flag:="011";                       --彩灯全亮后,将 flag 赋值为 011
        END IF;
        ELSIF flag="011" THEN                --第二种花型,渐灭
          q(w DOWNTO 4)<=q(w-1 DOWNTO 4)&'0';
          q(w-4 DOWNTO 0)<='0'&q(w-4 DOWNTO 1);
          IF q(1)='0' THEN
            flag:="100";                     --彩灯全灭后,将 flag 赋值为 100
          END IF;
        ELSIF flag="100" THEN                --第三种花型
          q(w DOWNTO 4)<= '1'&q(w DOWNTO 5);
          q(w-4 DOWNTO 0)<='1'&q(w-4 DOWNTO 1);
          IF q(1)='1' THEN
            flag:="101";                     --彩灯全亮后,将 flag 赋值为 101
          END IF;
        ELSIF flag="101" THEN
          q<="00000000";                     --所有花型循环完成,再从头开始
          jp1:=NOT jp1;                      --实现节拍变换
          flag:="000";
        END IF;
      END IF;
        qq<=q;
        jp<=jp1;
    END PROCESS;
END behav;
```

2. 二选一多路选择器模块 MUX21

```
LIBRARY IEEE;
USE IEEE.STD_LOGIC_1164.ALL;
ENTITY mux21 IS
  PORT (a, b, s: IN STD_LOGIC;
           y : OUT STD_LOGIC);
END mux21;
ARCHITECTURE ar OF mux21 IS
BEGIN
  PROCESS (a, b, s)
  BEGIN
    IF s='0' THEN
      y<=a;
    ELSE
      y<=b;
    END IF;
  END PROCESS;
END ar;
```

3. 二分频模块 FEN2

```
LIBRARY IEEE;
USE IEEE.STD_LOGIC_1164.ALL;
ENTITY fen2 IS
  PORT ( clk : IN STD_LOGIC;
      clkk : OUT STD_LOGIC);
END fen2;
ARCHITECTURE behav OF fen2 IS
BEGIN
  PROCESS ( clk )
    VARIABLE clkk1: STD_LOGIC:='0';
  BEGIN
    IF clk'EVENT AND clk='1'THEN
      clkk1:= NOT clkk1;
    END IF;
      clkk<=clkk1;
  END PROCESS;
END behav;
```

8.4.4 仿真与调试

8 路彩灯控制器各模块的仿真波形分别如图 8-11～图 8-13 所示。

本例可采用实验电路结构图 NO.1(附图 5)来进行验证,8 路彩灯依次接 PIO32～PIO39,clk 可接 CLOCK0～4 中的任一个,查表进行引脚锁定。综合适配后将配置数据下载到 EDA 实验平台,观察实验现象是否与要求相一致。

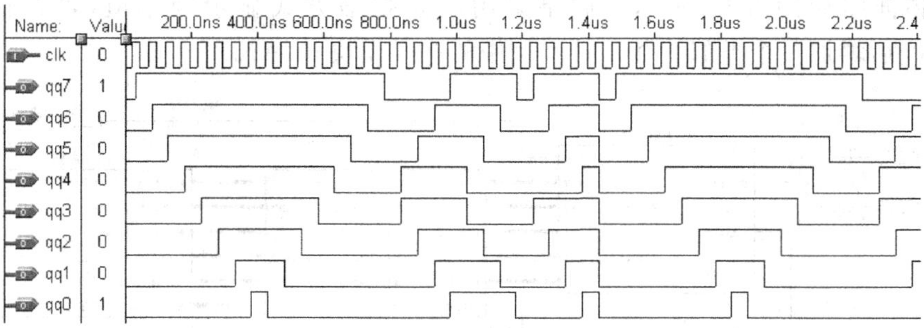

图 8-11　8路彩灯控制模块CD的仿真波形

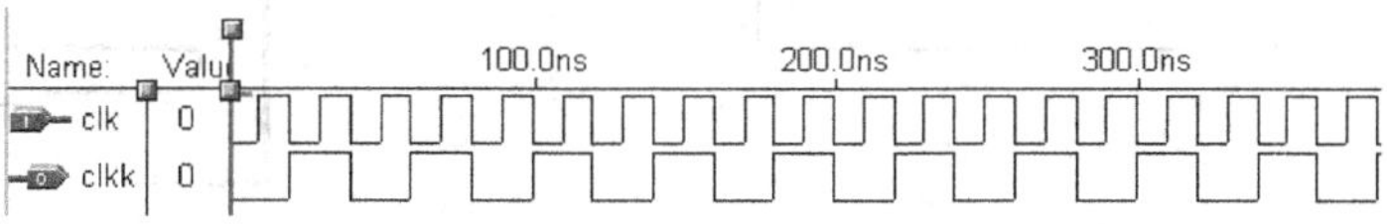

图 8-12　FEN2模块仿真程序

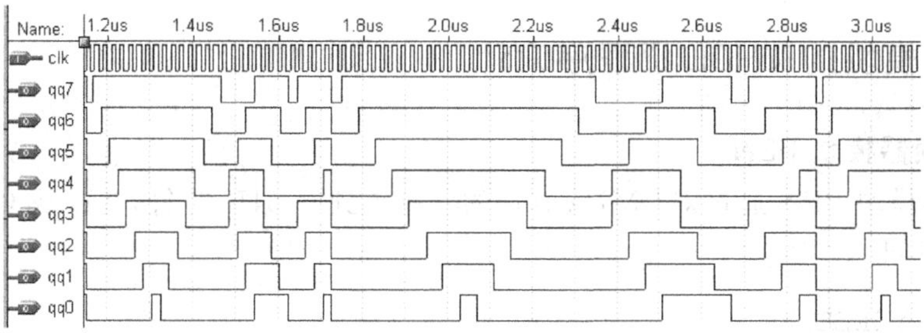

图 8-13　顶层仿真波形

8.5　简易数字频率计设计

8.5.1　任务引入与分析——频率计的设计要求

设计一个4位数字频率计，此频率计共分4档。

1档：0～9999Hz。

2档：10kHz～99.99kHz。

3档：100kHz～999.9kHz。

4档：1MHz～9.99MHz。

8.5.2　任务实施方案

在换档的设计方面，此程序突破了以往改变的方法，使自动换挡的实现更加简单可靠。总体框图如图 8-14 所示。如果采用动态扫描方式显示频率值，可在输出信号 sel[2..0]后增加一个类似于数字钟实例中的扫描模块 SCAN。

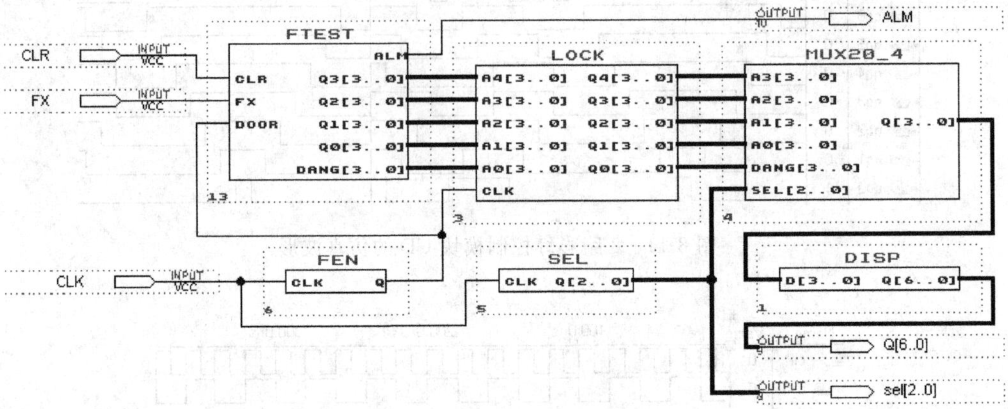

图 8-14 频率计的总体框图

8.5.3 各模块的 VHDL 源程序设计

1. 分频器模块 FEN

分频器模块 FEN 通过对 3MHz 时钟的分频得到 0.5Hz 时钟，为模块 CORNA 提供 1s 的闸门时间。

```
LIBRARY IEEE;
USE IEEE.STD_LOGIC_1164.ALL;
ENTITY fen IS
  PORT (clk: IN STD_LOGIC;
        q: OUT STD_LOGIC);
END fen;
ARCHITECTURE fen_arc OF fen IS
BEGIN
  PROCESS (clk)
    VARIABLE cnt: INTEGER RANGE 0 TO 2999999;
    VARIABLE x: STD_LOGIC;
  BEGIN
    IF clk'EVENT AND clk='1' THEN
      IF cnt<2999999 THEN
          cnt:=cnt+1;
        ELSE
      cnt:=0;
          x:=NOT x;
      END IF;
    END IF;
        q<=x;
  END PROCESS;
END fen_arc;
```

2. 数码管选择模块 SEL

该模块用来产生数码管的片选信号。

```
LIBRARY IEEE;
USE IEEE.STD_LOGIC_1164.ALL;
USE IEEE.STD_LOGIC_UNSIGNED.ALL;
ENTITY sel IS
  PORT (clk: IN STD_LOGIC;
          q: OUT STD_LOGIC_VECTOR (2 DOWNTO 0));
END sel;
ARCHITECTURE sel_arc OF sel IS
BEGIN
  PROCESS (clk)
    VARIABLE cnt: STD_LOGIC_VECTOR (2 DOWNTO 0);
  BEGIN
    IF clk'EVENT AND clk='1' THEN
        cnt:=cnt+1;
    END IF;
        q<=cnt;
  END PROCESS;
END sel_arc;
```

3. 测频模块 FTEST

该模块是整个程序的核心，它完成在1s的时间里对被测信号计数的功能，并通过选择输出数据实现自动换挡的功能。

```
LIBRARY IEEE;
USE IEEE.STD_LOGIC_1164.ALL;
USE IEEE.STD_LOGIC_UNSIGNED.ALL;
ENTITY ftest IS
   PORT (clr, Fx, door: IN STD_LOGIC;
               alm: OUT STD_LOGIC;
    q3, q2, q1, q0, dang: OUT STD_LOGIC_VECTOR (3 DOWNTO 0));
END ftest;
ARCHITECTURE CORN_ARC OF ftest IS
BEGIN
  PROCESS (door, Fx)
    VARIABLE c0, c1, c2, c3, c4, c5, c6: STD_LOGIC_VECTOR (3 DOWNTO 0);
  BEGIN
    IF Fx 'EVENT AND Fx='1' THEN
      IF door='1'THEN                          --在1s内对被测信号计数
          IF c0<"1001" THEN
        c0:=c0+1;
        ELSE
            c0:="0000";
            IF c1<"1001" THEN
              c1:=c1+1;
              ELSE
```

```
                c1:="0000";
                IF c2<"1001" THEN
                  c2:=c2+1;
                  ELSE
                  c2:="0000";
                  IF c3<"1001" THEN
                    c3:=c3+1;
                    ELSE
                    c3:="0000";
                  IF c4<"1001" THEN
                      c4:=c4+1;
                      ELSE
                      c4:="0000";
                  IF c5<"1001" THEN
                      c5:=c5+1;
                      ELSE
                      c5:="0000";
                    IF c6<"1001" THEN
                        c6:=c6+1;
                    ELSE
                        c6:="0000";
                        alm<='1';                --若超量程则报警
                      END IF;
                  END IF;
                  END IF;
              END IF;
            END IF;
          END IF;
    END IF;
     ELSE
    IF clr='0' THEN                              --clr键用于清除报警信号
      alm<='0';
    END IF;
      c6:="0000";
      c5:="0000";
      c4:="0000";
        c3:="0000";
        c2:="0000";
        c1:="0000";
        c0:="0000";
  END IF;
     IF c6/="0000" THEN                          --若c6不为零,则选择4档
        q3<=c6;
        q2<=c5;
        q1<=c4;
        q0<=c3;
        dang<="0100";
       ELSIF c5/="0000" THEN                     --若c5不为零,则选择3档
        q3<=c5;
```

```
            q2<=c4;
            q1<=c3;
            q0<=c2;
            dang<="0011";
           ELSIF c4/="0000" THEN              --若 c4 不为零,则选择 2 档
            q3<=c4;
            q2<=c3;
            q1<=c2;
            q0<=c1;
            dang<="0010";
           ELSE                               --否则选择 1 档
            q3<=c3;
            q2<=c2;
            q1<=c1;
            q0<=c0;
            dang<="0001";
         END IF;
      END IF;
    END PROCESS;
END CORN_ARC;
```

其他模块的 VHDL 程序代码省略,请读者自行补充编写。

8.6 "梁祝"乐曲演奏电路设计

8.6.1 任务引入与分析

与利用微处理器(CPU 或 MCU)来实现乐曲演奏相比,以纯硬件完成乐曲演奏电路的逻辑要复杂得多,如果不借助于功能强大的 EDA 工具和硬件描述语言,仅凭传统的数字逻辑技术,即使最简单的演奏电路也难以实现。

本实验设计项目作为"梁祝"乐曲演奏电路的实现,其工作原理是这样的:大家知道,组成乐曲的每个音符的发音频率值及其持续的时间是乐曲能连续演奏所需的两个基本要素,问题是如何获取这两个要素所对应的数值以及通过纯硬件的手段来利用这些数值实现所希望乐曲的演奏效果。

8.6.2 任务实施方案

"梁祝"乐曲演奏电路可采用图 8-15 所示的方案进行设计。为此,读者要首先了解其工作原理。

(1) 音符的频率可以由图 8-15 中的 SPEAKERA 获得,这是一个数控分频器,由其 CLK 端输入一个有较高频率(这里是 12MHz)的信号,通过 SPEAKERA 分频后由 SPKOUT 输出。由于直接从数控分频器中出来的输出信号是脉宽极窄的脉冲式信号,

为了有利于驱动扬声器,需另加一个 D 触发器以均衡其占空比,但这时的频率将是原来的 1/2。SPEAKERA 对 CLK 输入信号的分频比由 11 位预置数 TONE[10..0]决定。SPKOUT 的输出频率将决定每一个音符的音调,这样,分频计数器的预置值 TONE[10..0]与 SPKOUT 的输出频率就有了对应关系。例如,在 TONETABA 模块中若取 TONE[10..0]=1036,将发音符为"3"音的信号频率。

(2) 音符的持续时间须根据乐曲的速度及每个音符的节拍数来确定,图 8-15 中模块 TONETABA 的功能首先是为 SPEAKERA 提供决定所发音符的分频预置数,而此数在 SPEAKERA 输入口停留的时间即为此音符的节拍值。

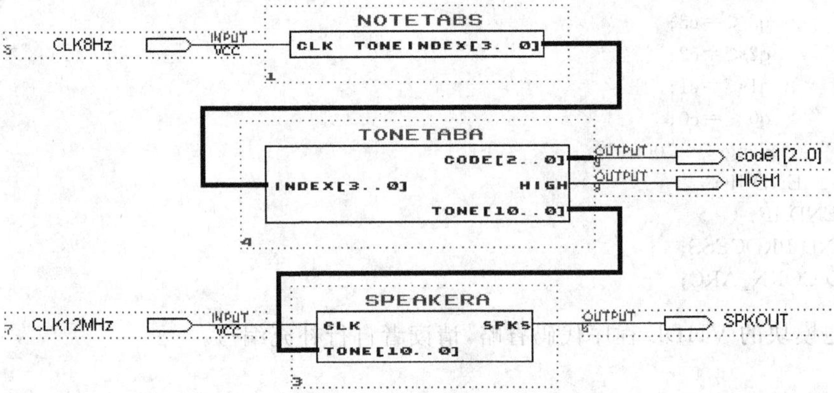

图 8-15 "梁祝"乐曲演奏电路顶层原理图

模块 TONETABA 是乐曲简谱码对应的分频预置数查表电路,其中设置了"梁祝"乐曲全部音符所对应的分频预置数,共 13 个,每一音符的停留时间由音乐节拍和音调发生器模块 NOTETABS 的 CLK 输入频率决定,在此为 4Hz。这 13 个值的输出由对应于 TONETABA 的 4 位输入值 INDEX[3..0]确定,而 INDEX [3..0]最多有 16 种可选值。INDEX[3..0]就是 NOTETABS 模块的输出 TONE LNDEX[3..0],其值与持续时间由模块 NOTETABS 决定。在 NOTETABS 中设置了一个 8 位二进制计数器(计数最大值为 138),这个计数器的计数频率选为 4Hz,即每一计数值的停留时间为 0.25s,恰为当全音符设为 1s 时,四四拍的 4 分音符持续时间。例如,在 8.6.3 小节的节拍和音调模块(文件名:NoteTabs.VHD)的 VHDL 逻辑描述中,"梁祝"乐曲的第一个音符为"3",此音在逻辑中停留了 4 个时钟节拍,即 1s 时间,相应的,所对应的"3"音符分频预置值为 1036,在 SPEAKERA 的输入端开始连续自然地演奏起来了。

8.6.3 各模块的 VHDL 源程序设计

1. 顶层模块(文件名:Songer.VHD)

```
LIBRARY IEEE;
USE IEEE.STD_LOGIC_1164.ALL;
ENTITY Songer IS                                    --顶层设计
```

```
    PORT ( CLK12MHZ : IN STD_LOGIC;
              CLK8HZ: IN STD_LOGIC;
              CODE1: OUT INTEGER RANGE 0 TO 15;
              HIGH1: OUT STD_LOGIC;
              SPKOUT: OUT STD_LOGIC);
END;
ARCHITECTURE one OF Songer IS
    COMPONENT NoteTabs
        PORT ( clk : IN STD_LOGIC;
            ToneIndex: OUT INTEGER RANGE 0 TO 15);
    END COMPONENT;
    COMPONENT ToneTaba
        PORT ( Index: IN INTEGER RANGE 0 TO 15;
              CODE: OUT INTEGER RANGE 0 TO 15;
              HIGH: OUT STD_LOGIC;
               Tone: OUT INTEGER RANGE 0 TO 16#7FF# );          --11位二进制数
    END COMPONENT;
    COMPONENT Speakera
        PORT ( clk : IN STD_LOGIC;
           Tone: IN INTEGER RANGE 0 TO 16#7FF#;       --11位二进制数
                 SpkS: OUT STD_LOGIC);
    END COMPONENT;
    SIGNAL Tone: INTEGER RANGE 0 TO 16#7FF#;
    SIGNAL ToneIndex: INTEGER RANGE 0 TO 15;
BEGIN
                                                           --安装U1、U2、U3
u1 : NoteTabs PORT MAP (clk=>CLK8HZ, ToneIndex=>ToneIndex);
u2 : ToneTaba  PORT MAP (Index=>ToneIndex, Tone =>Tone, CODE=>CODE1, HIGH=>
HIGH1);
u3 : Speakera PORT MAP(clk=>CLK12MHZ, Tone=>Tone, SpkS=>SPKOUT );
END;
```

2. 分频预置数查表模块(文件名：ToneTaba.VHD)

```
LIBRARY IEEE ;
USE IEEE.STD_LOGIC_1164.ALL;
ENTITY ToneTaba IS                               --乐曲简谱码对应的分频预置数查表电路
  PORT (Index : IN INTEGER RANGE 0 TO 15;                  --简谱代码输入
     CODE : OUT INTEGER RANGE 0 TO 15;                     --简谱码输出显示
     HIGH : OUT STD_LOGIC;                                 --高八度音显示
     Tone : OUT INTEGER RANGE 0 TO 16#7FF#);
                                                 --输入的简谱码查表值即分频预置值输出
END;
ARCHITECTURE one OF ToneTaba IS
BEGIN
  Search: PROCESS (Index)
  BEGIN
    CASE Index IS                     --译码电路分频预置值查表并输出控制音调的预置数同时由
                                      --CODE输出显示对应的简谱码，由HIGH输出显示音调高低
```

```
      WHEN 0 => Tone <= 2047; CODE <= 0; HIGH <='0';
      WHEN 1 => Tone <= 773; CODE <= 1; HIGH <='0';
      WHEN 2 => Tone <= 912; CODE <= 2; HIGH <='0';
      WHEN 3 => Tone <= 1036; CODE <= 3; HIGH <='0';
      WHEN 5 => Tone <= 1197; CODE <= 5; HIGH <='0';
      WHEN 6 => Tone <= 1290; CODE <= 6; HIGH <='0';
      WHEN 7 => Tone <= 1372; CODE <= 7; HIGH <='0';
      WHEN 8 => Tone <= 1410; CODE <= 1; HIGH <='1';
      WHEN 9 => Tone <= 1480; CODE <= 2; HIGH <='1';
      WHEN 10=> Tone <= 1542; CODE <= 3; HIGH <='1';
      WHEN 12=> Tone <= 1622; CODE <= 5; HIGH <='1';
      WHEN 13=> Tone <= 1668; CODE <= 6; HIGH <='1';
      WHEN 15=> Tone <= 1728; CODE <= 1; HIGH <='1';
      WHEN OTHERS => NULL;
        END CASE;
END PROCESS;
END;
```

3. 演奏电路(文件名:Speakera.VHD)

```
LIBRARY IEEE ;
USE IEEE.STD_LOGIC_1164.ALL;
ENTITY Speakera IS                                       --数控分频与演奏发生器
  PORT ( clk : IN STD_LOGIC ;                            --待分频时钟
      Tone : IN INTEGER RANGE 0 TO 16#7FF# ;            --分频预置数输入
      SpkS : OUT STD_LOGIC ) ;                           --发声输出
END;
ARCHITECTURE one OF Speakera IS
  SIGNAL PreCLK: STD_LOGIC;
  SIGNAL FullSpkS: STD_LOGIC;
BEGIN
  DivideCLK: PROCESS (clk)
    VARIABLE Count4: INTEGER RANGE 0 TO 15;
  BEGIN
    PreCLK <= '0';                          --将 CLK 进行 11 分频,PreCLK 为 CLK 的 11 分频
    IF Count4 > 11 THEN PreCLK <= '1'; Count4:= 0;
    ELSIF clk'EVENT AND clk='1' THEN Count4:= Count4 + 1;
    END IF;
END PROCESS;
GenSpkS: PROCESS (PreCLK, Tone)
  VARIABLE Count11: INTEGER RANGE 0 TO 16#7FF#;
BEGIN
  IF PreCLK'EVENT AND PreCLK = '1' THEN           --11 位可预置计数器
    IF Count11 = 16#7FF# THEN
    Count11 := Tone;                              --若计数已满,在时钟的上升沿将预置数锁入
    FullSpkS <= '1';                              --11 位计数器并使 FullSpkS 输出高电平
    ELSE Count11 := Count11 + 1;                  --否则继续计数,输出低电平
    FullSpkS <= '0';
    END IF;
```

```
  END IF;
END PROCESS;
DelaySpkS : PROCESS(FullSpkS)                     --发音输出二分频进程
  VARIABLE Count2: STD_LOGIC;
BEGIN                              --将输出再进行二分频,将脉冲展宽以使扬声器有足够功率发音
  IF FullSpkS 'EVENT AND FullSpkS = '1' THEN
    Count2:= NOT Count2 ;
    IF Count2 = '1' THEN SpkS <= '1';
    ELSE SpkS <= '0';
    END IF;
   END IF;
  END PROCESS;
END;
```

4. 节拍和音调模块(文件名:NoteTabs.VHD)

```
LIBRARY IEEE;
USE IEEE.STD_LOGIC_1164.ALL;
ENTITY NoteTabs IS
    PORT (clk: IN STD_LOGIC;
        ToneIndex : OUT INTEGER RANGE 0 TO 15);
END;
ARCHITECTURE one OF NoteTabs IS
    SIGNAL Counter : INTEGER RANGE 0 TO 138;
BEGIN
    CNT8: PROCESS (clk)
    BEGIN
        IF Counter = 138 THEN Counter <= 0;
        ELSIF (clk' EVENT AND clk = '1') THEN
            Counter <= Counter + 1;
        END IF;
    END PROCESS;
    Search: PROCESS (Counter)
    BEGIN
CASE Counter IS                          --译码器,查歌曲的乐谱表,查表结果为音调表的索引值
            WHEN 00 => ToneIndex <= 3;  --简谱"3"音
            WHEN 01 => ToneIndex <= 3;  --发 4 个时钟节拍
            WHEN 02 => ToneIndex <= 3;
            WHEN 03 => ToneIndex <= 3;
            WHEN 04 => ToneIndex <= 5;  --简谱"5"音
            WHEN 05 => ToneIndex <= 5;  --发 3 个时钟节拍
            WHEN 06 => ToneIndex <= 5;
            WHEN 07 => ToneIndex <= 6;  --简谱"6"音

            WHEN 08 => ToneIndex <= 8;
            WHEN 09 => ToneIndex <= 8;
            WHEN 10 => ToneIndex <= 8;
            WHEN 11 => ToneIndex <= 9;
            WHEN 12 => ToneIndex <= 6;
```

```
WHEN 13 => ToneIndex <= 8;
WHEN 14 => ToneIndex <= 5;
WHEN 15 => ToneIndex <= 5;

WHEN 16 => ToneIndex <= 12;
WHEN 17 => ToneIndex <= 12;
WHEN 18 => ToneIndex <= 12;
WHEN 19 => ToneIndex <= 15;
WHEN 20 => ToneIndex <= 13;
WHEN 21 => ToneIndex <= 12;
WHEN 22 => ToneIndex <= 10;
WHEN 23 => ToneIndex <= 12;

WHEN 24 => ToneIndex <= 9;
WHEN 25 => ToneIndex <= 9;
WHEN 26 => ToneIndex <= 9;
WHEN 27 => ToneIndex <= 9;
WHEN 28 => ToneIndex <= 9;
WHEN 29 => ToneIndex <= 9;
WHEN 30 => ToneIndex <= 9;
WHEN 31 => ToneIndex <= 0;

WHEN 32 => ToneIndex <= 9;
WHEN 33 => ToneIndex <= 9;
WHEN 34 => ToneIndex <= 9;
WHEN 35 => ToneIndex <= 10;
WHEN 36 => ToneIndex <= 7;
WHEN 37 => ToneIndex <= 7;
WHEN 38 => ToneIndex <= 6;
WHEN 39 => ToneIndex <= 6;

WHEN 40 => ToneIndex <= 5;
WHEN 41 => ToneIndex <= 5;
WHEN 42 => ToneIndex <= 5;
WHEN 43 => ToneIndex <= 6;
WHEN 44 => ToneIndex <= 8;
WHEN 45 => ToneIndex <= 8;
WHEN 46 => ToneIndex <= 9;
WHEN 47 => ToneIndex <= 9;

WHEN 48 => ToneIndex <= 3;
WHEN 49 => ToneIndex <= 3;
WHEN 50 => ToneIndex <= 8;
WHEN 51 => ToneIndex <= 8;
WHEN 52 => ToneIndex <= 6;
WHEN 53 => ToneIndex <= 5;
WHEN 54 => ToneIndex <= 6;
WHEN 55 => ToneIndex <= 8;
```

```
WHEN 56 => ToneIndex <= 5;
WHEN 57 => ToneIndex <= 5;
WHEN 58 => ToneIndex <= 5;
WHEN 59 => ToneIndex <= 5;
WHEN 60 => ToneIndex <= 5;
WHEN 61 => ToneIndex <= 5;
WHEN 62 => ToneIndex <= 5;
WHEN 63 => ToneIndex <= 5;

WHEN 64 => ToneIndex <= 10;
WHEN 65 => ToneIndex <= 10;
WHEN 66 => ToneIndex <= 10;
WHEN 67 => ToneIndex <= 12;
WHEN 68 => ToneIndex <= 7;
WHEN 69 => ToneIndex <= 7;
WHEN 70 => ToneIndex <= 9;
WHEN 71 => ToneIndex <= 9;

WHEN 72 => ToneIndex <= 6;
WHEN 73 => ToneIndex <= 8;
WHEN 74 => ToneIndex <= 5;
WHEN 75 => ToneIndex <= 5;
WHEN 76 => ToneIndex <= 5;
WHEN 77 => ToneIndex <= 5;
WHEN 78 => ToneIndex <= 5;
WHEN 79 => ToneIndex <= 5;

WHEN 80 => ToneIndex <= 3;
WHEN 81 => ToneIndex <= 5;
WHEN 82 => ToneIndex <= 3;
WHEN 83 => ToneIndex <= 3;
WHEN 84 => ToneIndex <= 5;
WHEN 85 => ToneIndex <= 6;
WHEN 86 => ToneIndex <= 7;
WHEN 87 => ToneIndex <= 9;

WHEN 88 => ToneIndex <= 6;
WHEN 89 => ToneIndex <= 6;
WHEN 90 => ToneIndex <= 6;
WHEN 91 => ToneIndex <= 6;
WHEN 92 => ToneIndex <= 6;
WHEN 93 => ToneIndex <= 6;
WHEN 94 => ToneIndex <= 5;
WHEN 95 => ToneIndex <= 6;

WHEN 96 => ToneIndex <= 8;
WHEN 97 => ToneIndex <= 8;
WHEN 98 => ToneIndex <= 8;
WHEN 99 => ToneIndex <= 9;
```

```
            WHEN 100 => ToneIndex <= 12;
            WHEN 101 => ToneIndex <= 12;
            WHEN 102 => ToneIndex <= 12;
            WHEN 103 => ToneIndex <= 10;

            WHEN 104 => ToneIndex <= 9;
            WHEN 105 => ToneIndex <= 9;
            WHEN 106 => ToneIndex <= 10;
            WHEN 107 => ToneIndex <= 9;
            WHEN 108 => ToneIndex <= 8;
            WHEN 109 => ToneIndex <= 8;
            WHEN 110 => ToneIndex <= 6;
            WHEN 111 => ToneIndex <= 5;

            WHEN 112 => ToneIndex <= 3;
            WHEN 113 => ToneIndex <= 3;
            WHEN 114 => ToneIndex <= 3;
            WHEN 115 => ToneIndex <= 3;
            WHEN 116 => ToneIndex <= 8;
            WHEN 117 => ToneIndex <= 8;
            WHEN 118 => ToneIndex <= 8;
            WHEN 119 => ToneIndex <= 8;

            WHEN 120 => ToneIndex <= 6;
            WHEN 121 => ToneIndex <= 8;
            WHEN 122 => ToneIndex <= 6;
            WHEN 123 => ToneIndex <= 5;
            WHEN 124 => ToneIndex <= 3;
            WHEN 125 => ToneIndex <= 5;
            WHEN 126 => ToneIndex <= 6;
            WHEN 127 => ToneIndex <= 8;

            WHEN 128 => ToneIndex <= 5;
            WHEN 129 => ToneIndex <= 5;
            WHEN 130 => ToneIndex <= 5;
            WHEN 131 => ToneIndex <= 5;
            WHEN 132 => ToneIndex <= 5;
            WHEN 133 => ToneIndex <= 5;
            WHEN 134 => ToneIndex <= 5;
            WHEN 135 => ToneIndex <= 5;

            WHEN 136 => ToneIndex <= 0;  --简谱休止符输出
            WHEN 137 => ToneIndex <= 0;  --频率为零
            WHEN 138 => ToneIndex <= 0;
            WHEN OTHERS => NULL;
        END CASE;
    END PROCESS;
END;
```

8.6.4 调试与实现

选择实验电路结构图为NO.1(附图5)。引脚锁定时,使CLK12MHz与clock9相接,接受12MHz时钟频率(输入待分频声调频率12MHz,在实验板上的“高频组”处,用短路帽分别连接clock9和“12MHz”);CLK8Hz与clock2相接,接受4Hz频率(在实验板上的“低频组”处,用短路帽分别连接clock2和“4Hz”);发音输出SPKOUT接Speaker;与演奏发音相对应的简谱码输出显示可由CODE1与PIO19～16相接来完成;HIGH为高八度音指示,可接PIO36。

8.7 综合训练题

8-1　设计一个带数字显示的秒表。要求能准确地计时并显示;开机显示00.00.00;用户可随时清零、暂停和计时;最大计时59分,精确度为0.01秒。

8-2　使用8×8矩阵显示屏设计一个彩灯闪烁装置。要求:第一帧以1个光点为1个像素点从屏左上角开始逐点描述,终止于右下角;第二帧以2个光点为1个像素点从屏左上角开始逐点描述,终止于右下角;第三帧重复第一帧,第四帧重复第二帧,周而复始地重复进行下去。可根据图8-16给出的总体框图进行设计。

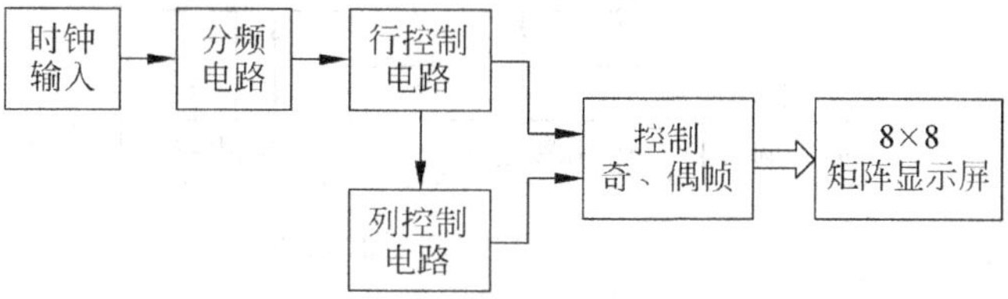

图8-16　彩灯闪烁装置总体框图

8-3　设计一个密码锁,要求开锁代码为2位十进制的并行码,当输入的密码与锁内的密码一致时,绿灯亮,开锁;当输入的密码与锁内的密码不一致时,红灯亮,不能开锁。密码可由用户自行设置。可选用的器件有FLEX10K10、共阴极7段数码管、发光二极管、按键开关、电阻、电容。可根据图8-17给出的总体框图进行设计。

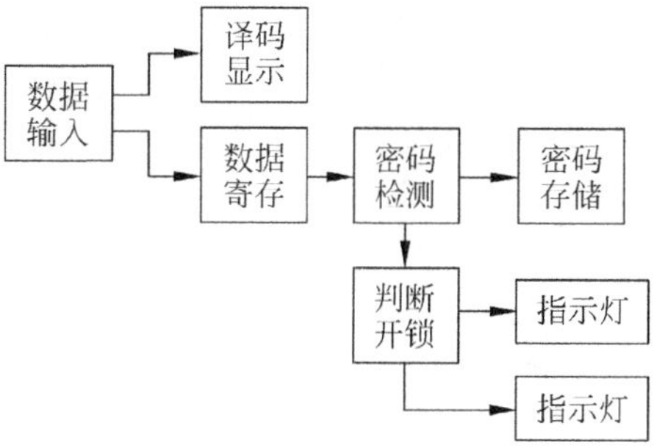

图8-17　密码锁总体框图

8-4　设计一个乒乓球游戏机。甲、乙两人按乒乓球游戏规则来操作各自的开关。用8个发光二极管排成一行代表乒乓球台,中间两个是网,最边上的发光二极管亮表示发球方。球移动的速度,即发光二极管依次点亮的时间,为0.4s。发3个球后换发球。用4个数码管分别显示甲、乙两人的分数,11个球为1局。

可选用的器件有 EPM7128S、共阴极 7 段数码管、发光二极管、开关、电阻和电容。可根据图 8-18 给出的总体框图进行设计。

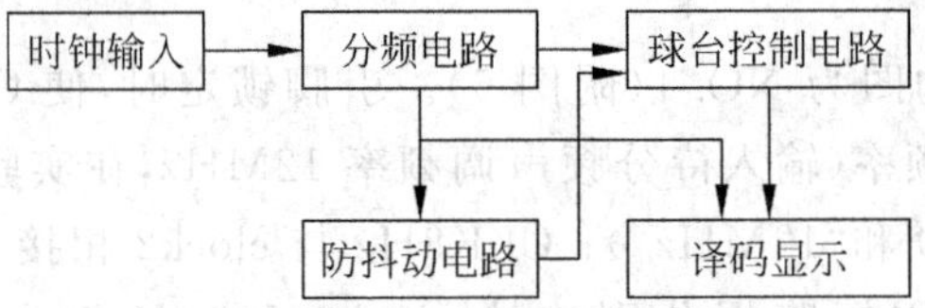

图 8-18 乒乓球游戏机总体框图

8-5 设计一个三层电梯的控制器。要求:

(1) 用数码管显示电梯所在的楼层号,电梯初始状态为第一楼层。

(2) 每楼层电梯外都有上下楼请求开关,用发光二极管显示电梯是上升模式还是下降模式。

(3) 电梯每秒升降一层,电梯到达有停站请求的楼层后,经 1s 电梯门打开,开门指示灯亮,开门 4s 后,指示灯灭,关门,电梯继续运行。

(4) 当电梯处于上升模式时,只响应比电梯所在位置高的楼层请求信号,直到最后一个上楼请求执行完毕,再进入下降模式。

可选用的器件有 EPM7128S、共阴极 7 段数码管、发光二极管、开关、电阻和电容。可根据图 8-19 给出的总体框图进行设计。

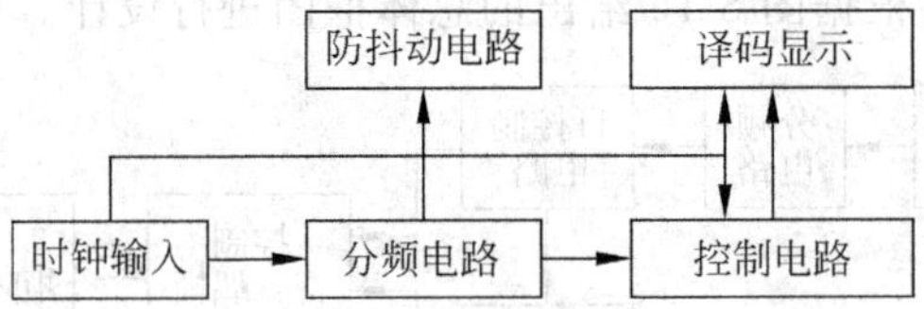

图 8-19 三层电梯控制器的总体框图

APPENDIX

附录

GW48系列EDA实验开发系统使用说明

实验开发系统是利用EDA技术进行电子系统设计的下载工具及硬件验证工具，下面对本书所使用的实验环境GW48系统进行介绍，以满足读者的实验和实训需求。

1. GW48系统使用注意事项

使用GW48系统时应注意以下几点。

(1) 闲置不用GW48 EDA/SOC系统时，应关闭电源，同时拔下电源插头。

(2) 实验中，当选中某种模式后，要按一下右侧的复位键，以使系统进入该结构模式工作。

(3) 换目标芯片时要特别注意，不要插反或插错，也不要带电插拔，确信插对后才能打开电源。其他接口都可带电插拔(当适配板上的10芯座处于左上角时，为正确位置)。

(4) 对工作电源为5V的CPLD(如1032E/1048C、95108或7128S等)下载时，最好将系统的电路"模式"切换到"b"，以便使工作电压尽可能接近5V。

(5) 主板左侧3个开关默认向下，但靠右的开关必须打向上(DLOAD)，才能下载。

(6) 跳线座"SPS"默认向下短路(PIO48)；右侧开关默认向下(TO MCU)。

(7) 左下角拨码开关除第4挡"DS8使能"向下拨(8数码管显示使能)外，其余皆默认向上拨。

2. GW48系统主板结构与使用方法

附图1为杭州康芯电子有限公司开发的GW48-CK型EDA实验开发系统的主板结构图(GW48-GK/PK型未画出，具体结构说明应该参考实物主板)。该系统的实验电路结构从表明上看是固定的，但实际上是可控的，通过控制接口键SW9可以改变内部的电路结构及信息流连接方式，以适应不同的实验需要。这种"电路重构软配置"的设计方案不仅可以适应更多的实验与开发项目、适应更多的PLD公司的器件，还可以适应更多的不同封装的FPGA和CPLD器件。

下面对系统板面主要部件及其使用方法作简单说明(请参看附图1)。但请注意，有的功能块仅在GW48-GK或GW48-PK系统存在。

(1) SW9：按该键能使实验板产生多种不同的实验电路结构。这些结构如"3.实验电路结构图"给出的实验电路结构图所示。例如要选择实验电路结构图NO.3(附图7)，须按系统板上的SW9键，直至模式显示数码管SWG9显示"3"，于是系统即进入了实验电路结构图NO.3(附图7)所示的实验电路结构。

(2) B2：位于板面中央，这是一块插于主系统板上的目标芯片适配座。对于不同的目标芯片可配不同的适配座。可用的目标芯片包括目前世界上最大的6家FPGA/CPLD厂商几乎所有的CPLD和FPGA。"4. GW48-CK/GK/PK系统结构图信号与芯片引脚对照

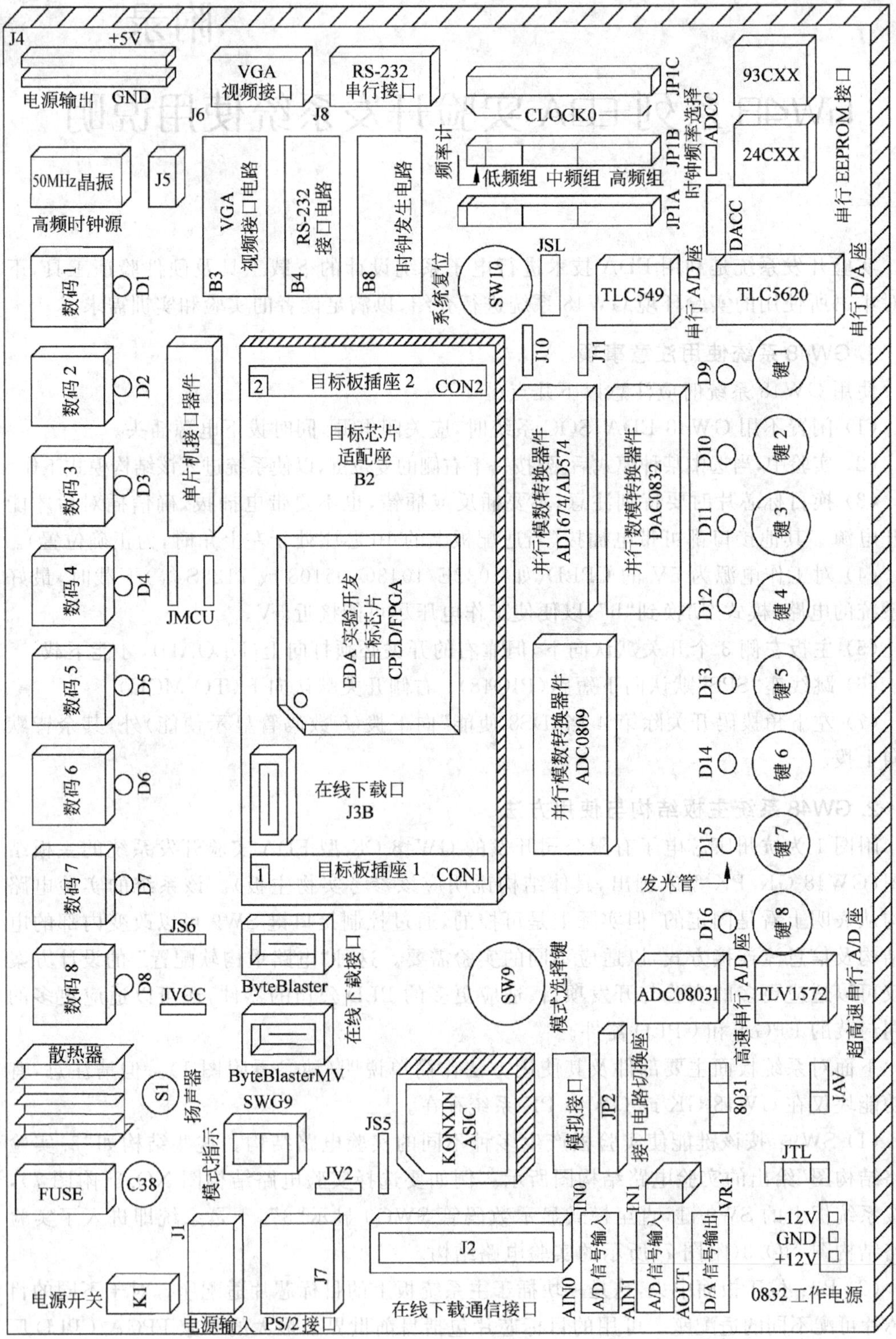

附图 1　GW48-CK 实验开发系统的板面结构图

表”中已列出多种目标芯片和系统板引脚的对应关系，以便读者在实验时经常查阅。

(3) J3B/J3A：如果仅是作为教学实验之用，系统板上的目标芯片适配座无须拔下，但如果要进行应用系统开发、产品开发、电子设计竞赛等开发实践活动，在系统板上完成初步仿真设计后，就有必要将连有目标芯片的适配座拔下插在自己的应用系统上进行调试测试。为了避免由于需要更新设计程序和编程下载而反复插拔目标芯片适配座，GW48 系统设置了一对在线编程下载接口座：J3A 和 J3B，此接口插座可适用于不同的 FPGA/CPLD 的配置和编程下载（注意此接口仅适用于 5V 工作电源的 FPGA 和 CPLD，并且 5V 工作电源必须由被下载系统提供）。对于低压 FPGA/CPLD（如 EP1K30/50/100、EPF10K30E 等，都是 2.5V 器件），下载接口座必须是 ByteBlasterMV。注意，对于 GW48-GK/PK，只有一个下载座 ByteBlasterMV，它是通用的。低压 FPGA/CPLD 的下载接口座的信号排列如附图 2 所示。在线编程插座各引脚与不同 PLD 公司的器件编程下载信号的对应接口说明如附表 1 所示。

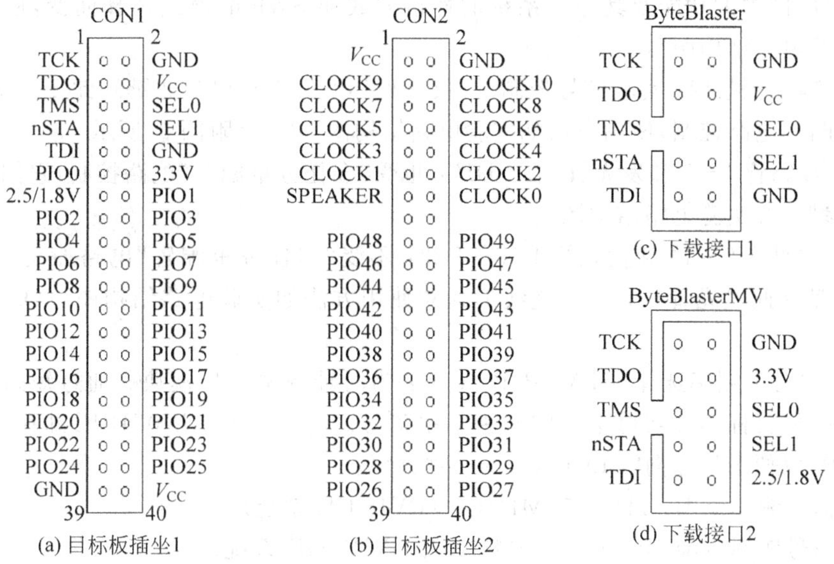

附图 2　GW48 系统目标板插座引脚信号图

附表 1　在线编程座各引脚与不同 PLD 公司器件编程下载接口说明

PLD 公司	Lattice	Altera/Atmel		Xilinx		Vantis
编程座引脚	IspLSI	CPLD	FPGA	CPLD	FPGA	CPLD
TCK (1)	SCLK	TCK	DCLK	TCK	CCLK	TCK
TDO (3)	MODE	TDO	CONF_DON	TDO	DONE	TMS
TMS (5)	ISPEN	TMS	nCONFIG	TMS	/PROGRA	ENABLE
nSTA (7)	SDO		nSTATUS			TDO
TDI (9)	SDI	TDI	DATA0	TDI	DIN	TDI
SEL0	GND	V_{CC}^*	V_{CC}^*	GND	GND	V_{CC}^*
SEL1	GND	V_{CC}^*	V_{CC}^*	V_{CC}	V_{CC}^*	GND

注：V_{CC}旁的 * 号对混合电压 FPGA/CPLD 应该是 V_{CC}IO。

(4) 混合工作电压使用：对于低压 FPGA/CPLD 目标器件，在 GW48 系统上的设计方法与使用方法完全与 5V 器件一致，只是要对主板的跳线做出选择(对 GW48-GK/PK 系统不用跳线)。

① 主板左侧中部的跳线 JV2 要对芯核电压 2.5V 或 1.8V 作选择。

② 主板左侧上部的跳线 JVCC(GW48-GK/PK 型标为"VS2")要对芯片 I/O 电压 3.3V(VCCIO)或 5V(V_{CC})作选择，对 5V 器件，必须选"5.0V"。例如，若系统上插的目标器件是 EP1K30/50/100 或 EPF10K30E/50E 等，要求将主板上的跳线座"JVCC"短路帽插向"3.3V"一端；将跳线座"JV2"短路帽插向"+2.5V"一端。

(5) 并行下载口：此接口通过下载线与微机的打印机口相连。来自 PC 的下载控制信号和 CPLD/FPGA 的目标码将通过此口完成对目标芯片的编程下载。编程电路模块能自动识别不同的 CPLD/FPGA 芯片，并做出相应的下载适配操作。

(6) 键 1～键 8：为实验信号控制键，此 8 个键受"多任务重配置"电路控制，它们在每一张电路图中的功能及其与主系统的连接方式随 SW9 的模式选择而变，使用时需参照"3.实验电路结构图"。

(7) 键 9～键 12：实验信号控制键(仅 GW48-GK/PK 型含此键)，此 4 个键不受"多任务重配置"电路控制，使用方法如实验电路结构图 NO.5(附图 9)所示。

(8) 数码管 1～8 和发光管 D1～D16：也受"多任务重配置"电路控制，它们的连线形式也需参照"3.实验电路结构图"。

(9) 数码管 9～14 和发光管 D17～D22：不受"多任务重配置"电路控制(仅 GW48-GK/PK 型含此发光管)，它们的连线形式和使用方法如实验电路结构图 NO.5(附图 9)所示。

(10) "时钟频率选择"P1A/JP1B/JP1C：为时钟频率选择模块。通过短路帽的不同接插方式，使目标芯片获得不同的时钟频率信号。对于"CLOCK0"JP1C，同时只能插一个短路帽，以便选择输向"CLOCK0"的一种频率。

① 信号频率范围：1Hz～50MHz(对 GW48-CK 系统)。

② 信号频率范围：0.5Hz～50MHz(对 GW48-GK 系统)。

③ 信号频率范围：0.5Hz～100MHz(对 GW48-PK 系统)。

由于 CLOCK0 可选的频率比较多，所以适合用作对信号频率或周期进行测量等设计项目的被测信号输入端。JP1B 分 3 个频率源组，即"高频组"、"中频组"和"低频组"。它们分别对应 3 个时钟输入端。例如，将 3 个短路帽分别插于 JP1B 座的 2Hz、1024Hz 和 12MHz；而另 3 个短路帽分别插于 JP1A 座的 CLOCK4、CLOCK7 和 CLOCK8，这时，输向目标芯片的 3 个引脚：CLOCK4、CLOCK7 和 CLOCK8 分别获得上述 3 个信号频率。需要特别注意的是，每一组频率源及其对应时钟输入端，分别只能插一个短路帽。也就是说，通过 JP1A/B 的组合频率选择，最多只能提供 3 个时钟频率。

注意：对于 GW48-GK/PK 系统，时钟选择比较简单，每一频率组仅接一个频率输入口，如低频端的 4 个频率通过短路帽，可选的时钟输入口仅为 CLOCK2，因此对于 GW48-GK/PK，总共只有 4 个时钟可同时输入 FPGA：CLOCK0、CLOCK2、CLOCK5、CLOCK9。

(11) 扬声器 S1：目标芯片的声讯输出，与目标芯片的"SPEAKER"端相接，即

PIO50。通过此口可以进行奏乐或了解信号的频率。

(12) PS/2 接口：通过此接口，可以将 PC 的键盘和/或鼠标与 GW48 系统的目标芯片相连，从而完成 PS/2 通信与控制方面的接口实验，GW48-GK/PK 含另一个 PS/2 接口，如附图 14 所示。

(13) VGA 视频接口：通过它可完成目标芯片对 VGA 显示器的控制。

(14) 单片机接口器件：它与目标板的连接方式也已标于主系统板上，连接方式如附图 13 所示。

注意：对于 GW48-GK/PK 系统，实验板左侧有一开关，向上拨，将 RS-232 通信口直接与 FPGA 的 PIO31 和 PIO30 相接；向下拨则与 89C51 单片机的 P30 和 P31 端口相接。于是通过此开关可以进行不同的通信实验，详细连接方式如附图 13 所示。平时此开关向下拨，不要影响 FPGA 的工作。

由附图 13 可知，单片机 89C51 的 P3 和 P1 口是与 FPGA 的 PIO66-PIO79 相接的，而这些端口又与 6 数码管扫描显示电路连在一起的，所以当要进行 6 数码管扫描显示实验时，必须拔去右侧的单片机，并如附图 9 所示，将拨码开关 3 拨为使能，这时 LCD 停止工作。

(15) RS-232 串行通信接口：此接口电路是为单片机与 PC 通信准备的，由此可以使 PC、单片机、FPGA/CPLD 三者实现双向通信。当目标板上 FPGA/CPLD 器件需要直接与 PC 进行串行通信时，如附图 9 和附图 13 所示，将实验板右侧的开关向上拨到“TO FPGA”，从而使目标芯片的 PIO31 和 PIO30 与 RS-232 口相接，即使 RS-232 的通信接口直接与目标器件 FPGA 的 PIO30/PIO31 相接。而当需要使 PC 的 RS-232 串行接口与单片机的 P3.0 和 P3.1 口相接时，则应将开关向下拨到“TO MCU”即可(平时不用时也应保持在这个位置)。

(16) “AOUT” D/A 转换：利用此电路模块(实验板左下侧)，可以完成 FPGA/CPLD 目标芯片与 D/A 转换器的接口实验或相应的开发。它们之间的连接方式如附图 9 所示：D/A 的模拟信号输出接口是“AOUT”，示波器可挂接左下角的两个连接端。当拨码开关 8 的“滤波 1”接通使能时(向下拨)，D/A 的模拟输出将获得不同程度的滤波效果。

注意：进行 D/A 接口实验时，需打开左侧第 2 个开关，获得+/-12V 电源，实验结束后关上此电源。

(17) “AIN0”/“AIN1”：外界模拟信号可以分别通过系统板左下侧的两个输入端“AIN0”和“AIN1”进入 A/D 转换器 ADC0809 的输入通道 IN0 和 IN1，ADC0809 与目标芯片直接相连。通过适当设计，目标芯片可以完成对 ADC0809 的工作方式确定、输入端口选择、数据采集与处理等所有控制工作，并可通过系统板提供的译码显示电路，将测得的结果显示出来。此项实验需参阅附图 9 有关 0809 与目标芯片的接口方式，同时了解系统板上的接插方法以及有关 0809 工作时序和引脚信号功能方面的资料。

注意：不用 0809 时，需将左下角的拨码开关的“A/D 使能”和“转换结束”拨为禁止(向上拨)，以避免与其他电路冲突。

ADC0809 A/D 转换实验接插方法(如附图 9 所示)：左下角拨码开关的“A/D 使能”

和“转换结束”拨为使能(向下拨),即将ENABLE(9)与PIO35相接;若向上拨则使ENABLE(9)接地,表示禁止0809工作,使它的所有输出端为高阻态。

左下角拨码开关的“转换结束”使能,则使EOC(7)←PIO36,由此可使目标芯片对ADC0809的转换状态进行测控。

(18) VR1/“AIN1”:VR1电位器,通过它可以产生0～5V幅度可调的电压。其输入口是0809的IN1(与外接口AIN1相连,但当AIN1插入外输入插头时,VR1将与IN1自动断开)。若利用VR1产生被测电压,则需使0809的第25脚置高电平,即选择IN1通道,如附图9所示。

(19) AIN0的特殊用法:系统板上设置了一个比较器电路,主要以LM311组成。若与D/A电路相结合,可以将目标器件设计成逐次比较型A/D变换器的控制器件,如附图9所示。

(20) 系统复位键:此键是系统板上负责监控的微处理器的复位控制键,同时也与接口单片机的复位端相连,因此兼作单片机的复位键。

(21) 下载控制开关:在系统板的左侧第3个开关。当需要对实验板上的目标芯片下载时必须将开关向上拨(即“DLOAD”);而当向下拨(LOCK)时,将关闭下载口,这时可以将下载并行线拔下而做它用(这时已经下载进FPGA的文件不会由于下载口线的电平变动而丢失);例如拔下的25芯下载线可以与GWAK30+适配板上的并行接口相接,以完成类似逻辑分析仪方面的实验。

(22) 跳线座SPS:短接“TF”可以使用在系统频率计。频率输入端在主板右侧标有“频率计”处,模式选择为“A”。短接“PIO48”时,信号PIO48可用,如附图5中的PIO48。平时应该短路“PIO48”。

(23) 目标芯片万能适配座CON1/2:在目标板的下方有两条80个插针插座(GW48-CK系统),其连接信号如附图2所示,此图为用户对此实验开发系统作二次开发提供了条件。此二座的位置设置方式和各端口的信号定义方式与综合电子设计竞赛开发板GWDVP-B完全兼容。

对于GW48-GK/PK系统,此适配座在原来的基础上增加了20个插针,功能大为增强。增加的20个插针信号与目标芯片的连接方式如附图9和附图13所示。

(24) 拨码开关:拨码开关的详细用法如附图9和附图13所示。

(25) ispPAC下载板:对于GW48-GK系统,其右上角有一块ispPAC模拟EDA器件下载板,可用于模拟EDA实验中对ispPAC10/20/80等器件编程下载。

(26) 8×8数码点阵:在右上角的模拟EDA器件下载板上还附有一块数码点阵显示块,是通用共阳方式,需要16根接插线和两根电源线连接。

(27) 使用举例:若通过键SW9选中了附图5,这时的GW48系统板所具有的接口方式变为:FPGA/CPLD端口PIO31～28、27～24、23～20和19～16,共4组4位二进制I/O端口分别通过一个全译码型的7段译码器输向系统板的7段数码显示器。这样,如果有数据从上述任一组4位输出,就能在数码显示器上显示出相应的数值,其数值对应范围如附表2所示。

附表 2　FPGA/CPLD 输出与数码管显示对照表

FPGA/CPLD 输出	0000	0001	0010	…	1100	1101	1110	1111
数码管显示	0	1	2	…	C	D	E	F

端口 I/O 32～39 分别与 8 个发光二极管 D8～D1 相连，可作输出显示，高电平亮。还可分别通过键 8 和键 7，发出高低电平输出信号进入端口 I/O 49 和 48；键控输出的高低电平由键前方的发光二极管 D16 和 D15 显示，高电平输出为亮。此外，可通过按动键 4 至键 1，分别向 FPGA/CPLD 的 PIO0～PIO15 输入 4 位十六进制码。每按一次键将递增 1，其序列为 1，2，…，9，A，…，F。

注意：对于不同的目标芯片，其引脚的 I/O 标号数一般是同 GW48 系统接口电路的“PIO”标号一致的（这就是引脚标准化），但具体引脚号是不同的，而在逻辑设计中引脚的锁定数必须是该芯片的具体的引脚号。具体对应情况需要参考“4. GW48-CK/GK/PK 系统结构图信号与芯片引脚对照表”。

3. 实验电路结构图

1）实验电路信号资源符号图说明

结合附图 3，下面对实验电路结构图中出现的信号资源的符号及其功能进行说明。

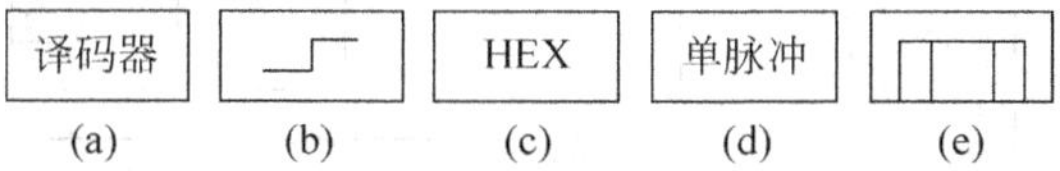

附图 3　实验电路信号资源符号

（1）附图 3(a)是十六进制 7 段全译码器，它有 7 位输出，分别接 7 段数码管的 7 个显示输入端：a、b、c、d、e、f 和 g；它的输入端为 D、C、B、A，D 为最高位，A 为最低位。例如，若所标输入的口线为 PIO19～16，表示 PIO19 接 D、PIO18 接 C、PIO17 接 B、PIO16 接 A。

（2）附图 3(b)是高低电平发生器，每按键一次，输出电平由高到低，或由低到高变化一次，且输出为高电平时，所按键对应的发光管变亮；反之不亮。

（3）附图 3(c)是十六进制码(8421 码)发生器，由对应的键控制输出 4 位二进制构成的 1 位十六进制码，数的范围是 0000～1111，即十六进制的 0～F。每按键一次，输出递增 1，输出进入目标芯片的 4 位二进制数将显示在该键对应的数码管上。

（4）直接与 7 段数码管相连的连接方式的设置是为了便于对 7 段显示译码器的设计学习。以附图 6 为例，如图所标“PIO46-PIO40 接 g、f、e、d、c、b、a”表示 PIO46、PIO45、……、PIO40 分别与数码管的 7 段输入 g、f、e、d、c、b、a 相接。

（5）附图 3(d)是单次脉冲发生器。每按一次键，输出一个脉冲，与此键对应的发光管也会闪亮一次，时间为 20ms。

（6）附图 3(e)是琴键式信号发生器，键按下时，输出为高电平，对应的发光管发亮；键松开时，输出为低电平，琴键式按键能用于手动控制脉冲的宽度。具有琴键式信号发生器的实验结构图是附图 7。

2) 各实验电路结构图特点与使用范围简述

(1) 附图 4：目标芯片的 PIO19 至 PIO44 共 8 组 4 位二进制码输出，经 7 段译码器可显示于实验系统上的 8 个数码管。键 1 和键 2 可分别输出 2 个 4 位二进制码。一方面，这 4 位码输入目标芯片的 PIO11～PIO8 和 PIO15～PIO12；另一方面，可以观察发光管 D1～D8 来了解输入的数值。例如，当键 1 控制输入 PIO11～PIO8 的数为＃HA 时，发光管 D4 和 D2 亮，D3 和 D1 灭。电路的键 8 至键 3 分别控制一个高低电平信号发生器向目标芯片的 PIO7 至 PIO2 输入高电平或低电平，扬声器接在“SPEAKER”上，具体接在哪一引脚要看目标芯片的类型，这需要查附表 3 或附表 4。如目标芯片为 FLEX10K10，则扬声器接在“3”引脚上。目标芯片的时钟输入未在图上标出，也需查阅附表 3 或附表 4。例如，目标芯片为 ispLSI1032，则输入此芯片的时钟信号有 CLOCK0 至 CLOCK10，共 11 个可选的输入端，对应的引脚为 6、66、7、8、9、63、10、11、62、12 和 13。此电路可用于设计频率计、周期计、计数器等。

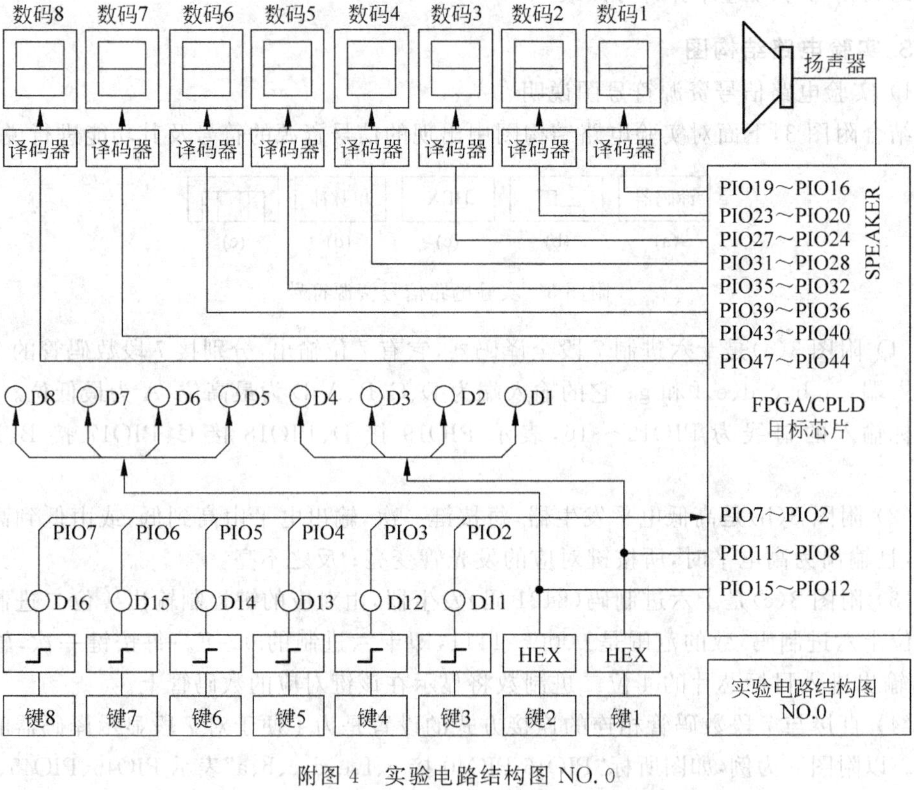

附图 4　实验电路结构图 NO. 0

(2) 附图 5：适用于作加法器、减法器、比较器或乘法器。如欲设计加法器，可利用键 4 和键 3 输入 8 位加数；键 2 和键 1 输入 8 位被加数，输入的加数和被加数将显示于键对应的数码管 4～1，相加的和显示于数码管 6 和 5；可用键 8 控制此加法器的最低位进位。

(3) 附图 6：可用作 VGA 视频接口逻辑设计，或使用 4 个数码管 8～5 之一做 7 段显示译码方面的实验，而数码管 4～1 可作译码后显示，键 1 和键 2 可输入高低电平。

(4) 附图 7：特点是有 8 个琴键式键控发生器，可用于设计八音琴等电路系统，也可

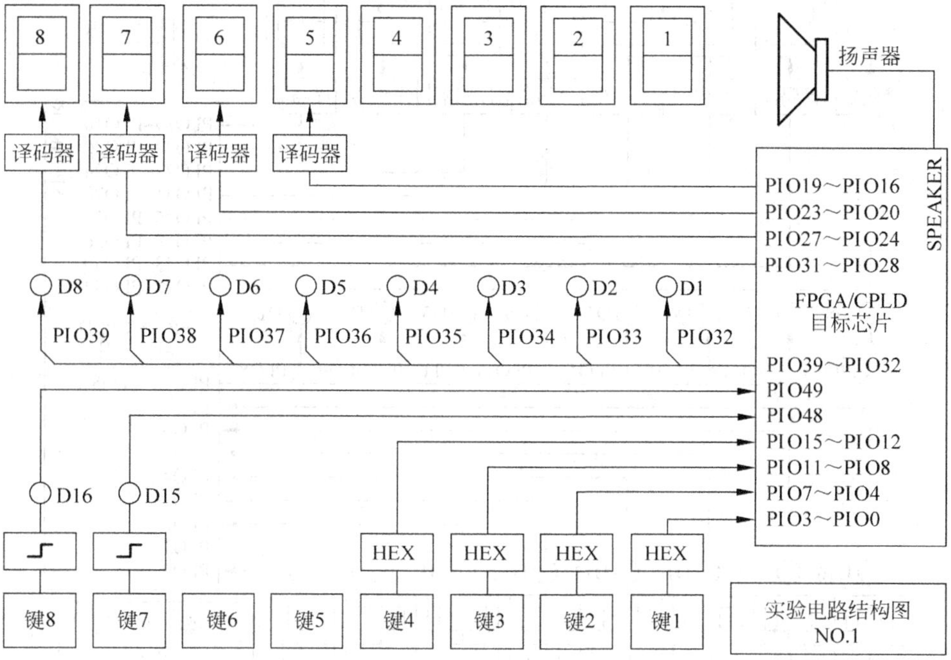

附图 5 实验电路结构图 NO. 1

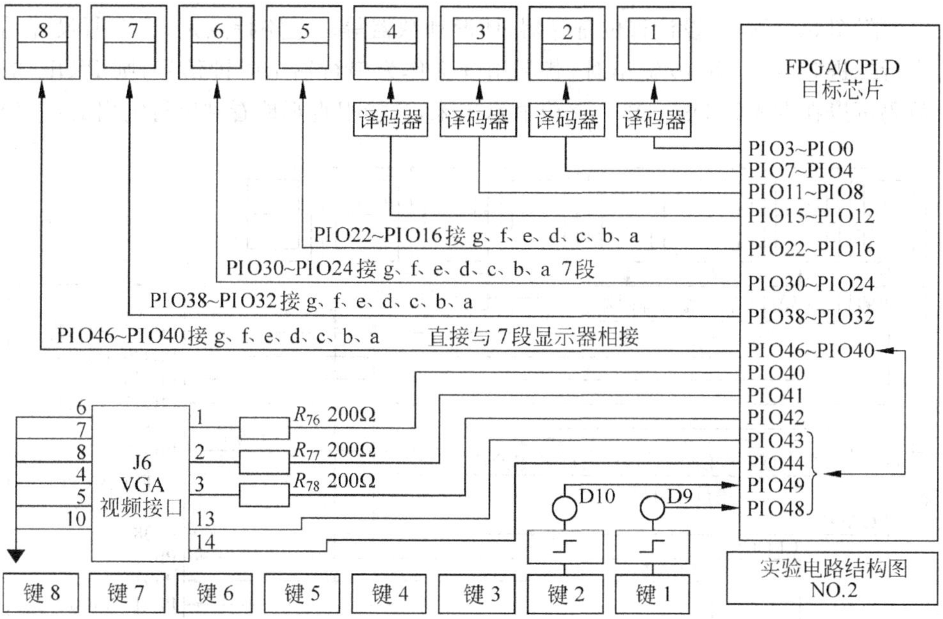

附图 6 实验电路结构图 NO. 2

以产生时间长度可控的单次脉冲。该电路结构同附图 4 一样，有 8 个译码输出显示的数码管，以显示目标芯片的 32 位输出信号，且 8 个发光管也能显示目标器件的 8 位输出信号。

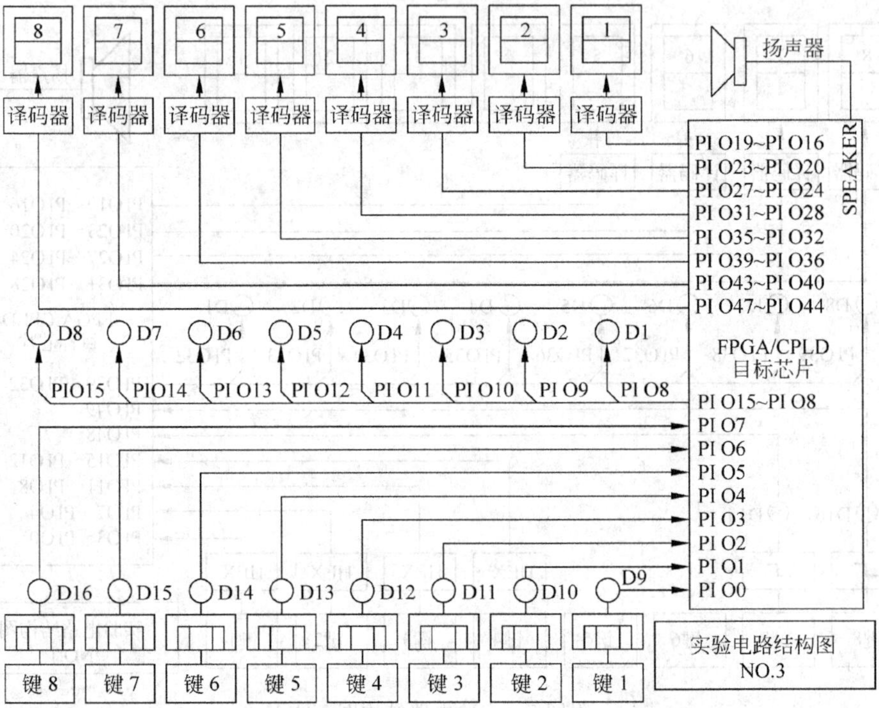

附图 7　实验电路结构图 NO. 3

(5) 附图 8：适合于设计移位寄存器、环形计数器等。电路特点是，当在所设计的逻辑中有串行二进制数从 PIO10 输出时，若利用键 7 作为串行输出时钟信号，则 PIO10 的串行输出数码可以在发光管 D8～D1 上逐位显示出来，这能很直观地看到串行输出的数值。

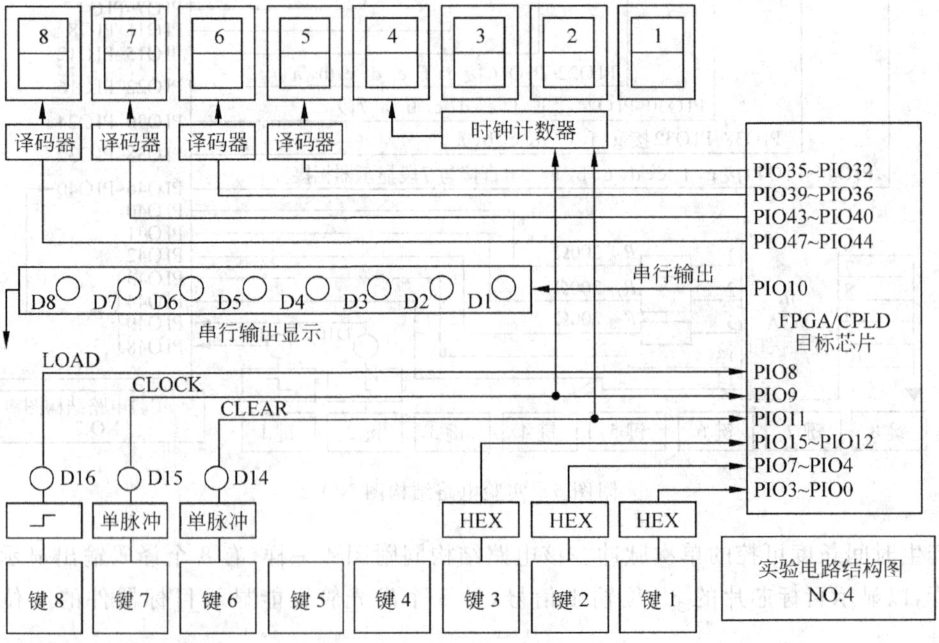

附图 8　实验电路结构图 NO. 4

（6）附图 9：此电路功能较强，可用于接口设计实验。该电路主要含有 9 大模块。

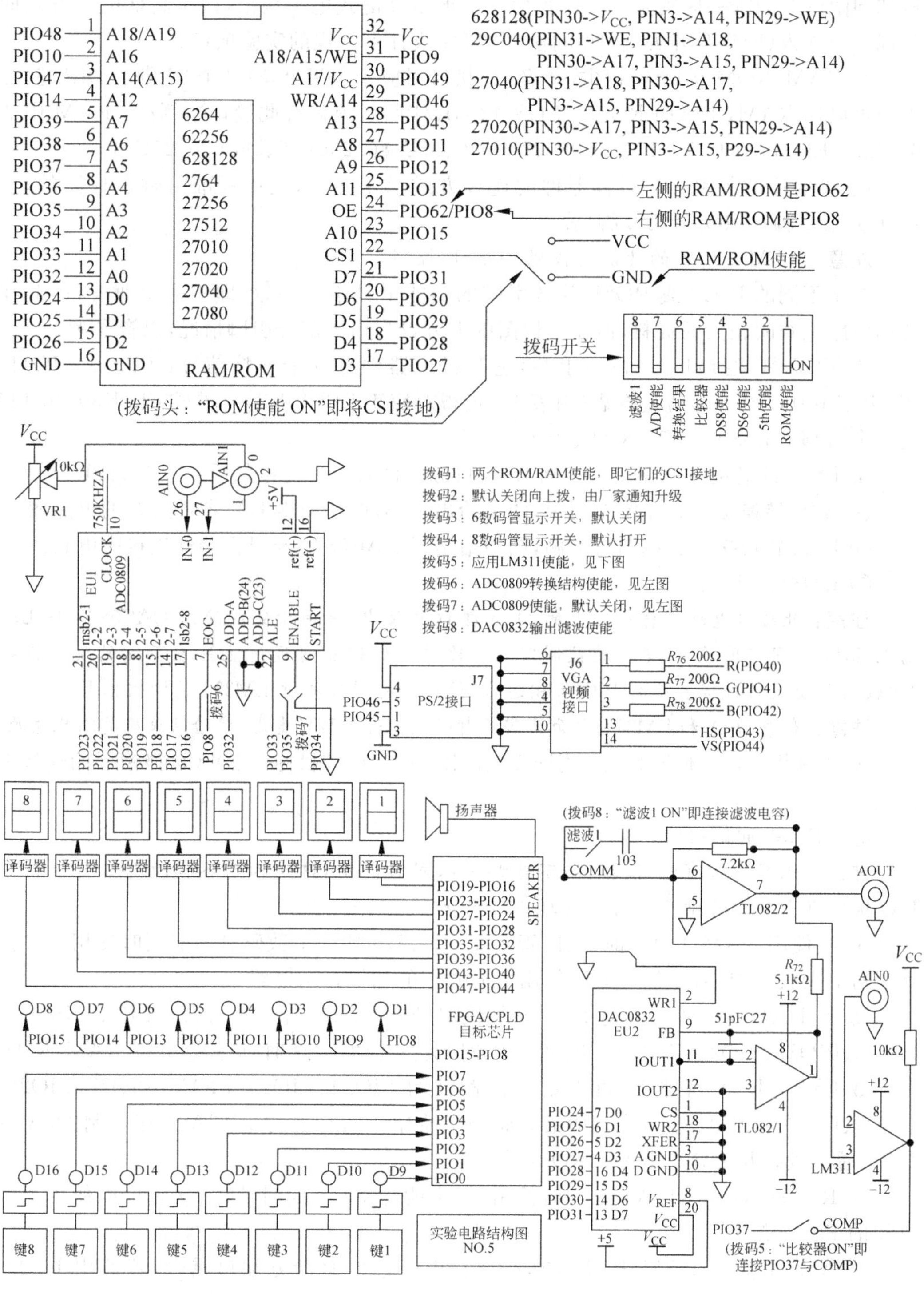

附图 9　实验电路结构图 NO. 5

① 普通内部逻辑设计模块。在图的左下角,此模块与以上几个电路使用方法相同,例如同附图7的唯一区别是8个键控信号不再是琴键式电平输出,而是高低电平方式向目标芯片输入(即乒乓开关)。此电路结构可完成许多常规的实验项目。

② RAM/ROM接口。在图左上角,此接口对应于主板上,有2个32脚的DIP座,在上面可以插RAM,也可插ROM(仅GW48-GK/PK系统包含此接口),例如:RAM中的628128;ROM中的27C010、27C020、27C040、27C080、29C010、29C020、29C040等。

此32脚座的各引脚与目标器件的连接方式示于图上,是用标准引脚名标注的,如PIO48(第1脚)、PIO10(第2脚)等。

注意:RAM/ROM的使能由拨码开关"1"控制。

对于不同的RAM或ROM,其各引脚的功能定义不尽一致,即不一定兼容,因此在使用前应该查阅相关的资料,但在结构图的上方也列出了部分引脚情况,以资参考。

③ VGA视频接口。在图右上角,它与目标器件有5个连接信号:PIO40、PIO41、PIO42、PIO43、PIO44,通过查表(附表4),可得对应于EPF10K20-144或EP1K30/50-144的5个引脚号分别是:87、88、89、90、91。

④ PS/2键盘接口。在图右上侧,它与目标器件有2个连接信号:PIO45、PIO46。

⑤ A/D转换接口。在图左侧中,图中给出了ADC0809与目标器件连接的电路图。

⑥ D/A转换接口。在图右下侧,图中给出了DAC0832与目标器件连接的电路图。

⑦ LM311接口。

注意:此接口电路包含在以上的D/A接口电路中,可用于完成使用DAC0832与比较器LM311共同实现A/D转换的控制实验。比较器的输出可通过主板左下侧的跳线选择"比较器",使之与目标器件的PIO37相连,以使用目标器件接收LM311的输出信号。

注意:有关D/A和LM311方面的实验都必须打开±12V电源,实验结束后关闭此电源。

⑧ 单片机接口。根据此图和附图13,给出了单片机与目标器及LCD显示屏的连接电路图。

⑨ RS-232通信接口。

注意:此图中所有电路模块并不是都可以同时使用,这是因为各模块与目标器件的I/O接口有重合。仔细观察可以发现以下情况。

① 当使用RAM/ROM时,数码管3、4、5、6、7、8共6个数码管不能同时使用,这时,如果有必要使用更多的显示,必须使用下面介绍的扫描显示电路。

② 但RAM/ROM可以与D/A转换同时使用,尽管它们的数据口(PIO24、PIO25、PIO26、PIO27、PIO28、PIO29、PIO30、PIO31)是重合的。这时如果希望将RAM/ROM中的数据输入D/A器件中,可设定目标器件的PIO24、PIO25、PIO26、PIO27、PIO28、PIO29、PIO30、PIO31端口为高阻态;而如果希望用目标器件FPGA直接控制D/A器件,可通过拨码开关禁止RAM/ROM数据口。

③ RAM/ROM能与VGA同时使用,但不能与PS/2同时使用,这时可以使用下面介绍的PS/2接口。

④ A/D不能与RAM/ROM同时使用,由于它们有部分端口重合,若使用RAM/ROM,必须禁止ADC0809,而当使用ADC0809时,应该禁止RAM/ROM,如果希望A/D和RAM/ROM同时使用以实现诸如高速采样方面的功能,必须使用含有高速A/D器件

的适配板，如 GWAK30＋等型号的适配板。

⑤ RAM/ROM 不能与 LM311 同时使用，因为在端口 PIO37 上，两者重合。

(7) 附图 10：此电路与附图 6 相似，但增加了两个 4 位二进制数发生器，数值分别输入目标芯片的 PIO7～PIO4 和 PIO3～PIO0。例如，当按键 2 时，输入 PIO7～PIO4 的数值将显示于对应的数码管 2，以便了解输入的数值。

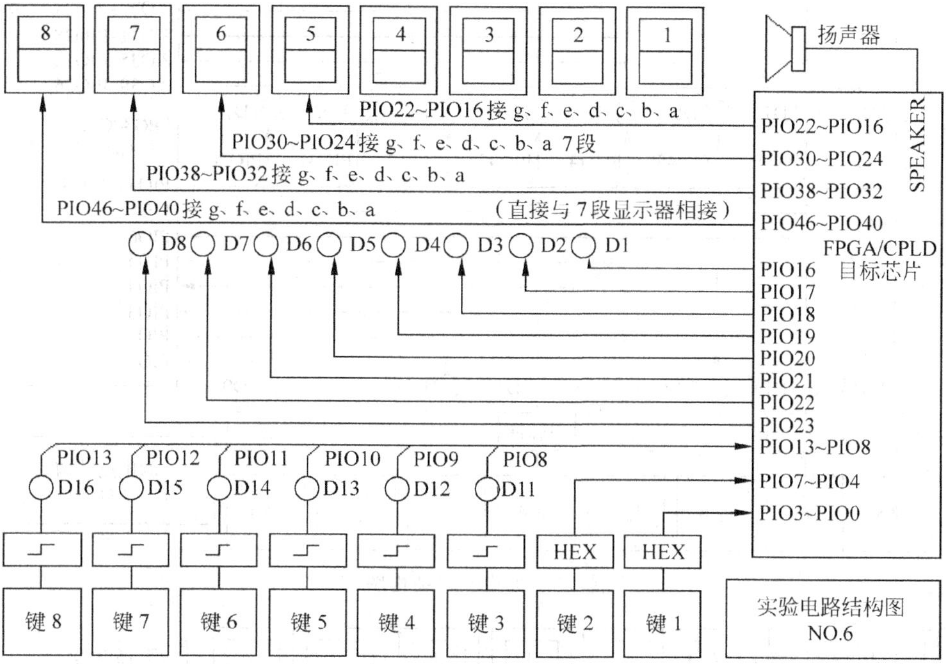

附图 10　实验电路结构图 NO. 6

(8) 附图 11：此电路适合于设计时钟、定时器、秒表等。可利用键 8 和键 5 分别控制时钟的清零和设置时间的使能；利用键 7、键 4 和键 1 进行时、分、秒的设置。

(9) 附图 12：此电路适用于作并进/串出或串进/并出等工作方式的寄存器、序列检测器、密码锁等逻辑设计。它的特点是利用键 2、键 1 能预置 8 位二进制数，而键 6 能发出串行输入脉冲，每按键一次，即发一个单脉冲，则此 8 位预置数的高位在前，向 PIO10 串行输入一位，同时能从 D8～D1 的发光管上看到串形左移的数据，十分形象直观。

(10) 附图 13：若欲验证交通灯控制等类似的逻辑电路，可选此电路结构。

(11) 当系统上的“模式指示”数码管显示“A”时，系统将变成一台频率计，数码管 8 将显示“F”，“数码 6”至“数码 1”显示频率值，最低位单位是 Hz。测频输入端为系统板右下侧的插座。

(12) 附图 14：此图的所有电路仅 GW48-GK/PK 系统拥有，而 GW48-CK 系统不含此图内容。即以上所述的附图 4～附图 13(除 RAM/ROM 模块)是 GW48-CK 和 GW48-GK/PK 两种系统共同拥有(兼容)的，称之为通用电路结构。只不过对 GW48-GK/PK 系统来说，相当于在原来的 10 套通用电路结构中增加了如附图 14 所示的“实验电路结构图 COM”。

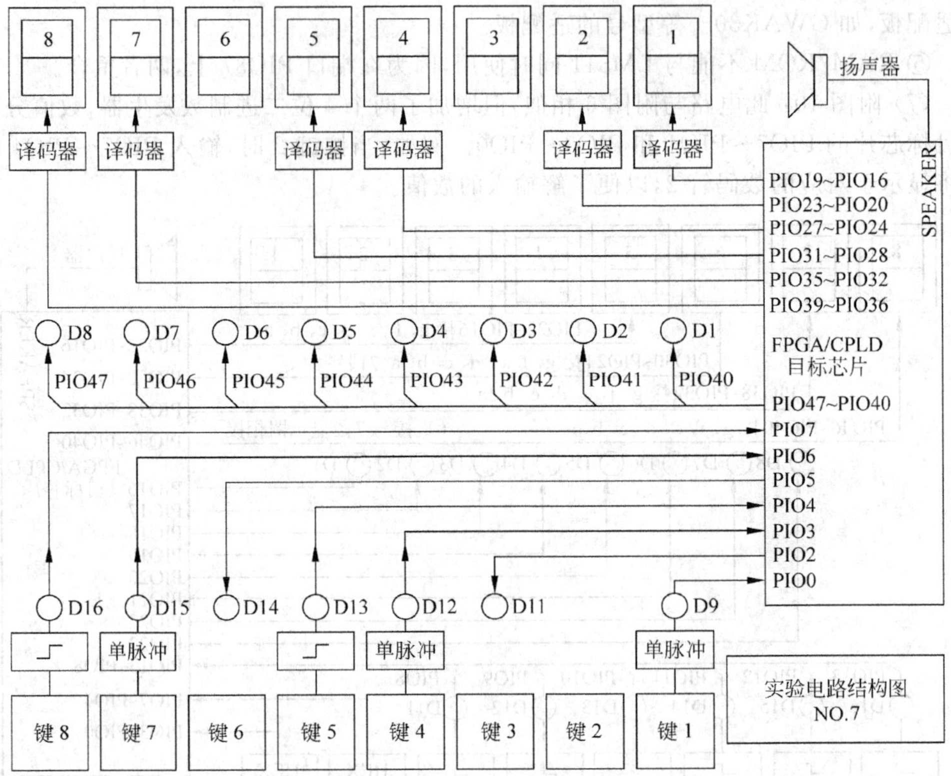

附图11 实验电路结构图 NO.7

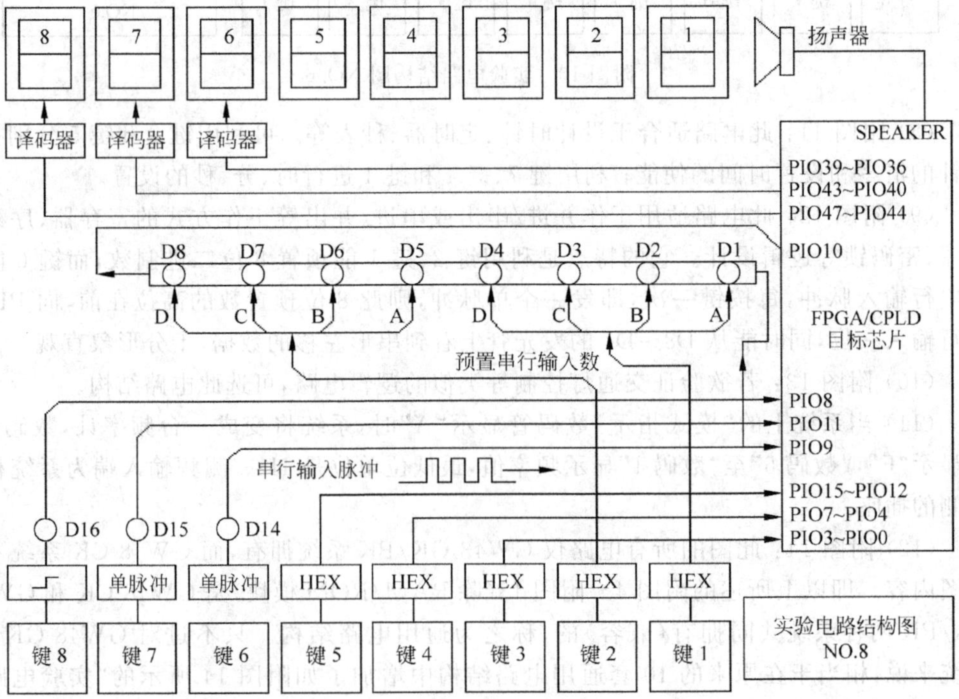

附图12 实验电路结构图 NO.8

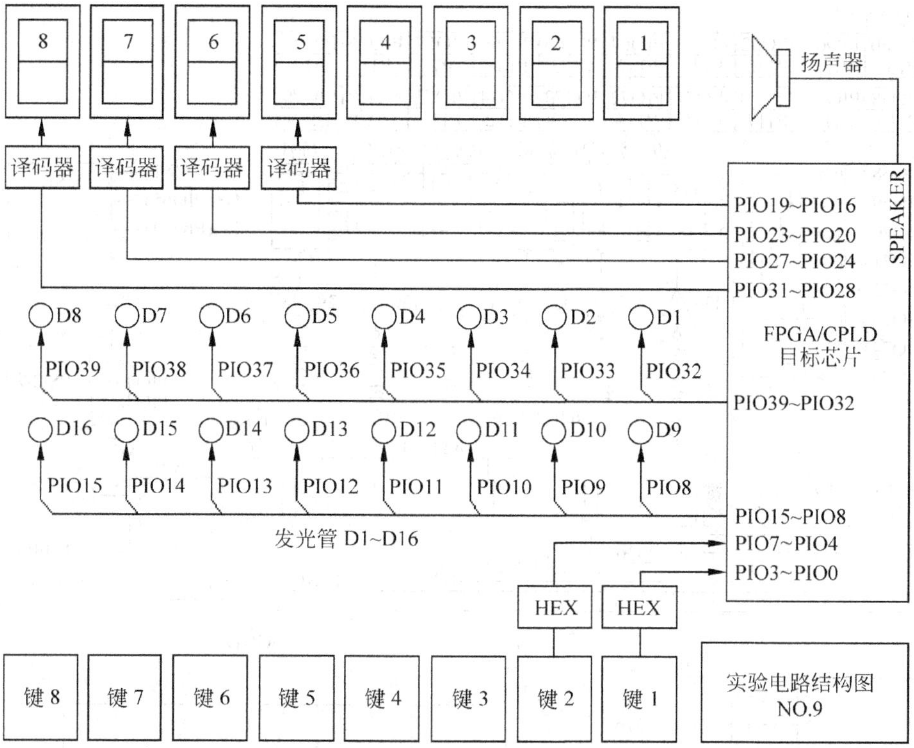

附图13 实验电路结构图 NO.9

例如，在GW48-GK系统中，当“模式键”选择“5”时，电路结构除了进入附图9所示的实验电路结构图NO.5外，还应加入附图14所示的“实验电路结构图COM”。这样一来，在每一个电路模式中就能比原来实现更多或更复杂的实验项目。

附图14包含的电路模块如下。

① PS/2键盘接口。

注意：在通用电路结构中，还有一个用于鼠标的PS/2接口。

② 4键直接输入接口。原来的键1至键8是由“多任务重配置”电路结构控制的，所以键的输入信号没有抖动问题，不需要在目标芯片的电路设计中加入消抖动电路，这样，能简化设计，迅速入门。所以设计者如果希望完成键的消抖动电路设计，可利用此图的键9至键12。当然也可以利用此4键完成其他方面的设计。

注意：此4键为上拉键，按下后为低电平。

③ I2C串行总线存储器件接口。该接口器件用24C01担任，这是一种十分常用的串行EEPROM器件。

④ USB接口。此接口是SLAVE接口。

⑤ 扫描显示电路。这是一个6数码管（共阴数码管）的扫描显示电路。段信号为7个数码段加一个小数点段，共8位，分别由PIO60、PIO61、PIO62、PIO63、PIO64、PIO65、PIO66、PIO67通过同相驱动后输入；而位信号由外部的6个反相驱动器驱动后输入数码管的共阴端。

引脚对照表

PIO60	PIO61	PIO62	PIO63	PIO64	PIO65	PIO66	PIO67	PIO76	PIO77
P137	P138	P140	P141	P142	P143	P144	P7	P11	P14

PIO68	PIO69	PIO70	PIO71	PIO72	PIO73	PIO74	PIO75	PIO78	PIO79
P119	P118	P117	P116	P114	P113	P112	P111	P110	P109

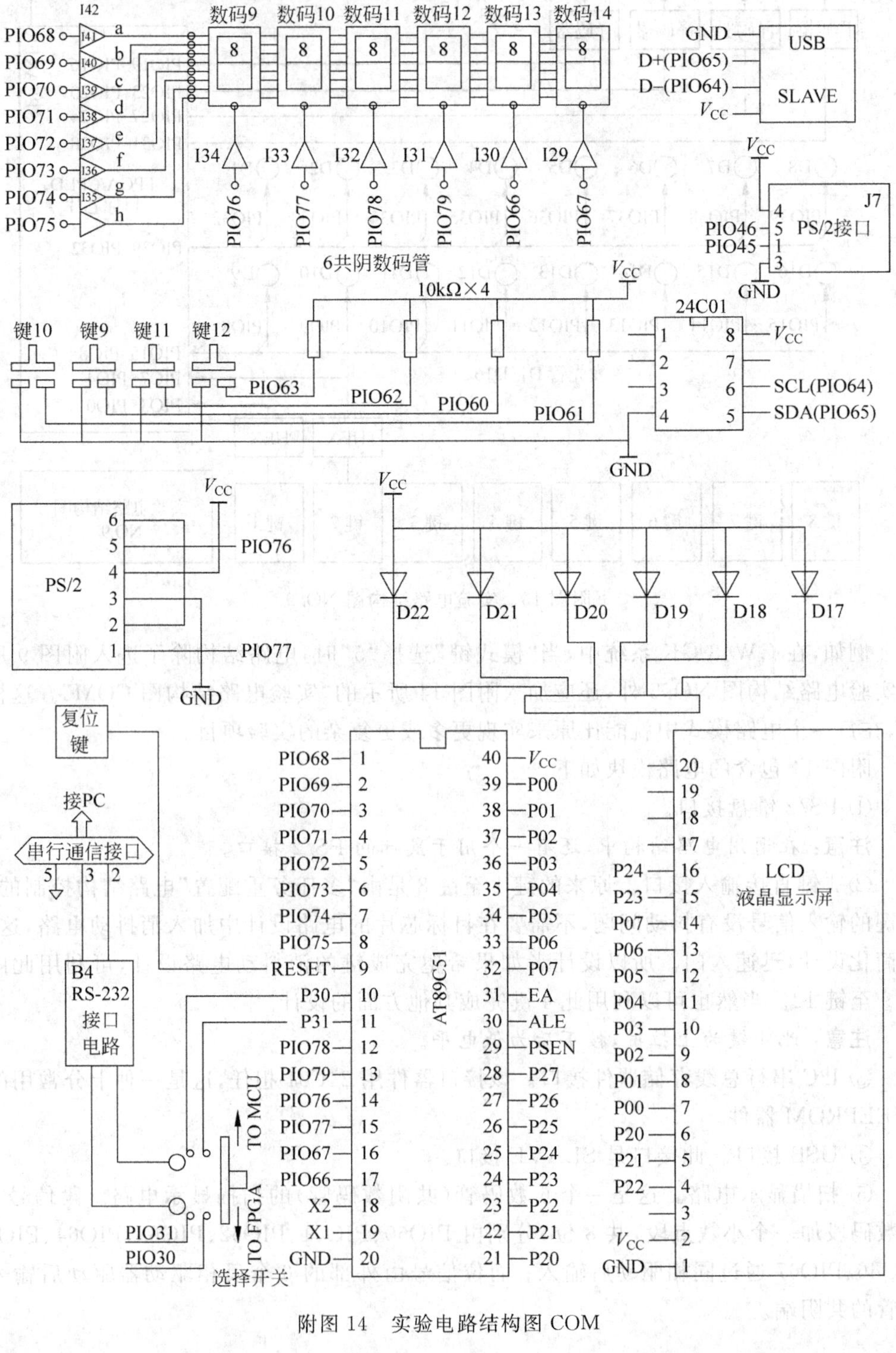

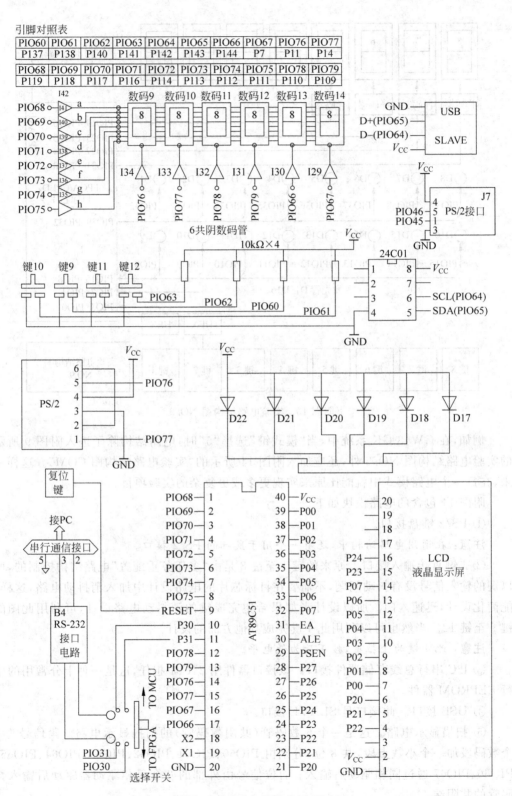

附图 14 实验电路结构图 COM

⑥ 附图 14 中各标准信号(PIOX)对应的器件的引脚名,必须查实验图中最上方的对照表。

⑦ 发光管插线接口。在主板的右上方有 6 个发光管(共阳连接),以供必要时用接插线与目标器件连接显示。由于显示控制信号的频率比较低,所以目标器件可以直接通过连接线向此发光管输出。

4. GW48-CK/GK/PK 系统结构图信号与芯片引脚对照表

在进行 EDA 技术实验时,如果采用 GW48 系统,要达到预期目的,看到应有的实验现象,就必须选定一个正确的实验电路结构图,根据电路结构图中的信号名,找到所用 CPLD/FPGA 对应的引脚号进行锁定,在这个过程中,就要用到下面给出的结构图信号名与芯片引脚对照表来进行查找。因此,掌握好附表 3、附表 4 所示的实验电路结构图信号名与芯片引脚对照表的使用方法,对于做好实验是至关重要的。

附表 3　GW48 系统结构图信号名与芯片引脚对照表 1

结构图上的信号名	ispLSI 1032E-PLCC84		ispLSI1048E-PQFP128		FLEX EPF10K10-PLCC84		XCS05/XCS10-PLCC84		EPM7128S-PL84 EPM7160S-PL84	
	引脚号	引脚名称	引脚号	引脚名称	引脚号	引脚名称	引脚号	引脚名称	引脚号	引脚名称
PIO0	26	I/O0	21	I/O0	5	I/O0	3	I/O0	4	I/O0
PIO1	27	I/O1	22	I/O1	6	I/O1	4	I/O1	5	I/O1
PIO2	28	I/O2	23	I/O2	7	I/O2	5	I/O2	6	I/O2
PIO3	29	I/O3	24	I/O3	8	I/O3	6	I/O3	8	I/O3
PIO4	30	I/O4	25	I/O4	9	I/O4	7	I/O4	9	I/O4
PIO5	31	I/O5	26	I/O5	10	I/O5	8	I/O5	10	I/O5
PIO6	32	I/O6	27	I/O6	11	I/O6	9	I/O6	11	I/O6
PIO7	33	I/O7	28	I/O7	16	I/O7	10	I/O7	12	I/O7
PIO8	34	I/O8	29	I/O8	17	I/O8	13	I/O8	15	I/O8
PIO9	35	I/O9	30	I/O9	18	I/O9	14	I/O9	16	I/O9
PIO10	36	I/O10	31	I/O10	19	I/O10	15	I/O10	17	I/O10
PIO11	37	I/O11	32	I/O11	21	I/O11	16	I/O11	18	I/O11
PIO12	38	I/O12	34	I/O12	22	I/O12	17	I/O12	20	I/O12
PIO13	39	I/O13	35	I/O13	23	I/O13	18	I/O13	21	I/O13
PIO14	40	I/O14	36	I/O14	24	I/O14	19	I/O14	22	I/O14
PIO15	41	I/O15	37	I/O15	25	I/O15	20	I/O15	24	I/O15
PIO16	45	I/O16	38	I/O16	27	I/O16	23	I/O16	25	I/O16
PIO17	46	I/O17	39	I/O17	28	I/O17	24	I/O17	27	I/O17
PIO18	47	I/O18	40	I/O18	29	I/O18	25	I/O18	28	I/O18
PIO19	48	I/O19	41	I/O19	30	I/O19	26	I/O19	29	I/O19
PIO20	49	I/O20	42	I/O20	35	I/O20	27	I/O20	30	I/O20
PIO21	50	I/O21	43	I/O21	36	I/O21	28	I/O21	31	I/O21
PIO22	51	I/O22	44	I/O22	37	I/O22	29	I/O22	33	I/O22
PIO23	52	I/O23	45	I/O23	38	I/O23	35	I/O23	34	I/O23

续表

结构图上的信号名	ispLSI 1032E -PLCC84		ispLSI1048E -PQFP128		FLEX EPF10K10 -PLCC84		XCS05/XCS10 -PLCC84		EPM7128S-PL84 EPM7160S-PL84	
	引脚号	引脚名称	引脚号	引脚名称	引脚号	引脚名称	引脚号	引脚名称	引脚号	引脚名称
PIO24	53	I/O24	52	I/O24	39	I/O24	36	I/O24	35	I/O24
PIO25	54	I/O25	53	I/O25	47	I/O25	37	I/O25	36	I/O25
PIO26	55	I/O26	54	I/O26	48	I/O26	38	I/O26	37	I/O26
PIO27	56	I/O27	55	I/O27	49	I/O27	39	I/O27	39	I/O27
PIO28	57	I/O28	56	I/O28	50	I/O28	40	I/O28	40	I/O28
PIO29	58	I/O29	57	I/O29	51	I/O29	41	I/O29	41	I/O29
PIO30	59	I/O30	58	I/O30	52	I/O30	44	I/O30	44	I/O30
PIO31	60	I/O31	59	I/O31	53	I/O31	45	I/O31	45	I/O31
PIO32	68	I/O32	60	I/O32	54	I/O32	46	I/O32	46	I/O32
PIO33	69	I/O33	61	I/O33	58	I/O33	47	I/O33	48	I/O33
PIO34	70	I/O34	62	I/O34	59	I/O34	48	I/O34	49	I/O34
PIO35	71	I/O35	63	I/O35	60	I/O35	49	I/O35	50	I/O35
PIO36	72	I/O36	66	I/O36	61	I/O36	50	I/O36	51	I/O36
PIO37	73	I/O37	67	I/O37	62	I/O37	51	I/O37	52	I/O37
PIO38	74	I/O38	68	I/O38	64	I/O38	56	I/O38	54	I/O38
PIO39	75	I/O39	69	I/O39	65	I/O39	57	I/O39	55	I/O39
PIO40	76	I/O40	70	I/O40	66	I/O40	58	I/O40	56	I/O40
PIO41	77	I/O41	71	I/O41	67	I/O41	59	I/O41	57	I/O41
PIO42	78	I/O42	72	I/O42	70	I/O42	60	I/O42	58	I/O42
PIO43	79	I/O43	73	I/O43	71	I/O43	61	I/O43	60	I/O43
PIO44	80	I/O44	74	I/O44	72	I/O44	62	I/O44	61	I/O44
PIO45	81	I/O45	75	I/O45	73	I/O45	65	I/O45	63	I/O45
PIO46	82	I/O46	76	I/O46	78	I/O46	66	I/O46	64	I/O46
PIO47	83	I/O47	77	I/O47	79	I/O47	67	I/O47	65	I/O47
PIO48	3	I/O48	85	I/O48	80	I/O48	68	I/O48	67	I/O48
PIO49	4	I/O49	86	I/O49	81	I/O49	69	I/O49	68	I/O49
SPEAKER	5	I/O50	87	I/O50	3	CLRn	70	I/O50	81	I/O50
CLOCK0	6	I/O51	88	I/O51	2	IN1	72	I/O52		
CLOCK1	66	Y1	83	Y1	42	IN2	77	I/O53	69	I/O50
CLOCK2	7	I/O52	89	I/O52	43	GCK2	78	I/O54	70	I/O51
CLOCK3	8	I/O53	90	I/O53	44	IN3	79	I/O55	73	I/O52
CLOCK4	9	I/O54	91	I/O54			80	I/O56	74	I/O53
CLOCK5	63	Y2	80	Y2	83	OE	81	I/O57	75	I/O54
CLOCK6	10	I/O55	92	I/O55			82	I/O58	76	I/O55
CLOCK7	11	I/O56	93	I/O56					79	I/O57
CLOCK8	62	Y3	79	Y3	84	IN4	83	I/O59	80	I/O58
CLOCK9	12	I/O57	94	I/O57	1	GCK1	84	I/O60	83	IN1
CLOCK10	13	I/O58	95	I/O58						

附表 4　GW48 系统结构图信号名与芯片引脚对照表 2

结构图上的信号名	XCS30 144-Pin TQFP		XC95108 XC9572 -PLCC84		EP1K100 EPF10K30E/50E 208-Pin P/RQFP		FLEX10K20 EP1K30/50 144-Pin TQFP		ispLSI 3256/A -PQFP160	
	引脚号	引脚名称	引脚号	引脚名称	引脚号	引脚名称	引脚号	引脚名称	引脚号	引脚名称
PIO0	138	I/O0	1	I/O0	7	I/O	8	I/O0	2	I/O0
PIO1	139	I/O1	2	I/O1	8	I/O	9	I/O1	3	I/O1
PIO2	140	I/O2	3	I/O2	9	I/O	10	I/O2	4	I/O2
PIO3	141	I/O3	4	I/O3	11	I/O	12	I/O3	5	I/O3
PIO4	142	I/O4	5	I/O4	12	I/O	13	I/O4	6	I/O4
PIO5	3	I/O5	6	I/O5	13	I/O	17	I/O5	7	I/O5
PIO6	4	I/O6	7	I/O6	14	I/O	18	I/O6	8	I/O6
PIO7	5	I/O7	9	I/O7	15	I/O	19	I/O7	9	I/O7
PIO8	9	I/O8	10	I/O8	17	I/O	20	I/O8	11	I/O8
PIO9	10	I/O9	11	I/O9	18	I/O	21	I/O9	13	I/O9
PIO10	12	I/O10	12	I/O10	24	I/O	22	I/O10	14	I/O10
PIO11	13	I/O11	13	I/O11	25	I/O	23	I/O11	15	I/O11
PIO12	14	I/O12	14	I/O12	26	I/O	26	I/O12	16	I/O12
PIO13	15	I/O13	15	I/O13	27	I/O	27	I/O13	17	I/O13
PIO14	16	I/O14	17	I/O14	28	I/O	28	I/O14	25	I/O14
PIO15	19	I/O15	18	I/O15	29	I/O	29	I/O15	26	I/O15
PIO16	20	I/O16	19	I/O16	30	I/O	30	I/O16	28	I/O16
PIO17	21	I/O17	20	I/O17	31	I/O	31	I/O17	29	I/O17
PIO18	22	I/O18	21	I/O18	36	I/O	32	I/O18	30	I/O18
PIO19	23	I/O19	23	I/O19	37	I/O	33	I/O19	32	I/O19
PIO20	24	I/O20	24	I/O20	38	I/O	36	I/O20	33	I/O20
PIO21	25	I/O21	25	I/O21	39	I/O	37	I/O21	34	I/O21
PIO22	26	I/O22	26	I/O22	40	I/O	38	I/O22	35	I/O22
PIO23	28	I/O23	31	I/O23	41	I/O	39	I/O23	36	I/O23
PIO24	29	I/O24	32	I/O24	44	I/O	41	I/O24	37	I/O24
PIO25	30	I/O25	33	I/O25	45	I/O	42	I/O25	38	I/O25
PIO26	75	I/O26	34	I/O26	113	I/O	65	I/O26	82	I/O26
PIO27	77	I/O27	35	I/O27	114	I/O	67	I/O27	83	I/O27
PIO28	78	I/O28	36	I/O28	115	I/O	68	I/O28	84	I/O28
PIO29	79	I/O29	37	I/O29	116	I/O	69	I/O29	85	I/O29
PIO30	80	I/O30	39	I/O30	119	I/O	70	I/O30	86	I/O30
PIO31	82	I/O31	40	I/O31	120	I/O	72	I/O31	87	I/O31
PIO32	83	I/O32	41	I/O32	121	I/O	73	I/O32	88	I/O32
PIO33	84	I/O33	43	I/O33	122	I/O	78	I/O33	89	I/O33
PIO34	85	I/O34	44	I/O34	125	I/O	79	I/O34	90	I/O34
PIO35	86	I/O35	45	I/O35	126	I/O	80	I/O35	92	I/O35
PIO36	87	I/O36	46	I/O36	127	I/O	81	I/O36	93	I/O36

续表

结构图上的信号名	XCS30 144-Pin TQFP		XC95108 XC9572 -PLCC84		EP1K100 EPF10K30E/50E 208-Pin P/RQFP		FLEX10K20 EP1K30/50 144-Pin TQFP		ispLSI 3256/A -PQFP160	
	引脚号	引脚名称	引脚号	引脚名称	引脚号	引脚名称	引脚号	引脚名称	引脚号	引脚名称
PIO37	88	I/O37	47	I/O37	128	I/O	82	I/O37	94	I/O37
PIO38	89	I/O38	48	I/O38	131	I/O	83	I/O38	95	I/O38
PIO39	92	I/O39	50	I/O39	132	I/O	86	I/O39	96	I/O39
PIO40	93	I/O40	51	I/O40	133	I/O	87	I/O40	105	I/O40
PIO41	94	I/O41	52	I/O41	134	I/O	88	I/O41	106	I/O41
PIO42	95	I/O42	53	I/O42	135	I/O	89	I/O42	108	I/O42
PIO43	96	I/O43	54	I/O43	136	I/O	90	I/O43	109	I/O43
PIO44	97	I/O44	55	I/O44	139	I/O	91	I/O44	110	I/O44
PIO45	98	I/O45	56	I/O45	140	I/O	92	I/O45	112	I/O45
PIO46	99	I/O46	57	I/O46	141	I/O	95	I/O46	113	I/O46
PIO47	101	I/O47	58	I/O47	142	I/O	96	I/O47	114	I/O47
PIO48	102	I/O48	61	I/O48	143	I/O	97	I/O48	115	I/O48
PIO49	103	I/O49	62	I/O49	144	I/O	98	I/O49	116	I/O49
SPEAKER	104	I/O	63	I/O50	148	I/O	99	I/O50	117	I/O50
CLOCK0	111		65	I/O51	182	I/O	54	INPUT1	118	I/O
CLOCK1	113		66	I/O52	183	I/O	55	GCLOK1	119	I/O
CLOCK2	114		67	I/O53	184	I/O	124	INPUT3	120	I/O
CLOCK3	106		68	I/O54	149	I/O	100	I/O51	121	I/O
CLOCK4	112		69	I/O55	150	I/O	101	I/O52	103	Y2
CLOCK5	115		70	I/O56	157	I/O	102	I/O53	122	I/O
CLOCK6	116		71	I/O57	170	I/O	117	I/O61	123	I/O
CLOCK7	76		72	I/O58	112	I/O	118	I/O62	102	Y3
CLOCK8	117		75	I/O60	111	I/O	56	INPUT2	124	I/O
CLOCK9	119		79	I/O63	104	I/O	125	GCLOK2	126	I/O
CLOCK10	2				103	I/O	119	I/O63	101	Y4

注：对于 GWAK30+/50+适配板的时钟引脚应该查附表 5。

附表 5 时钟连接表

CLOCK0	CLOCK2	CLOCK5	CLOCK9
P126	P54	P56	P124

参 考 文 献

[1] 焦素敏. EDA应用技术(第2版)[M]. 北京：清华大学出版社，2011.

[2] 焦素敏. EDA技术基础[M]. 北京：清华大学出版社，2009.

[3] 潘松，黄继业. EDA技术实用教程(第3版)[M]. 北京：科学出版社，2006.

[4] 黄智伟. FPGA系统设计与实践[M]. 北京：电子工业出版社，2005.

[5] 周润景，图雅，张丽敏. 基于Quartus Ⅱ的FPGA/CPLD数字系统设计实例[M]. 北京：电子工业出版社，2007.

[6] 张洪润，张亚凡，孙悦，等. FPGA/CPLD应用设计200例[M]. 北京：北京航空航天大学出版社，2009.

[7] 焦素敏. 数字电子技术[M]. 北京：清华大学出版社，2007.

[8] ALTERA. Introduction to Quartus Ⅱ[EB/OL]. http://www.altera.com.